Claus-Peter Niem, Karin Helle

One touch

Was Führungskräfte vom Profifußball
lernen können

Mit Einwürfen von Jürgen Klinsmann,
Joachim Löw & Co.

Campus Verlag
Frankfurt/New York

ISBN 978-3-593-50609-8 Print
ISBN 978-3-593-43530-5 E-Book (PDF)
ISBN 978-3-593-43529-9 E-Book (EPUB)

Copyright © 2016 Campus Verlag GmbH, Frankfurt am Main
Umschlaggestaltung: Guido Klütsch, Köln
Umschlagmotiv: Lederfußball © gettyimages
Satz: Campus Verlag GmbH, Frankfurt am Main
Gesetzt aus: Minion und Myriad
Druck und Bindung: Beltz Bad Langensalza GmbH
Printed in Germany

www.campus.de

Inhalt

Faktor X – der Meister-Code plus One Touch 224

Sind Sie in Führung?

Als Führungskraft wissen Sie, worum es geht: Das Führen von Teams ist eine echte Herausforderung. Die Aufgaben, die Vorgesetzte und Mitarbeiter an Menschen in Führungspositionen stellen, werden zudem immer anspruchsvoller. Führungskräfte müssen heute – das ist die Kunst und die Last – Multikönner und Multitasker sein. Und zwar alle, die in Führung sind – das unterscheidet sie erheblich von anderen Berufen, in denen Einzelne sich auch mal in Nischen einrichten können.

Und dann das noch: einerseits mehr Verantwortung, mehr Einsatz, (zu) viele Baustellen. Andererseits sind flache Hierarchien und Strahlkraft gefragt – weg vom Management, hin zu Leadership und Empowerment, hin zu visionärer und mutiger Führung! Als Führungskraft müssen Sie täglich vorausdenken, über den Tellerrand schauen, über sich hinauswachsen, die Welt in zehn oder 20 Jahren sehen, begeistern, motivieren, dem Team Energie geben. Dabei immer im Nacken: der Faktor Zeit. Oder anders gesagt: zu wenig Zeit zum Führen. Das beklagen zumindest 79 Prozent aller Menschen in Führung – ganz egal, ob sie ein Unternehmen leiten, eine Firma managen, eine Gruppe von Menschen führen oder ein Team coachen. So oder so: Führung ist im Wandel. Und eine echte Herausforderung, wenn Sie sich entschieden haben, diesen Weg zu gehen – ob im neuen Job, der neuen Saison, dem neuen Semester.

Im Profifußball haben sich moderne Trainer und Manager in den vergangenen Jahren zu vorbildlichen Führungskräften entwickelt, die Hochleistungsteams erfolgreich führen können. Die Antwort auf die Frage, wie sie das geschafft haben und welche Hürden sie dabei gemeistert haben, dürfte auch Führungskräfte in anderen Organisationen interessieren. Denn Führung ist ein Topthema, ist der wichtigste Stellhebel, der stabilisierende Faktor, die größte Herausforderung für Entscheider.

Hierarchien flachen in modernen Organisationen ab. Trotzdem braucht jedes Team Führung, eine Richtungsvorgabe, ein Ziel, eine Vision.

Ein hervorragendes Beispiel, was alles möglich ist, wenn man sich gemeinsam auf den Weg macht und sich Zeit für Entwicklungsprozesse nimmt, ist die Erfolgsgeschichte der deutschen Fußballnationalmannschaft der Männer seit 2004. Sie fing mit der fast unlösbar scheinenden Herausforderung der Weltmeisterschaft 2006 im eigenen Land an und reichte bis hin zum Gewinn des Weltmeistertitels in Brasilien 2014. Nicht umsonst sprachen die beiden Protagonisten – Jürgen Klinsmann und Joachim Löw – schon damals von einem Zehn-Jahres-Plan, den es anzuschieben gelte, um den deutschen Fußball wieder in altem – oder besser gesagt – neuem Glanz erstrahlen zu lassen. Sie hatten recht. Erfolg folgt, wenn man den Dingen Zeit gibt.

In diesem Buch verraten wir Ihnen – anhand von vielen anschaulichen Beispielen und Geschichten aus der Welt des Fußballs –, wie Sie Ihre Führungsqualitäten entwickeln, Ihre Kommunikation verbessern, Beziehungen anschieben, Expertenwissen steigern und Ihre Ich-Firma stärken können. Lassen Sie sich von unseren Erkenntnissen und Erfahrungen inspirieren und übernehmen Sie das, was zu Ihnen und Ihrem Kontext passt! In Hochform: Entwickeln Sie in Ihrer Führungsrolle Persönlichkeit! Von Topentscheidern lernen – auf und neben dem Platz. Damit Sie in Führung gehen – wo immer Sie gerade an der Spitze eines Teams stehen!

Prolog: Wie alles begann

»Das Leben ist ein leeres Blatt Papier, du hältst den Stift in der Hand und schreibst fortwährend deine eigene Lebensgeschichte. Andere Menschen können die Geschichte nicht schreiben, also hängt es von dir selbst ab, ob du eine interessante oder eine langweilige Geschichte schreibst … In anderen Worten: Ein Stück weit hast du es selbst in der Hand.«

Bernd Nickel, Unternehmer und Visionär

Notizen der Weggefährten: Westfalenstadion Dortmund, 11. Dezember 1998

Freitagabend im Dezember – es schüttete in Strömen. Wie häufig an einem dieser milden Winterabende in Dortmund kurz vor Weihnachten. Keine Seltenheit, dass es zwölf Stunden am Stück und länger regnete. Das mochte wohl am nahen Sauerland liegen und an den Wolken, die sich vor dem Rothaargebirge stauten. Doch wie auch immer – wir hatten uns auf den Weg ins Stadion gemacht.

Das Ziel: Ein Flutlichtspiel der heimischen Borussia gegen den Namensvetter aus Mönchengladbach. Da spielte das Wetter allerhöchstens eine untergeordnete Rolle, hatten wir doch in den vergangenen Jahren schon so manche Regenschlacht erfolgreich geschlagen. Und wie immer hatte alles seine Tradition, seine festen Abläufe: Der Besuch der guten, alten Eckkneipe »Zur Sonne« rund zwei Stunden vor dem Spiel – nur 15 Minuten Fußmarsch vom Stadion entfernt und genau dort, wo sich auch schon vor 40 Jahren Menschen – damals wohl vornehmlich Männer – zum Fußball und Bier getroffen haben mussten, gefolgt von einem Zwischenstopp an der Bude auf dem Weg in Richtung Stadion, und diesmal, ausnahmsweise, eine kurze Einkehr in einem Kopierladen unweit der bereits hell strahlenden Flutlichtmasten der nahen Strobelallee.

Eben das hatte seine Gründe: Die Stimmung im Stadion, genauer gesagt auf Dortmunds legendärer Südtribüne, ließ seit Monaten zu wünschen übrig. Geschuldet war dies wohl den jüngsten Erfolgen in den 1990er Jahren bis hin zum legendären Gewinn der Champions League im Mai 1997 in München gegen Ju-

ventus Turin. Was sollte man da noch erreichen, mochten sich viele Anhänger gedacht haben – und so hatte selbst die riesige Stehtribüne einen kleinen (verständlichen) gesangstechnischen Durchhänger. Da hieß es: etwas tun.

Gemeinsam mit einigen anderen Unentwegten wurden kurzerhand Flyer gedruckt – mit alten wie auch neuen Songs sowie dem mindestens so legendären wie ebenso einfachen »B-V-B«-Stakkatogesang der 1960er Jahre – über die Zeit irgendwie in Vergessenheit geraten. 20 DM sollte diese Investition kosten, die sich im Nachhinein als unbezahlbar herausstellen sollte. Denn kein Geringerer als Aki Schmidt, Stürmerlegende des BV Borussia Dortmund früherer Zeiten sowie damaliger Fan-Beauftragter wusste die Aktion mehr als zu schätzen. Er fing uns kurz vor den Toren des Stadions ab, deutete auf einen von uns (»Du verteilst Zettel auf Süd!«), um zum anderen zu sagen: »Und du schaust dir das Spiel von diesem Platz aus an!« Dabei drückte er uns eine Karte in die Hand, um mit den Worten zu enden: »Mit den Jungs auf Süd kannst du noch öfter stehen, Mädchen, doch das hier ist was Besonderes.« Und damit sollte er recht behalten!

»Hi, my name is Paul Barron«, stellte sich 20 Minuten später der groß gewachsene und smart aussehende Mittvierziger im Kaschmirmantel vor. »I'm from Vienna«, entgegenete die in Mödling bei Wien geborene Karin Helle lächelnd zurück und das Eis war gebrochen. Manchmal sind es wohl die kleinen Gesten im Leben, die Großes nach sich ziehen. Jedenfalls war sich Karin Helle, das von Aki Schmidt so liebevoll genannte »Mädchen« nicht zu schade, gleich mehrere Sitzschalen mit einem Taschentuch abzutupfen – der Sprühregen hatte sie leicht befeuchtet – und so nahm Paul Barron samt kostbarem Mantel lächelnd neben ihr Platz. Das war der Türöffner in eine neue Welt. Man kam ins Gespräch und philosophierte über Führungsmanagement in Vereinen, Organisationen und Wirtschaft im Allgemeinen sowie seiner Management-Tätigkeit im englischen Fußball im Speziellen. Ausgerechnet Robert Enke wollte er an diesem Abend sichten – damals noch als junger Keeper für Mönchengladbach spielend. Abschließend riss Paul Barron noch den Briefkopf eines Faxes ab, überreichte die Adresse und lud zu einem baldigen Treffen nach England ein. Das Kümmern um den Sitznachbarn hatte Spuren hinterlassen.

Der einzige Wermutstropfen: Rund drei Wochen später fiel die Silvesterparty ruhiger als gewöhnlich aus. Schließlich mussten wir schon am ersten Vormittag des neuen Jahres Ostende erreichen, um mit der Fähre gen England überzusetzen – vorbei an London hinein in die Midlands bis ins Herz von Birmingham, einer Stadt, die auf den ersten Blick nur aus Autobahnen zu bestehen schien – und deshalb wohl auch von den Einheimischen so liebevoll »Spaghetti Junction« genannt. Überhaupt ein großes Abenteuer, so ohne Hotel und heutigen Luxus wie Smartphone, Internet und Navigationssysteme.

»It's always good to have a contact in Germany!« Ruhig und bestimmt begrüßte uns John Gregory, Trainer des damals auf Platz 1 stehenden Premier-League-Clubs Aston Villa FC im Coaching Room des Villa Park, dem legendären Stadion des Birminghamer Vorstadt-Vereins an der Trinity Road im Stadtteil Aston. Und das gerade einmal zwei Stunden vor einer FA-Cup-Achtelfinalbegegnung gegen die Hull City Tigers – dem ersten Spiel des neuen Jahres. Paul Barron hatte uns vor dem Stadion willkommen geheißen, durch die engen und altehrwürdigen Gänge des Stadions geführt und einen ersten Kontakt zum Head-Coach hergestellt. Eine kurze Begehung des Spielfelds folgte, genauso wie ein ungefährdeter 3:0-Sieg der Villians sowie eine herzlich ausgesprochene Einladung zum Trainingsground des Clubs in Tamworth in den folgenden Tagen.

John Gregory – auch »The Boss« genannt – hatte alles, was eine starke Führungspersönlichkeit auf den ersten Blick ausmachte. Ausstrahlung, Präsenz, Stärke – mindestens genauso cool wie sein musikalisches Vorbild Bruce Springsteen und ganz in Schwarz gekleidet, stand er am folgenden Morgen im Frühstücksraum und lachte mit den Kitchen Ladies, die ihm wie auch den Spielern reichlich Toast, Baked Beans und Rührei auf den Teller klatschten – full english eben! Gesunde Ernährung im Fußball? In Birmingham damals noch Fehlanzeige! Doch als Erster der Premier League durfte man sich das wohl erlauben. Umso erstaunlicher: Er reflektierte seine Arbeit, zeigte sich offen für neue Ideen, Impulse und Inputs. Intensive Diskussionen über seine Vorstellung von Teamführung und Führung im Allgemeinen folgten – bis hin zum Umgang mit dem eigenen Ich, mit Siegen und mit Niederlagen, und mit Spielern, die insbesondere in England häufig mit ihrem Umfeld zu kämpfen hatten.

Wir beschlossen, wiederzukommen. »Heureka!« Eine neue, inspirierende Idee war geboren. Die Vision, mit Führungskräften im Profifußball zu arbeiten, sich auszutauschen, zu forschen, zu recherchieren, Informationen zu sammeln, Konzepte zu entwickeln, Ideen zu kreieren, um dann die Erkenntnisse, Erfahrungen und Erfolgsstrategien mit dem Blick durch die Fußballbrille auf andere Bereiche wie Unternehmen, Management, Organisationen, sprich: auf den Alltag aller, die in Führung sind, zu übertragen.

Wir wollten wissen: Wie kann man Führungsqualitäten entwickeln? Was macht eine gute Führungspersönlichkeit aus und ist genau das erlernbar? Welche

Trainer und ihre hochaktuellen Führungskonzepte und -strategien sind eigentlich besonders erfolgreich und warum – und was kann man davon auf die eigene Situation übertragen, erfahren und lernen?

Unser Ziel: mit den Besten zusammenarbeiten, uns auf Augenhöhe austauschen, Wissen teilen, vernetzen, Parallelen ziehen und über den Tellerrand schauen – und uns dennoch für nichts und niemanden zu schade sein. Letzteres ist im Übrigen einer der Schlüssel, der uns stets begleitete und so manche Tür öffnete. In anderen Worten: offen auf die Menschen zugehen, zuhören, neugierig sein und Fragen stellen (denn wer fragt, der führt), sich auf jedem Parket bewegen können, da sein, wenn es drauf ankommt und stets den ganzen Menschen im Fokus haben.

Und so machten wir uns auf den Weg und durften von allen lernen, denen wir auf diesem Weg begegneten: von Trainern, Managern, Zeugwarten, Fans und Fanshopbetreuern, Sicherheitsbeauftragten, Türstehern, Physiotherapeuten, Ärzten, Präsidenten, Vorständen, Greenkeepern und Hausmeistern, Sekretärinnen, Kitchen Ladies, Betreuern, Pressesprechern und Journalisten sowie Welt- und Europameistern. Von allen durften wir profitieren – und von einigen werden wir auf den folgenden Seiten berichten. Und Aston Villa? Es sollte nicht unser letzter Besuch in Birmingham gewesen sein.

Heureka – oder: ein Kurs in Führungskompetenz

»Ich habe es gefunden« – so oder ähnlich soll Archimedes von Syrakus, unbekleidet und jubelnd, vor mehr als 2000 Jahren durch die Stadt gelaufen sein, nachdem er in der Badewanne das nach ihm benannte Archimedische Prinzip entdeckt hatte – ein Gesetz der Physik, das sich mit dem statischen Auftrieb eines Körpers in einem Medium befasst. In diesem Fall: das Boot im Wasser. Heureka? Ein freudiger Ausruf, die Lösung eines schwierigen Problems, ein Geistesblitz, eine wegweisende Erfahrung!

Genauso mag es wohl auch dem einen oder anderen auf dem Weg zur Führungspersönlichkeit gegangen sein, wenn er auf einen wirklich charismatischen Menschen stieß und erkannte: Hier und von dieser Person kann ich etwas lernen, mitnehmen, mir abschauen. Denn Führung will gelernt sein.

Umso erstaunlicher, dass in vielen Berufen Führungskompetenzen mehr denn je gefordert, diese aber letztlich kaum bis gar nicht in der Ausbildung gelehrt werden. Sprich: die Arbeit am und mit dem Menschen selbst. Von Präsentationstechniken über das richtige Auftreten und Kommunizieren bis hin zum Umgang mit Druck und Stress. Man wächst wohl gezwungenermaßen mit den Anforderungen. Aber ist man dann sofort eine charismatische Führungspersönlichkeit? Oder gibt es so etwas wie ein Führungsgen? Sprich: entweder man hat es oder man hat es nicht?

Anscheinend »rutscht« man in diese Aufgabe einfach so hinein. Man guckt sich Dinge bei anderen ab, übt durch das tägliche Tun und kann sich glücklich schätzen, wenn man das Richtige (hoffentlich) zur rechten Zeit lernt. So widerfuhr es zumindest New Yorks Bürgermeister Rudolph Giuliani, der sich im Frühjahr 2001, also ein halbes Jahr vor den Terroranschlägen auf das World Trade Center, dazu entschlossen hatte, ein Buch über Führung zu schreiben. »Es war so, als habe Gott mir die Gelegenheit gegeben, einen Kurs in Führungskompetenz zu entwickeln, gerade als ich diese am dringendsten benötigte.« Das Resultat: Er war ein Stück weit besser vorbereitet auf die Attentate, die am 11. September Manhattan erschüttern und die Welt verändern sollten, war klarer in seinen Gedanken und Entscheidungen und hatte mehr Selbstvertrauen in das eigene Tun.

Führungskompetenz entsteht nicht von selbst. Man kann sie jedoch ein Stück weit vermitteln, entwickeln und auch lernen – durch die Auseinandersetzung mit der persönlichen Vergangenheit, dem eigenen Lernen und der Lebensphilosophie. Eltern steuern genauso dazu bei wie Lehrer oder erste Chefs, Vorbilder aus der Kindheit oder Menschen, die inspirieren oder motivieren. Durch das Studieren anderer, ihre Auftritte, Reden, Charakterstärke oder einfach das Gefühl, berührt worden zu sein.

Führung – ein abendfüllendes Thema. Und garantiert hat jeder etwas zu sagen, denn jeder wurde schon mal geführt oder musste – in welchem Rahmen auch immer – führen. Umso schwieriger stellt es sich zunächst heraus, gute Führung in geeignete Bilder oder einfache Worte zu fassen. Hier bieten die fünf Keys guter Führung eine transparente Möglichkeit und exzellente Diskussionsgrundlage – einerseits für sich allein stehend, andererseits ineinander greifend und verbindend.

Und während Roman Kratochvil, österreichischer Triathlet- und Ironman-Spezialist bei einem unserer abendfüllenden Gesprächskreise einen kurzen, zweiseitigen Überblick über das Thema forderte, wies Jörg Behnert, A-Jugendtrainer von Bayer Leverkusen, auf den noch zu ergänzenden Spezialschlüssel hin. Für ihn das Meistergen, der Faktor X, die ganz besondere Führungsnote eben, die Fußballer im Speziellen und Menschen im Allgemeinen durch persönliche Berührung zu Meisterhaftem antreibt. Für uns: der One Touch!

Der »One Touch«

Im Fußball ist der One Touch nichts anderes als die schnelle Weitergabe des Balles – ohne diesen zu stoppen. Das setzt eine hohe Laufbereitschaft, technisches Können und automatisierte Laufwege voraus. Der One-Touch-Fußball entwickelte sich in den 1980er Jahren in den Fußball-Eliteschulen in den Niederlanden und wurde nachfolgend von Arsène Wenger mit Arsenal London perfektioniert. Nach Joachim Löw: »Die Spieler kreuzen und queren den Rasen wie ferngesteuert und zelebrieren jene rare Kunstform, die Fachleute ›One-Touch-Fußball‹ nennen, weil der Ball direkt weitergeleitet wird, mit nur einer Berührung pro Spieler.« Ein Spielzug von jener nahezu perfekten Automatik, wie er Löw restlose Befriedigung verschafft.

Der One Touch im metaphorischen Sinn ist eine emotionale Berührung mit einer klaren Ansage, die Spuren hinterlässt und zum Handeln bewegt. Hier stellen sich mehrere Fragen: Wo ist er angesiedelt? Was kann er bewirken? Wofür braucht man ihn? Er ist immer und überall dort zu finden, wo Menschen in Kontakt und Beziehung zueinander treten. Wo sie sich begegnen, ins Gespräch kommen, sich austauschen und kommunizieren. Die Form: ein Wort, ein Satz, ein Gruß, ein Gespräch, eine inspirierende Motivation, eine Intervention, eine Stimulierung, ein Hinweis, eine Botschaft, eine Vision. Im nonverbalen Bereich sind es die Gesten, Signale, ein Wink, ein Zeichen, eine kurze Berührung. Es gilt, mit Überzeugungskraft ein starkes Gefühl anzustoßen, das zur Ausführung bestimmter Handlungen führt. Der schnörkellose Inhalt soll im

Gefühlszentrum des anderen ankommen – aus dem Herzen für die Seele. Ein magischer Moment entsteht. Der One Touch kann, um im Bild zu bleiben, der Anstoß für eine Initialzündung sein.

Hier kommen erfahrene Führungskräfte ins Spiel. Sie dürfen den Herzschlag ihres Teams nicht überhören. Leader, die den Puls der Gruppe nicht fühlen, verlieren das Team. Ihre Antennen müssen ständig auf Empfang für Veränderung bei ihren Mitarbeiterinnen und Mitarbeitern sein. Sie können Gefühle lesen. Sie nehmen ihre eigenen Emotionen und die der Mitarbeiter sensibel wahr. Sie können sie zuordnen, ihre Herkunft deuten und gut damit umgehen und daraus Ideen für eine wirksame Intervention und Schlüsse für ihre Arbeit als Coach ziehen – sie verfügen über emotionale Intelligenz.

Die fünf Schlüsselfaktoren guter Führung

Führungsqualitäten lassen sich – bis zu einem gewissen Grad – erlernen. Dazu gehört zum Beispiel die Fähigkeit, sich immer wieder selbst kritisch zu reflektieren, die Fähigkeit, die eigene Führungsrolle aktiv zu gestalten, Beziehungen zu Umfeld und Mitarbeitern aufzubauen und zu pflegen oder mit komplexen Führungssituationen umzugehen.

Ein starkes Führungs-Ich

Auf den Punkt gebracht handelt es sich um die Five Keys, die fünf Schlüsselfaktoren, für erfolgreiches Management: Professionelles Ethos, Expertenwissen, Kommunikation, Selbstführung und Beziehung.

Key 1: Professionelles Ethos

Jeder Mitarbeiter kann sein Potenzial dann optimal entfalten, wenn er sich autonom, kompetent, anerkannt, sozial eingebunden und wertgeschätzt fühlt. Es ist die Kunst, als Organisator von Lernprozessen ein gutes Arbeitsklima zu schaffen. Genauso wie mit Weitblick zu führen, Entscheidungen umzusetzen, Grenzen zu setzen, Regeln aufzustellen, Aufgaben zu verteilen, alte Strukturen aufzubrechen und neue Standards zu setzen – und dabei immer nach vorn zu schauen. Die Hochform: ein visionärer Anführer, der das Wohl aller im Blick hat und seinen Beruf als Berufung auffasst. Der Antrieb: ein langer Atem, Beharrlichkeit, Zuversicht und Entschlossenheit, einen oftmals steinigen Weg zu gehen. Denn: Nicht alle sind von neuen Wegen begeistert!

Key 2: Expertenwissen

Alles braucht seine Zeit. Und Übung macht bekanntlich den Meister. Bis zu 10.000 Trainingsstunden sind nötig, um die Schale in der Hand zu halten. Maßgeschneiderte Führung ist gefragt, um mit wenigen Worten individuell und zielgenau meisterhaft zu coachen. Große Strategen leben ihre Bestimmung – sie können Spiele lesen, reflektieren und evaluieren, die Entwicklung ihrer Spieler erkennen, Fehler analysieren und in Stärken umwandeln. Sie wissen, dass die Jeans passen muss.

Key 3: Kommunikation

»Man kann nicht nicht kommunizieren« (Paul Watzlawick) – Präsenz, Rhetorik, Verhandlungsgeschick sind gefragt! Stark Denken und stark Auftreten gehören zu den größten Geheimnissen des Spitzensports, die jede Führungspersönlichkeit trainieren kann – auch wenn die anstehende Herausforderung unlösbar erscheint. Das Ziel: in jeder Sekunde wirken, optimistisch nach vorn schauen und mit einem Lächeln auf den Lippen und den entsprechenden Worten seinem Team Selbstvertrauen schenken. Offenheit gehört dazu wie auch die Kunst, das Richtige zur rechten Zeit anzusprechen! Sind Sie in Ihrer Kommunikation stark, ist es Ihr Team auch! Denn: Teammitglieder spüren alles. »Before you even say a word, the team sees your face the look in your eyes, even your walk. Show the face your team needs to see.«

Key 4: Selbstführung

Konflikte lösen, Niederlagenserien stoppen, sich selbst verändern, wenn man andere verändern möchte – je mehr Wahlmöglichkeiten einem Trainer zur Verfügung stehen, desto erfolgreicher kann er führen, andere wie auch sich selbst. Dazu bedarf es einer ausgefeilten Selbstregulation und Selbstreflexion sowie des optimalen Gleichgewichts zwischen Anspannung und Entspannung. Auf den Punkt gebracht: Ich-Firma leben,

Energiemanagement beachten, Work-Life-Balance finden, Belastbarkeit erhöhen sowie auch Grenzen setzen – für sich und andere.

Key 5: Beziehung

Um ein erfolgreiches Team zu formen oder ein bestehendes Team erfolgreich weiterzuentwickeln, bedarf es einer Grundvoraussetzung: die Charaktere und Eigenschaften seiner Mitarbeiter richtig zu erkennen und zu nutzen. Zuhören können und Empathie entwickeln sind hierfür wichtige Voraussetzungen. Die Hochform: Stärken und Schwächen der Kollegen erfassen, diese ausgleichen und gewinnend vernetzen. Prozessorientiert führen, die richtige Feedbackkultur entwickeln sowie auf Augenhöhe coachen sind ideale Instrumente der Hilfe zur Selbsthilfe. Die Königsklasse in Sachen Führung: motivieren und inspirieren sowie im richtigen Moment magisch berühren. One Touch!

Faktor X – der Meister-Code plus One Touch

Große Führungspersönlichkeiten leben ihre Bestimmung – leben das, was sie aus der Masse heraushebt und bewegen gleichzeitig Massen. Sie lösen Initialzündungen aus, lassen die Tiere raus und sehen in Erfolgen weit mehr als einen Sieg. Durch Berührung, durch Worte, durch Willen, durch Wissen, durch Strategie! Durch die Kunst, allen eine Nasenlänge voraus zu sein in ihrem Handeln und Tun. Durch ihr sensitives Gespür für das Feinstoffliche und alle Eventualitäten, die im nächsten Moment passieren könnten. Sie erfinden sich immer wieder neu, halten nichts vom Status quo und schärfen täglich ihr Profil.

Sie sind in Führung? Elf Reflexionsfragen

1. Was ist das schönste Kompliment, das Ihnen ein Mitglied Ihres Teams machen kann?

2. Welche Kritik würde Sie verletzen?

3. Was macht Ihnen an Ihrer Arbeit besonders viel Freude?

4. Was sind Ihre Führungsstärken?

5. Was sind Ihre Führungsschwächen?

6. Welche Führungskompetenz wird Ihrer Meinung nach überbewertet?

7. Welche Aspekte an Führung finden Sie persönlich herausfordernd?

8. Wie definieren Sie Erfolg?

9. Was sind Ihre Erfolge, die Sie bis heute in Führung erreicht haben?

10. Wenn Sie ein Buch über Ihr Leben und Ihren Führungsstil schreiben würden: Wie würde es heißen?

11. Wenn Sie die Wahl hätten, für was würden Sie sich entscheiden: Erfolg, Bestätigung oder Herausforderung?

Ins Spiel kommen

»Wenn Sie sich jeden Tag ein wenig verbessern,
geschehen letztendlich große Dinge. Nicht morgen,
nicht am nächsten Tag, aber irgendwann wird ein großer
Gewinn erzielt. Sehnen Sie sich nicht nach der großen, schnellen
Verbesserung. Streben Sie nach der kleinen Verbesserung, ein Tag
nach dem anderen. Das ist der einzige Weg, wie es passiert –
und wenn es passiert, hält es für eine lange Zeit an.«

John Wooden, US-amerikanischer Basketballspieler und -trainer

Notizen der Weggefährten: Karlsruhe, Februar 2001

Es war kalt, sehr kalt sogar, trostlos und ungemütlich. Schneeregen prasselte bei einer geschätzten Außentemperatur von plus zwei Grad gegen die Windschutzscheibe unseres roten VW Golf 4. Wieder einmal hatten wir uns auf den Weg gemacht. Unser Ziel: der mittlerweile in die dritte Liga abgestiegene Karlsruher SC – oder besser gesagt: dessen noch sehr junger Trainer Stefan Kuntz. Zu Beginn der Saison hatte er den führungslosen KSC übernommen und fortan durch kluge Spielereinkäufe auf die Siegerstraße gebracht. Aber war dies das einzige Geheimnis seines Erfolges? Genau dieser Frage wollten wir nachgehen. Mit zwölf Punkten Vorsprung und laut Bildzeitung ungewöhnlichen Maßnahmen hatte der ehemalige Nationalspieler und Europameister von 1996 den KSC an die Tabellenspitze der damaligen Regionalliga Süd gehievt. Das interessierte uns. Und so schrieben wir ihm postwendend einen Brief.

Am Stadion angekommen, machten wir uns sofort auf die Suche nach »unserem« Trainer. Schon lange beschäftigten wir uns mit der Hochform des Fußballcoachings und durften auf diesem Wege, ob über Medien oder im persönlichen Gespräch, viele interessante Trainer und ihre Sicht- und Arbeitsweisen kennenlernen – vom offenen, mit dem Herzen führenden Pädagogen bis hin zum wortkargen Schleifer oder Einpeitscher. Vom Menschenfreund bis zum menschenverachtenden Egozentriker. Alles war dabei. Aber: Niemand war wie Stefan Kuntz. Prompt hatte er auf unsere Zeilen geantwortet, uns angerufen und eingeladen.

Und genauso prompt war er in allen Dingen – wie sich im Verlauf des Gespräches herausstellen sollte.

Doch zunächst – zunächst fanden wir ihn nicht. Erst durch die Hilfe des Hausmeisters wurden wir auf die richtige Spur gebracht, um ihm plötzlich in den heiligen Hallen des Stadions gegenüberzustehen. Locker, leicht und sportlich, in Jeans, Turnschuhen und einem dunkelblauen Sweater saß er mit baumelnden Beinen auf einem Tisch und strahlte uns an – was für ein Kontrast zum Wetter, dachten wir. Und was für ein Kontrast zu all den Trainern, die wir bisher erleben durften. Fortan ging alles Schlag auf Schlag. Kuntz, wie schon erwähnt ein Mann des schnellen Handelns, wollte sofort alles wissen. »Woher kommt ihr? Was macht ihr? Wie kann ich euch helfen?«, waren seine ersten Fragen, bevor er uns schon in der nächsten Minute in sein Auto einlud und zu einem Freundschaftskick in den verschneiten Schwarzwald mitnahm. Offen, kommunikativ, begeisterungsfähig, spontan. Eben ein absoluter Macher, der auch mal gern aus dem Autofenster heraus einen Plausch mit der Bereitschaftspolizei hielt, die sich um die mitreisenden Fans des KSC zu kümmern hatte. Kommunikation auf allen Ebenen sozusagen – was ihm in diesem Fall als gelerntem Polizisten nicht schwerfiel.

Die folgenden Monate waren mehr als intensiv, und so durften wir dem Geheimnis seines Erfolges näherkommen. Ganz unbewusst machte er viele Dinge richtig. Und zwar im Umgang mit sich selbst wie auch im Umgang mit anderen. Stets aus dem Bauch heraus. Stets offen für Innovationen und voller Wissbegierde. Stets mit einer absolut professionellen Einstellung: Das Lernen-Lernen könnte er erfunden haben. Er liebte es, auf neuen Gebieten zu wandeln, sich mit seinem Gegenüber intensiv auszutauschen und über das Gelernte zu reflektieren. Er glaubte immer schon an sich selbst, an die eigenen Stärken sowie die daraus resultierende Gewissheit, die gesetzten Ziele auch zu erreichen. Nur so konnte er auch als Fußballer bestehen, nur so Deutscher Meister mit dem 1. FC Kaiserslautern sowie Nationalspieler werden.

»Normalerweise«, so erzählte er einmal zwischen Schmutzwäsche und Faxgerät in seinem sehr kleinen Trainerbüro, das er sich auch noch mit zwei Co-Trainern teilen durfte, »normalerweise wäre ich als Spieler nie über die zweite Liga hinausgekommen«. Aber es war eben sein unbändiger Wille, sein positives Denken, seine Leidenschaft und Hingabe, die ihn stets beflügelten und ganz nach oben brachten. »Letztlich war und bin ich immer für mich und meine Leistung ganz alleine verantwortlich. Ob früher in der Schule, als Polizist, als Fußballer oder als Trainer. Da hat sich nicht viel geändert. Und genau diese Einstellung zum Lernen gebe ich meinen Profis weiter. Ganz wichtig: Man muss sich auch mal selbst in den Hintern treten, malochen, kämpfen.«

So hatte er es bei sich selbst gemacht, das übertrug er auf seine Spieler. Ob in Einzelgesprächen, Gruppen- oder Teamsitzungen. Als wir zu Beginn der Rückrunde – das Heimspiel gegen Schweinfurt 05 sollte in wenigen Minuten angepfiffen werden – bei einer ersten Mannschaftsbesprechung mit dabei sein durften, staunten wir nicht schlecht, wie sehr er – bewusst oder unbewusst – jeden seiner einzelnen Spieler berührte. Stefan Kuntz verschaffte seiner Mannschaft Bilder, spielte mit Worten, traf den Nerv oder besser gesagt das Gefühl und arbeitete sogar im wahrsten Sinne des Wortes mit dem Geschmack und dem Geruchssinn seiner Spieler. Auf allen Sinnesebenen eine perfekte Einstellung auf das bald beginnende Spiel. Wir selbst hätten auflaufen können, so motiviert waren wir durch die gefühlten Worte, Bilder und Gedanken an das Siegerbier danach.

Das Spiel wurde übrigens gewonnen und der KSC stieg nur wenige Monate später wieder in die zweite Liga auf. Und Kuntz? Der begab sich einige Zeit später auf ganz neues Terrain. Das kurzlebige Trainergeschäft brachte den zur Selbstreflexion neigenden Trainer auf neue Ideen. Nicht umsonst lautet einer seiner Glaubenssätze: »Nur wer sich verändert, bleibt sich treu.«

Schon lange hatte es ihm das Sport-Management angetan, und so kam es wie es kommen sollte. Er setzte sich neue Ziele, entschloss sich zum Studium an der Universität in Düsseldorf und lernte vor allem durch Selbsttun. Über die TuS Koblenz, seine erste Station als Manager, mit der er ebenfalls gleich in die zweite Liga aufstieg, schaffte er den Sprung zum VfL Bochum und später als Vorstandsvorsitzender zum 1. FC Kaiserslautern. »Es ist schwierig, einen Manager zu finden, der Marketing, kaufmännisches Denken und Fußballkenntnisse so vereint wie Stefan Kuntz«, so sein ehemaliger Chef der TuS. Doch neben all seinen Kompetenzen sind auch im heutigen Job echte Stürmerqualitäten gefragt – und zwar vor allem dann, wenn es um die Verpflichtung neuer Spieler geht: zur richtigen Zeit am richtigen Ort sein, ein Auge für die Situation haben, Bauchgefühl sowie dann zuschlagen, wenn andere schlafen. Das gelingt häufig – aber nicht immer. Doch man lernt immer dazu.

Der Glaube an sich selbst, positives Denken, Willenskraft und Leidenschaft, Offenheit und Wissbegierde, Strebsamkeit und Arbeitseifer, das Geübte auf neue Situationen zu übertragen und die Fähigkeit zur Selbstreflexion. Grundpfeiler des Lebenslangen Lernens und absolute Fähigkeiten des Fußballers, Trainers und Managers Stefan Kuntz – die uns stets fesselten, wenn wir dabei sein durften.

Es ist anscheinend ein Irrglaube, dass Führungstalent angeboren oder womöglich sogar vererbbar ist. Ganz im Gegenteil: Man muss es sich erarbeiten in vielen Stunden – und lernt nie aus. Durch Lebenserfahrung genauso wie durch tägliche harte Arbeit im Beruf mit Menschen. Und nicht durch einen Hochschulabschluss.

»Führungstalent ist nichts Genetisches. Man kann es sich auch nicht durch Lesen oder den Besuch von Vorlesungen aneignen. Man muss es sich durch entsprechende Erfahrungen mitten in der Arena hart verdienen und nicht etwa, indem man von einem Logenplatz aus zuguckt.«

Warren Bennis, Wirtschaftswissenschaftler

Umso erstaunlicher, dass fachliche Kompetenz in deutschen Unternehmen nach wie vor das Hauptkriterium bei der Besetzung einer Führungsposition darstellt. Die Qualität der Mitarbeiterführung spielt nur eine untergeordnete Rolle. Dabei können die Folgen einer schlechten Personalführung sowohl für die Psyche der Arbeitnehmer als auch für den wirtschaftlichen Erfolg des Unternehmens schwerwiegend sein – von Demotivation über innere Kündigung und Erkrankung des Arbeitnehmers bis hin zu bewusster Zurückhaltung von Informationen und Sabotage der Firma. Und im Fußball?

It's all in the game – oder: Eine erste Annäherung

Beschäftigt man sich mit Führungspersönlichkeiten im Fußballsport und hier insbesondere mit den großen Trainerlegenden – von Sepp Herberger über Ernst Happel bis hin zu Jürgen Klopp –, so fällt auf, dass alle einen Plan verfolgten, und zwar auf und neben dem Platz. Neudeutsch würde man wohl von einem Matchplan sprechen, einer genauen Fehleranalyse nach dem Spiel, die dazu dient, die richtigen Schlüsse für das kommende Match zu ziehen. Denn: bekanntlich ist ja spätestens seit Sepp Herberger nach dem Spiel vor dem Spiel. In anderen Worten: die perfekte Vorbereitung, die Kunst, ein Spiel quasi komplett vorauszudenken, dem einzelnen Profi mehrere Lösungen für allerlei Szenarien an die Hand zu geben, um den Zufällen des Fußballs eine möglichst geringe Chance zu geben. Die Hochform: das Training auf die jeweiligen Spiele und Gegner genau auszurichten, variabel, flexibel, vorausdenkend und individuell.

Mindestens genauso wichtig jedoch ist die didaktische Umsetzung der Pläne, das Lehren des Lernstoffes, das Rüberbringen in die Praxis. Zweifellos sind viele Trainer in der Theorie gleich, den Transfer auf den Fußballplatz zu schaffen, gelingt jedoch nicht jedem – vom Einschleifen der Automatismen, die in Fleisch und Blut übergehen müssen bis zur genauen Ballannahme, denn die kann und muss je nach Situation variabel sein. Details eben.

Konzept oder Spieler – wer steht im Mittelpunkt?

Einer der neuesten Begriffe, der seit geraumer Zeit in den sportaffinen Medien diskutiert wird: Konzepttrainer! Hier gilt der Trainer als absoluter Systemexperte, der gemeinsam mit der Spielphilosophie des Clubs ein System möglichst durchgängig bis in die Jugendmannschaften umsetzt. Die Aufgabe der fachlich top geschulten Spieler: möglichst variabel auftreten, sich dem System unterordnen – und ein Stück weit austauschbar sein. Denn: Das System steht im Vordergrund.

Aber Hand aufs Herz: Macht allein das Wissen über das Wissen sowie das Umsetzen des Wissens eine Führungspersönlichkeit in der Coachingzone – und darüber hinaus – aus? Oder gibt es weitere Erfolgsgeheimnisse?

Interessant in diesem Zusammenhang ist eine im Sommer 2015 durch Ex-Bayern-Profi Mehmet Scholl angestoßene Diskussion: Er kritisierte die derzeitigen lehrgangsbesten Trainer, ausgebildet an der Hennes-Weisweiler-Akademie in Köln – zu verkopft seien sie, zu weit weg vom Menschen wie auch vom Profi. Was er damit sagen will: Fachlich top ausgebildet zu sein, heißt noch lange nicht, auch den Menschen berühren zu können. Eine durchaus interessante Bemerkung, denn betrachtet man die momentane Entwicklung im deutschen Profifußball, so fällt auf: Gleich fünf Fußballtrainer mit dem besten Akademie-Abschluss verloren in der Saison 2015/16 auf höchster Ebene – also in der Bundesliga – ihren Trainerjob.

Vielleicht lag es ein Stück weit daran, dass der eine oder andere zu selbstbewusst auftrat. So erklärte Alexander Zorniger, Bundesliga-Trainer-Novize der Saison 2015/16 beim VfB Stuttgart und Jahrgangsbester in der DFB-Ausbildungszentrale im Köln 2012 den Fußball gern wissenschaftlich – menschlich jedoch stieß er den einen oder anderen arg vor den Kopf. Man müsse diejenigen »erschlagen«, die das Talent Joshua Kimmich verkauft hätten, so Zorniger. Eine solche Schlagzeile nehmen die Medien gern auf – und der Aufsichtsrat fühlt sich in der Regel bloßgestellt. Oder der Fall Timo Werner – ein junges Talent des VfB, der auch aufgrund seines Alters noch Formschwankungen unterworfen war. Hier sah sich Zorniger nicht als »Kindermädchen«. Zudem machte er sich nach einem wichtigen Ausgleichstreffer gegen 1899 Hoffenheim kurz vor Ende der Partie über Werner lustig – zu leidenschaftlich hätte dieser gejubelt. Seine Empfehlung: weniger jubeln und den Siegtreffer machen. Alles in der Theorie richtig. Doch wird so etwas unbedacht und öffentlich rausgehauen, muss man sich über die Reaktionen nicht wundern. Die Folge: Man verliert die Mannschaft – Stück für Stück.

Laptop-Trainer

Mehmet Scholl sorgte im Sommer 2015 mit einem Interview im »Spiegel« für Aufsehen, als er von einer »Schwemme von Trainern sprach, immer der gleiche Typus, der alles anders macht«, als er es machen würde. Laut Scholl »Kursbester-Gesichter«, die in der verschulten Ausbildung die Theorie aufsaugen, ohne den ganzen Fußballer zu sehen. Der Hauptkritikpunkt: Viele wüssten nicht, wie ein Profi tickt! Stattdessen laufe alles nur noch über Laptop. »Auf die gucke ich als Letztes«, sagte er. »Ohne Menschen kann man Taktik vergessen. Ich beherrsche diese ganzen Begriffe ja auch: die diametral abkippende Doppelsechs, der falsche Neuner, dieser ganze Kram.« Aber: »Fußball ist ein einfaches Spiel, und damit die Menschen es verstehen, muss es einfach bleiben.«

Interessant auch die Äußerungen von Robin Dutt, Topabsolvent des Jahrgangs 2005, der als Trainer von Bayer Leverkusen 2011 vor versammelter Mannschaft auf sein Besten-Diplom hinwies – wohl mit dem Gedanken im Hinterkopf, dadurch vom Team noch ernster genommen zu werden. Das Gegenteil war der Fall. Statt Autorität in der Kabine zu gewinnen, verlor er sie – und wurde später entlassen.

Forsches Auftreten mag im richtigen Kontext gut sein – doch manchmal sind eben auch Fingerspitzengefühl, Empathie und Bescheidenheit gefragt. Vielleicht hängt ein solches Auftreten mit einer gewissen Unsicherheit zusammen, wenn man selbst nicht in der ersten Liga gespielt hat. Zumindest bei dem einen oder anderen. So sieht es Mehmet Scholl, der sich schwerlich vorstellen kann, dass ein Bestnotentrainer in den Schuhen eines Profis laufen kann – wenn er nicht selbst schon mal drin gesteckt hat. Um zu wissen, wie ein Spieler denkt, muss man eben selbst auf höchstem Niveau gespielt haben, so seine Meinung.

Interessant auf jeden Fall die Diskussion und auffällig auch, dass in den letzten Jahren fast nur noch Quereinsteiger mit sehr guten Zensuren abschlossen: Fußballlehrer, vermehrt mit akademischem Hintergrund, weniger mit Erfahrung aus den höchsten deutschen Fußballligen. Ob die Ausweitung des Trainerlehrgangs auf zehn Monate und damit einhergehend die vermehrte inhaltliche Lernstoffdichte für besonders verkopfte Trainer sorgt? Fakt ist: Es gibt anscheinend einen großen Unterschied zwischen Theorie und Praxis. Und es ist letztendlich wie in der Schule. Die Bestnotenschüler müssen nicht unbedingt im späteren Leben die Erfolgreichsten sein. Ein Spiel wird eben nicht auf dem Reißbrett entschieden. Sondern: auf dem Platz! Man darf gespannt sein, wie sich die Entwicklung fortsetzt und gesteuert wird – auch vonseiten des DFB, der Sporthochschule Köln sowie deren Chefausbilder selbst und dem damit verknüpften Curriculum.

Es muss also neben dem Expertenwissen und der entsprechende Didaktik noch eine Vielzahl anderer Kriterien geben, möchte man auf lange Sicht erfolgreich und nachhaltig führen. Also Faktoren und Merkmale, die qualitativ gute Führung ausmachen – und insbesondere im Profifußball eine ganze Region begeistern, eine ganzes Land mitreißen, eine ganze Nation inspirieren können, wenn denn alles perfekt ineinander greift und zusammen passt. Denn nirgendwo sonst spielen die Gefühle eine ähnlich entscheidende Rolle wie hier, liegen Glück oder Pech so eng beieinander genauso wie Freud oder Leid, Hoffnung oder Aufgabe, Glaube oder Unglaube, Triumph oder Niederlage.

Fußball kann das wahre Leben widerspiegeln – mit allen seinen Höhen und Tiefen: durch das entscheidende Tor in der Nachspielzeit, den nicht für möglich gehaltenen Auf- oder Abstieg, die Meisterschaft der Herzen, den verschossenen Elfmeter. So emotional Zuschauer, Fans, Spieler und Trainer die wahren Momente des Fußballs auch leben mögen und dadurch reichlich Druck erzeugen können – allein die Existenz des Trainers hängt von ihnen ab. Schon mancher Übungsleiter wurde gefeuert, bevor er überhaupt richtig im Verein angekommen war. Das führt zu purem Stress!

So sprechen selbst gestandene Trainerpersönlichkeiten von einem täglichen Überlebenskampf. Womit wir bei einem weiteren Schlüssel guter Führung wären: mit Druck umgehen können! »Stressbedingt haben wir einen der gefährlichsten Berufe. Als ich mir einst bei Borussia Dortmund erst einen Namen machen musste, dachte ich oft bei einer Niederlage, meine Existenz steht auf dem Spiel«, so Ottmar Hitzfeld, der oft vor den Spielen nachts wach lag und grübelte. »So viele Dinge, an die ich denken muss, welches Team stelle ich auf; du spielst Situationen durch, die im Spiel dann nie auftreten.«

Zweifellos: Der Trainerjob gehört zu den brisantesten, unsichersten und kurzlebigsten Jobs im professionellen Fußballzirkus. Ständig ist man abhängig, und zwar insbesondere von drei Mitspielern, die schnell zum Gegenspieler werden können: Funktionären, Spielern und Medien. Funktionäre nutzen Trainer gern als Sündenböcke, um von eigenen Fehlern in der Vereinsführung oder Einkaufspolitik abzulenken, Spieler, wenn sie von schlechten Leistungen ablenken wollen, und die Medien lieben einfach das Spiel rund um das ewige Trainerkarussell. Es ist ein Balanceakt, allen gerecht zu werden – und wird man heute noch umschwärmt, kann man morgen schon abgesägt worden sein.

So bedarf es also einer gehörigen Portion Selbstbewusstsein sowie des Vertrauens in die eigenen Stärken und das eigene Tun, möchte man längerfristig im Profifußball überleben und immer widerstandsfähiger und belastbarer werden. Doch selbst so emotional abgeklärte Trainer wie Felix Magath sprechen von der Angst als ständigem Begleiter sowie von

Abhängigkeiten. »Ich habe immer Angst, auch weil ich weiß, wie schnell sich in einer Mannschaft die Situation verändert. Man ist abhängig davon, was bei einem Spieler privat los ist. Wenn einen die Freundin verlässt, kriegen Sie das erst mit, wenn es den Spieler schon längst beschäftigt hat. Deswegen versäume ich nie ein Training, weil ich immer dabei sein muss, sehen muss, spüren muss, was mit der Mannschaft los ist.« Was auf weitere wichtige Schlüsselkompetenzen hindeutet: immer stark auftreten, ein Gespür für Spieler und Mannschaft entwickeln und möglichst schon im Vorfeld fühlen, was als nächstes passieren könnte.

Dieses Potenzial wiederum erkannte Bobby Robson, Trainer des FC Barcelona, in seinem damaligen Dolmetscher und späteren Assistenten José Mourinho: »Und er war nahe bei den Spielern, verstand ihre Psychologie, was seine herausragende Fähigkeit als Fußballlehrer war.« Schafft man es dann noch, aus einzelnen, hoch talentierten Individualisten eine echte Einheit zu formen, ist man auf einem guten Weg, auch längerfristig im kurzlebigen Fußballgeschäft bestehen zu können. In anderen Worten: die Fähigkeit, Menschen zu führen und Teams zu formen. Oder frei nach Dettmar Cramer, ehemaliger DFB- und Bundesligatrainer: »Der liebe Gott macht Spieler. Trainer machen Mannschaften.«

Und genau das ist eine höchst anspruchsvolle Aufgabe, hat man es doch des Öfteren mit echten Individualisten und Grenzgängern zu tun! Ein Beispiel: Eric Cantona, französischer Nationalspieler und Stürmerstar von Manchester United, der nicht nur durch einen Kung-Fu-Tritt gegen einen Fan während eines Spiels gegen Crystal Palace aus der Rolle fiel. In der Regel schaffte er es – zumindest auf seinen fußballerischen Stationen, ob bei Olympique Marseille oder Leeds United –, seinem Ruf gerecht zu werden und verbrannte Erde zu hinterlassen. Das bedeutete im Normalfall: sich mit anderen Spielern prügeln, Schiris den Ball an den Kopf werfen, dem Nationaltrainer das Trikot bei der Auswechslung vor die Füße pfeffern – das ganze Programm eben. Nicht ganz einfach, der hochtalentierte Stürmer, der auf der anderen Seite gern malte und abstrakte Kunst liebte. Ein Sonderling, gegensätzlich bis ambivalent, nicht zu packen, chronisch durchgeknallt.

Hier ist es die wahre Führungskunst, einen durchaus schwierigen Charakter teamfähig zu machen, ihn zu integrieren und ihm dennoch seine Freiheiten zu lassen – oder andererseits den Mitspielern den Sinn vor Augen zu führen, was es bringt, eben diesen einen Schritt mehr zu machen. Sir Alex Ferguson muss dieses Kunststück gelungen sein. Er zähmte den Widerspenstigen ein Stück weit und formte aus ihm einen Schlüsselspieler, die prägende Erscheinung von Manchester United der 1990er Jahre – kleinere Ausfälle, wie der erwähnte Kung-Fu-Tritt, bestätigen allerdings die Regel.

Vielleicht trifft auf den Schotten Alex Ferguson, der der Glasgower Working Class entstammte, sich zum erfolgreichsten Trainer Englands hocharbeitete und in 27 Jahren mit Manchester United sage und schreibe 38 Titel holte, folgender Spruch zu: »Am Umgang mit schwierigen Schülern erkennst du gute Lehrer.« Denn in jedem guten Trainer, jeder Führungspersönlichkeit sollte immer auch ein Stück weit ein kompetenter Lehrer stecken, oder besser gesagt ein guter Pädagoge und Psychologe – ein Menschenfreund.

Nochmals kurz zum aus der Rolle fallenden Enfant terrible Eric Cantona. Ausgerechnet dieser verglich Jahre später eine gute Führungskraft mit einem guten Regisseur. Der Grund: Er selbst wandelte in seiner zweiten Karriere in den Schuhen eines Schauspielers: »Es ist exakt die gleiche Sache. Es geht darum, Vertrauen zu vermitteln. Es gibt eine Geschichte: Man weiß, was man zusammen tun wird, wie das Ziel lautet. Regisseure und Trainer müssen beide aus unterschiedlichen Persönlichkeiten das Beste herausholen, müssen sicherstellen, dass jeder sein Bestes gibt. Für dieselbe Sache, für dasselbe Ziel. Ja, es ist exakt derselbe Job.« Vielleicht ging es ihm ähnlich wie Matthias Sammer, der sich auf einer ersten Trainerstationen zu folgender Aussage hinreißen ließ: »Wenn man zuerst Trainer wäre und dann Spieler, wusste man, was man einem Trainer antut.«

Schon auf den ersten Blick wird klar: Fußballlehrer – kein leichter Job! Natürlich, man wird – zumindest ganz oben angekommen – auch fürstlich entlohnt. Doch der Fall kann tief sein. Schonungslos in der Öffentlichkeit, ständiger Druck und mitunter der einsamste Job der Welt. Man ist verantwortlich für alles und jeden, klingelte gestern das Handy noch im Minutentakt, ist es nach einer Entlassung stumm, und viele wenden sich ab.

»Es war mein erstes Spiel unter Ernst Happel, dem Erfolgstrainer des HSV der 1980er Jahre, dem Grantler, dem typischen Wiener, der bekannt dafür war, wenig zu reden oder auch gar nicht – und der sich am liebsten mit der Bild-Zeitung anlegte. Er war seiner Zeit voraus wie so mancher Visionär, ließ als erster Trainer in Deutschland überhaupt Raumdeckung spielen (›Spielst du Manndeckung, hast 11 Esel auf dem Platz.‹), liebte die Offensive und wurde doch zu Lebzeiten nicht immer oder zu spät verstanden, ein typisch österreichisches Schicksal eben.

Bei meinem ersten Spiel unter Ernst Happel (trotz schwerer Erkrankung sollte er noch einmal für einige Monate die Geschicke des österreichischen Nationalteams leiten), kam er auf mich zu, bückte sich auf Augenhöhe (ich saß auf der Bank) und berührte mit seiner Stirn meine Stirn. ›Jetzt bist du dran!‹, flüsterte er klar und bestimmt. ›Hau ihn rein!‹ Und das tat ich dann auch. Bis heute habe ich das Bild noch vor Augen, das Gefühl an der Stirn. Das fällt mir zu Beziehung ein.«

Andreas Herzog

Es ist also eine Gratwanderung für jeden Trainer, man muss ein Stück weit »positiv verrückt« sein, diesen Job mit echtem Herzblut und Hingabe machen. Ein klarer Plan, eine Strategie, Willenskraft und Antrieb gehören unbedingt dazu. Doch bleibt es beim bloßen Fachwissen, beschränkt man sich zu sehr auf die Nische Taktik, System und »Laptopwissen«, ist das Scheitern vorprogrammiert. Es bedarf einer Fülle weiterer Kompetenzen und Fähigkeiten. Ein ganzheitlicher Ansatz ist gefragt: emotionale Führung, der Blick über den Tellerrand und ein Koffer voller Tools und Know-how in Sachen Menschenführung.

Zurück zur Ausgangsfrage: Konzept und Professionswissen? Ja! Beziehung und Inspiration? Unbedingt! Es ist das Zwischenmenschliche, das Zuhören, Hinfühlen und Kommunizieren, was Menschen wachsen lässt. Die Hochform: sich auf jeden Mitarbeiter einstellen, individuell fördern und fordern, sein Umfeld kennen und anerkennen und da sein, wenn es drauf ankommt. Wie sagte Sebastian Kehl in einem langen Gespräch mit uns: »Der Trainer kann noch so ein exzellenter Experte sein – hat er keine Beziehung zu dir, nimmt er dich auch nicht mit.«

Gute Führungskräfte – was sie wirklich ausmacht

Wer möchte das nicht: in der Liga erfolgreicher Führungskräfte ganz oben mitspielen. Doch was heißt das auf den Punkt gebracht? Und wie kann man sich auch als beliebter Vorgesetzter immer weiter entwickeln oder sogar neu erfinden? Fragen, die in Wirtschaft, Bildung, Politik und Sport oder überall dort, wo geführt werden soll, gern diskutiert werden – und im Profifußball sowieso. Zumindest immer dann, wenn ein Trainerwechsel in der Bundesliga ansteht. Und erst recht in der Nationalmannschaft – des Deutschen liebstes Fußballkind.

»He was more than a coach – he was my mentor, my teacher, my second father. In teaching me the game of basketball, he taught me about life.«

Michael Jordan über den Basketballtrainer Dean Smith

Für einen Trainer ist es wichtig, sich über die Rolle, die er spielen will, im Klaren zu sein. Er muss eine klare Rollendefinition vornehmen und der Rolle entsprechend handeln lernen. Interessant in diesem Zusammenhang: die Nähe von »Teaching«, »Leading« und »Coaching« in der amerikanischen Literatur, Gesellschaft und Kultur. Zitate und Biografien weisen auf das gute Zusammenspiel von Anleiten, Ausbilden und Führen hin – lehren im weitesten Sinne. Hier wiederum lässt sich der Bogen zum Max-Planck-Institut nach Berlin schlagen, das in einer langjährigen Studie Führungsverhalten von Lehrpersonen untersuchte. Schwerpunkt: Kernkompetenzen guter Lehrer, Dozenten und Mentoren (und somit auch guter Führungskräfte). Neben einem herausragenden Fachwissen, der dazu passenden Didaktik/Methodik und der richtigen Beratung gehören Beziehungsarbeit, Selbstregulation und ein ausbalanciertes professionelles Ethos dazu.

In vielen weiteren Studien wurde nachgewiesen, dass Führungspersonen dann am erfolgreichsten sind, wenn sie über ein möglichst breites Rollenrepertoire verfügen. Große Trainer können viele Rollen ausfüllen, sie erweitern ihr Rollenspektrum ständig und wenden es situationsangemessen an. Alle Rollen sind wichtig, die vom Teamleiter verlangt werden.

Erfolgreiche Trainer haben im Laufe ihrer Berufsjahre erkannt, dass sie selbst ihr wichtigstes Rollenmodell sein müssen. Sie haben sich über die Erwartung an sich selbst ein klares Bild verschafft, eine klare Rollendefinition vorgenommen und durch Selbstmanagement gelernt, den Rollen entsprechend zu handeln, und eine bewusste Auseinandersetzung zwischen Idealbild (»Wie will ich als Trainer sein?«) und Realbild (»Wie sehe ich mich derzeit als Trainer?«) als ein unbedingtes Muss in ihre Analyse einbezogen. So kann zum Beispiel Leadership nur ein Baustein im Gesamtgefüge eines Konglomerates sein; denn nur in Kombination mit Teamwork, Empowerment, Innovations-Visionsmanagement kann es sich entfalten und wirken.

Bereits der Soziologe Max Weber hatte die Rolle des charismatischen Führers soziologisch durchleuchtet und herausgestellt, dass die Führungsrolle besonderer Persönlichkeitsmerkmale bedarf. Die Mitarbeiter des Instituts für Angewandte Psychologie in Zürich sind überzeugt, dass sich Führungsqualitäten bis zu einem gewissen Grad entwickeln lassen. Inwieweit die unterschiedlichen Führungsstile und die damit verbundenen Rollen praktiziert werden können, hängt von der jeweiligen Organisation bzw. den Mitarbeitern ab. Der Führungsstil sollte also funktional sein bezüglich der zu bewältigenden Aufgaben. Notwendige Fertigkeiten und Fähigkeiten sind gefragt, um die unterschiedlichen Erwartungen zu erfüllen, jede Rolle sollte professionell beherrscht werden.

»Der Trainer ist Dirigent des Orchesters. Mit mittelmäßigen Musikern werden sie nie ein großes Orchester haben. Aber sie können mit viel Übung und Begeisterung ein passables Konzert vortragen.«

Cesar Luis Menotti

Trainer müssen in jeder Situation neu entscheiden, welche Form der Führung und welche Führungsrolle die anstehende Aufgabe verlangt. Fingerspitzengefühl ist zum Beispiel eines der wichtigsten Leadership Skills. Wer sich als Coach, Mentor und Inspirator versteht, hat die besten Chancen, seine Mannschaft für die gemeinsame Sache zu gewinnen – also Führende, die alle Rollen zu meistern verstehen und sich Zeit zum Führen nehmen. Aber auch ein Beispiel, wie es nicht sein sollte, muss erwähnt werden: »Das Bedürfnis, für jeden alles zu sein (Vater, Tröster,

Helfer), hat mich vom eigentlichen Führen abgehalten. Es brannte mich aus. Ich wollte von allen geliebt werden«, erzählte ein Trainer aus der Bundesliga.

Daniel Coyle sieht in einem großartigen Trainer ebenfalls einen Lehrer, außerdem auch einen Mentor oder Coach. Und zwar im wörtlichen Sinne, stammt doch das Wort »Coach« ursprünglich vom ungarischen Wort »Kocsi«, »Kutsche«. Das heißt für ihn allerdings: Keine Vater- oder Mutterersatz, sondern ein Gefährt, dem man vertrauen kann, mit dem man im übertragenen Sinne eine Reise unternehmen würde. Dieser Reisebegleiter sollte sich durch die Fähigkeit auszeichnen, genau zu beobachten und schnell ins Handeln zu kommen – also nicht lange reden, sondern machen und anschieben – eine Persönlichkeit, die Respekt und Bewunderung ausstrahlt – und vielleicht sogar ein Stück weit Ehrfurcht. Denn das treibt an. Außerdem sollte sie über eine ganz besondere Kommunikation verfügen: klare, knappe Anweisungen mit nützlichen Informationen statt langatmiger Reden. Ein weiteres wichtiges Kriterium für ihn: Erfahrung! Denn großartige Lehrer sind lebenslang Lernende. Seine Erkenntnisse zog Coyle übrigens aus einer Vielzahl einfachster Talentschmieden, die er weltweit besuchte und sich fragte, wieso sich gerade hier und vor allem unter spartanischsten Gegebenheiten große Sportler, Künstler, Musiker, Wirtschaftsexperten und andere Fachleute von Weltklasseformat entwickeln konnten. Interessante Details auf der Suche nach den Kernkompetenzen!

Fünf Kompetenzen plus Faktor X

Persönlichkeit und Inhalt: Letztlich lassen sich fünf Führungsgrundsätze beschreiben, hinter denen wiederum eine Vielzahl einzelner Fähigkeiten steckt. Als Experte auf Ihrem Gebiet verfügen Sie über Fachwissen, über das breite Spektrum Ihres Spezialgebietes, gepaart mit einer guten Didaktik und Beratungskultur.

Im Profisport heißt das: Ein guter Trainer sollte über vielschichtige theoretische Grundlagen des Fußballsports verfügen und diese auch rüberbringen können, das heißt die geeigneten Methoden anwenden können. Die Hochform: Fußballtrainer lesen ihre Spieler, erkennen deren Stärken sowie Schwächen und passen ihr Trainingsprogramm individuell an. Und sonst? Immer wichtiger wird der Faktor der Belastbarkeit. Sich auch unter Druck nicht stressen lassen, ruhig und gelassen bleiben oder sich selbst wieder in Balance bringen. Da kommt die Kunst der Selbstführung und Selbstregulation ins Spiel. Neudeutsch: über die richtige Work-Life-Balance verfügen und aus Rückschlägen lernen. Eine klare, transparente und direkte Kommunikation und interessenorientierte Konfliktlösungen sind weitere zentrale Aspekte guter Führung. Miteinander reden, aktiv zuhören und sich mitteilen, kooperieren, eine Feedbackkultur etablieren. Und auch das noch: ein professionelles Ethos entwickeln, Werte vorleben, Ziele verfolgen, Prozesse anschieben, Visionen entwickeln, Vorbild sein. Wofür stehen Sie?

Wer hat Sie geprägt?
- Wer gehörte zu Ihren Mentoren?
- Wer hat Sie motiviert oder inspiriert?
- Zu wem hatten Sie eine besondere Beziehung?

Was passt zu Ihnen?
- Welche Schlüsselwörter sprechen Sie an?
- Welche glauben Sie auch umsetzen zu können?
- Gibt es noch Bereiche, in denen Sie sich entwickeln können?

Wer dann noch – sicherlich auch durch langjährige Erfahrung – junge Menschen mit dem Herzen führen, weiterentwickeln und zudem noch begeistern kann, gehört dazu, zu den guten Trainern. Die Hochform jedoch: Faktor X – der Meister-Code plus One Touch.

Der Weg einiger Protagonisten dieses Buches begann mit dem Erwerb der Trainer-Lizenz im Januar 2000. Hier startete in Hennef ein Kurzlehrgang für besonders verdiente Nationalspieler – neben Jürgen Klinsmann, Stefan Reuter, Stefan Kuntz und Matthias Sammer auch mit an Bord: Joachim Löw. Dabei hatte er nie für die Nationalmannschaft gespielt – und mindestens 40 Einsätze im Nationaltrikot waren damals eigentlich Pflicht für den Lehrgang. Doch weil Löw bereits in der Schweiz eine Ausbildung angefangen (wenn auch nicht abgeschlossen) hatte, sich zudem Verbandsboss Gerhard Mayer-Vorfelder für ihn einsetzte, machte der DFB eine Ausnahme. Und sollte davon später mehr als profitieren.

Neben der Gründung der Initiative FD21.de, die von den 19 Teilnehmern des Sonderlehrgangs und ihren Ausbildern unter Führung von Jürgen Klinsmann ins Leben gerufen wurde, um den Jugendfußball in Deutschland via Internet anzuschieben und verkrustete Strukturen aufzubrechen, entwickelten sich neue Verbindungen – wie die zwischen Löw und Klinsmann. »Ich war 18 Jahre lang Profi. Und in den 18 Jahren konnte es mir kein Trainer erklären, wie sich eine Viererkette verschiebt. Bei Jogi habe ich es in einer Minute verstanden«, erinnerte sich Klinsmann an die erste Begegnung beim DFB-Trainerlehrgang 2000 an der Sportschule Hennef. Also war Löw schon damals anscheinend ein Experte auf seinem Gebiet – und mindestens genauso wichtig: Er verstand die Kunst des Lehrens und Berührens.

Wie sehr der Coach und seine multiplen Fähigkeiten schon im Jahr 2000 im Fokus standen, verrät ein Blick auf das Konzept »Fähigkeiten/Fertigkeiten eines Trainers, um in der Bundesliga bestehen zu können (Idealbild)« nach Prof. Henning Allmer – und im Vergleich dazu Keywords aus Wirtschaft und Management von heute (vgl. Übersicht S. 38).

Keywords 2016	Fußball-Lehrer-Lehrgang 2000
• Weg vom Management, hin zum Leadership and Empowerment • Visionäre und mutige Führung! • Vorausschauend denken • Motivieren und begeistern • Moral, Demut, Achtsamkeit • Gutes Betriebsklima • Empathie • Nachhaltigkeit • Werte vermitteln • Zuverlässigkeit • Interesse am Menschen • Verstehen, was Menschen bewegt • Herausfordernde Ziele setzen • Lebenslanges Lernen • Offenheit, Flexibilität, Toleranz • Hilfe zur Selbsthilfe • Sich selbst führen können • die eigenen Stärken und Entwicklungsfelder kennen • Unter Stress leisten können • Wertschätzende und weiterbringende Feedbacks geben • Zuhören können • Konfliktmanagement • Denken in Netzwerken statt in Hierarchien • Change-Management/Wandel als Regel • Über den Tellerrand schauen • Umgang mit Medien, sozialen Netzwerken und einer kritischen Öffentlichkeit • Intuition, Bauchgefühl • Emotionale und soziale Kompetenz • Commitment • Kommunikationsprofi	*Menschenführung* • Menschenkenntnis (unterschiedliche Charaktere erkennen und mit einzelnen Charakteren umgehen können) • Probleme und Konflikte erkennen und lösen können • Soziale Strukturen erkennen und beeinflussen können • Einfühlungsvermögen • Motivieren • Mannschaft vor Druck vom Vorstand/ den Medien schützen können • Auch für sozialen Bereich der Spieler interessieren (z. B. private Probleme) • Spaß/Begeisterung vermitteln können • Vorbildfunktion einnehme *Persönlichkeit/Charakterstärke* • Selbstbewusstsein • Selbstdisziplin • Selbstbeherrschung • Unbefangen sein (keine Vorurteile) • Unabhängig sein (vom Vorstand, Finanzen) • Souverän auftreten (in den Medien) • Vertrauenswürdig sein • Teamfähig sein (z. B. Co-Trainer) • Eigenen Stress bewältigen können • Stressbeständig sein (Umgang mit Druck von Medien, Vereinsführung) • Authentisch sein • Nicht stur sein, jeden Tag sich selbst überprüfen *Fachliche Kompetenzen* • Organisieren können • Ziele vermitteln können • Klares Konzept haben und es verständlich vermitteln können • Gutes Urteilsvermögen haben • Konsequent im Handeln sein

Key 1: Professionelles Ethos

>»Here's to the crazy ones. The misfits. The rebels.
The troublemakers.The round pegs in the square holes.
The ones who see things differently. They're not fond of rules.
And they have no respect for the status quo.
You can quote them, disagree with them, glorify or vilify them.
About the only thing you can't do is ignore them. Because
they change things. They push the human race forward.
And while some may see them as the crazy ones, we see genius.
Because the people who are crazy enough to think they can
change the world, are the ones who do.«

Werbung der Firma Apple (1997)

First Touch

Notizen der Weggefährten: Costa Mesa, Beach Boulevard 16110, Juli 2002

Voller Vorfreude auf die Dinge, die da kommen könnten, saßen wir gespannt und ein wenig unruhig in einem der immer gleich aussehenden und gemütlich wirkenden grün-braun-weißen Starbucks-Cafés. Diese gab es damals noch nicht in Deutschland – in Kalifornien dagegen an fast jeder belebten Straßenkreuzung. Wir hatten es uns auf dem Bürgersteig mit Sicht auf den Parkplatz bequem gemacht, denn Jürgen Klinsmann wollten wir auf keinen Fall verpassen.

Und so blickten wir, während wir warteten, noch einmal zurück. »Klinsi solltet ihr unbedingt kennenlernen«, hatte uns Stefan Kuntz, Europameister und damaliger Trainer des Karlsruher SC mit auf den Weg gegeben. Laut Kuntz ein »Querdenker, Global Player und Visionär« – und irgendwie außergewöhnlich. Und da wir immer auf der Suche nach neuen Begegnungen und Inputs waren, bot sich ein Aufenthalt im Süden Kaliforniens einfach an. Überhaupt wohl ein absoluter Hotspot. Jedenfalls bewunderten wir, während wir weiter warteten, die unzähligen sechs- bis achtzylindrigen Karossen, die in tiefen Tönen leise tuckernd auf dem vierspurigen Boulevard jenseits des Parkplatzes an uns vorüberzogen – entweder auf der Fahrt ins ausgetrocknete Landesinnere oder in Richtung Highway One, dem legendären Beach Boulevard mit seinen endlos weiten Sandstränden.

Diese einmalige Stimmung versprach auch der Außenlautsprecher des Cafés: von »Catch a wave« bis »Endless summer« – zuckersüße vierstimmige Harmonien der legendären Beach Boys, jenen Popikonen der 1960er Jahre, die Sonne, Sand und Surfer Girls versprachen, dabei kein Klischee ausließen und dennoch den kalifornischen Lebenstraum auf den Punkt brachten. Und genau dieses Bild passte auf den ersten Blick irgendwie auch zu Jürgen Klinsmann. Nicht umsonst wusste der Sonnyboy der Bundesliga immer schon, ob in Stuttgart, München, Mailand, Genua, Monaco, London oder nun eben in L. A., wo es sich gut leben ließ.

Wie auch immer. Wir freuten uns einfach, dass wir uns austauschen durften, und während wir noch feststellten, von welch großer Bedeutung die Erfindung des Kaffeehalters für den amerikanischen Automarkt gewesen sein muss – ständig hielten eilige Geschäftsleute, elegant gekleidete Damen oder Jungs im lockeren Outfit, um sich wieder mit dem Kaffee Ihrer Wahl im Pappbecher ins Autogetümmel zu stürzen –, fuhr Jürgen Klinsmann strahlend und lässig aus dem Auto winkend auf der Suche nach einem Parkplatz an uns vorbei. Irgendwie passte Klinsmann zu Starbucks – oder Starbucks zu Klinsmann. So begeisterte ihn neben Sandkuchen, der Kaffee-Spezialmischung des Tages sowie den variablen Bechergrößen vor allem die Möglichkeit, in jedem Starbucks der USA online gehen zu können (wir schrieben das Jahr 2002) – flexibel eben, so wie Klinsmann selbst. Ankommen, erzählen und austauschen, Projekte in Bewegung bringen, und sich wieder auf neue Wege machen. Laptop auf – Laptop an – Laptop zu.

Übrigens: Wireless Lan war damals noch keine Selbstverständlichkeit, und so gesehen sorgte Starbucks neben einem neuen Ernährungsbild – leicht, locker, hip, cool –, ebenfalls virtuell gesehen, für Aufruhr. Genauso wie Jürgen Klinsmann: Gerade einmal zehn Jahre ist es her, da brüskierten sich noch Teile der deutschen Medienlandschaft über seine neue Art des Führens im Allgemeinen und über den Trainer-Spieler-Austausch via Internet im Speziellen – eigentlich unglaublich. Oder gibt es heute noch einen Profifußballer, der keine elektronischen Nachrichten abrufen kann?

Aber zurück zum Wesentlichen und hinein in die Aktion: Er hatte sich für die extra feine Mischung aus Costa Rica entschieden, im mittelgroßen Becher, mit Milch, aber ohne Zucker und hörte zunächst einfach nur zu, um dann wieder – je nach Themen- und der damit verbundenen Gefühlslage – energetisch, schwungvoll, fröhlich, dynamisch, voller Leidenschaft und Engagement loszulegen. Einfach umwerfend sympathisch.

»Get into action and make all your dreams come true« – besser hätte er es in nur

einem Satz nicht auf den Punkt bringen können. Pragmatisch und – zugegeben – uramerikanisch, aber es passte; zur Situation, zu ihm, zu Kalifornien, zu den USA. Wer dachte, der Weltmeister von 1990 und Europameister von 1996 würde nur das süße Leben genießen, der irrte gewaltig. Sicher: Als Familienmensch stand die Familie für ihn an erster Stelle, doch das hinderte ihn keinesfalls, auch an sich zu denken.

Und so schien jeder Tag ritualisiert: Joggend machte er bereits morgens um sechs Uhr die Runde, um sich eine Stunde lang am noch menschenleeren Strand Gedanken über die Dinge zu machen, die da kommen würden. Anschließend dann Büroarbeit – wie elektronische Post aus Europa beantworten, Telefonate führen, Kontakte knüpfen. Als nächstes Jonathan zur Schule bringen, um sich nach einem Mittagessen mit seiner Frau um sein Netzwerk zu kümmern: In den vergangenen Jahren hatte er eine Fußballfirma gegründet, hospitiert, neue Projekte ins Leben gerufen, sich ausgetauscht, weitergebildet – und die Dinge vom anderen Ende der Welt einmal aus einer ganz anderen Perspektive betrachtet, sozusagen die Makroebene des Profifußballs analysiert. Dazu gehörte ein steter Austausch mit Experten (auch über den Tellerrand hinaus), ein Überblick über den Weltfußball, Stärken-Schwächen-Analysen von Vereinen und Verbänden bis hin zur Entwicklung einer eigenen Spielphilosophie, Strategien, Strukturen und einer klaren Vision für den Fall der Fälle. Wie schon als Profi schien auch seine zweite Karriere absolut zielgerichtet zu verlaufen: klar strukturiert, nach ganz eigenen Vorstellungen, Richtlinien und Werten, eine Vision stets fest im Blick, für den Moment vorbereitet und mit dem tiefen, vertrauensvollen Wissen, das da Großes kommen würde. Und es kam ja schließlich auch!

Einwurf

Kennen Sie die »Terriers«? Oder anders gefragt: Huddersfield Town? Ein in West Yorkshire, England gelegener Fußballclub, genauso wie auch seine größten Nachbarn und Rivalen Bradford City, Oldham Athletic oder Leeds United, die heute allesamt in den unteren Ligen des so traditionsreichen englischen Fußballs dümpeln. Die Städte teilen auch wirtschaftlich das gleiche Schicksal: einst durch harte Arbeit in der Textilindustrie groß geworden, heute von hoher Arbeitslosigkeit und damit einhergehend geringer Kaufkraft geprägt. Und auch das haben die Clubs gemeinsam: Alle blicken sie auf wesentlich erfolgreichere Fußballzeiten vor rund 100 Jahren zurück.

Fußballvereine aus den proletarischen Regionen des Nordens und der Midlands dominierten bis 1930 den Fußball in England. So schaffte es Huddersfield Town sogar zu drei englischen Meisterschaften in Folge – in den Jahren 1924 bis 1926. Arsenal London war der erste Club, der die Meisterschaft 1931 und dann gleich mehrfach in den Süden Englands holen konnte. Was all das mit Visionären zu tun hat? Sowohl Huddersfield als auch Arsenal wurden von Herbert Chapman trainiert.

Über Visionäre

Chapman galt in den 1920er und 1930er Jahren als einer der großen Modernisierer des englischen Fußballs, als Autokrat, Showman und Visionär. So ließ der 1878 in Sheffield geborene und im Gegensatz zu seinem Vater in den Genuss einer Schulbildung gekommene Chapman die Spieler Huddersfields bereits im April des Jahres 1921 auf Frankreichreise gehen. Ziel des stürmischen Verfechters von Auslandstourneen: den Blick über den Tellerrand wagen, das Steigern der Marke des jeweiligen Clubs sowie damit einhergehend großes Aufsehen in der heimischen und ausländischen Presse. Schon vor knapp 100 Jahren schienen solche Maßnahmen werbewirksam zu sein – und all das zog Spieler und Zuschauer gleichermaßen an.

Auch sein WM-System, erstmals bei Huddersfield praktiziert und später bei Arsenal London verfeinert, trug dazu bei – ein positionsbezogenes Spielsystem, in dem jeder Spieler eine fest umrissene Aufgabe zu erfüllen hatte, eine Formation, die aussah wie ein W, das auf ein M gesetzt worden war. Ziel: Tore durch starre Deckungsarbeit der Abwehr verhindern, um über die Außenläufer und Halbstürmer – das heutige Mittelfeld – das Spiel aufzubauen. Viele Kritiker warfen Chapman eine zu negative Spielweise vor, denn es fielen in der Folge wesentlich weniger Tore. Auf dem Kontinent jedoch prägte das System – nicht zuletzt durch die Auslandsreisen von Chapmans Teams – den Fußball entscheidend. So gewann die deutsche Nationalmannschaft unter Sepp Herberger die Weltmeisterschaft 1954 mit genau dieser Spielweise.

Chapman veränderte, entwickelte, handelte – und eckte schnell mit Funktionären und Vorständen an. Zutrittsverbot der Umkleidekabine inklusive. Nur Manager, Trainer, Zeugwart und elf Spieler durften fortan noch auf den langen Holzpritschen Platz nehmen, und selbst der Clubboss musste um Erlaubnis bitten.

Die Spieler jedoch waren sein Heiligtum. Er bevorzugte intelligente Kicker, mit denen er sich austauschen konnte. Chapman galt als guter Zuhörer, der die Ideen seiner Spieler nutzte, wenn sie das Spiel in seinen Augen weiterentwickelten. Einmal pro Woche saß er mit ihnen zusammen und besprach das vergangene sowie das anstehende Match, Vorläufer des heutigen Matchplans sozusagen bzw. eine klar zu erkennende Methodik auf der Grundlage guter Kommunikation sowie von Teamgeist – und das vor fast 100 Jahren!

Und sonst? Chapman erkannte als Erster die Macht des Fußballs über den bloßen Sport hinaus – als Marke, Wirtschaftskraft und innovatives Forschungsfeld. Er führte mit Arsenal London erstmals die Trikotnummern ein. Ziel: schnellere und genauere Ballabgabe, da sich die Spieler leichter erkennen konnten. Damit die Zuschauer das Spiel besser verfolgen konnten, testete er an trüben Wintertagen weiße Fußbälle. Zudem hatten es ihm Abendspiele angetan. Er war der Erste, der eine Flutlichtanlage in Highbury – dem legendären Stadion von Arsenal London – installieren ließ. Bei einem Auswärtsmatch in Belgien faszinierten ihn während eines Gewitters die fünf Flutlichtmasten mit je 20 Lampen, die das Fußballfeld ausleuchteten – und so übertrug er diese Idee auf London. Chapman hatte die Wirkung des Flutlichts erkannt – auch, weil es Zuschauer faszinierte und anzog und von Konkurrenzbesuchen bei Hunderennen oder Speedway abhielt. Ein durchaus wirtschaftlicher Gedanke! All das passte allerdings weder den Konkurrenten im Hunde- und Rennsport noch der FA, dem englischen Fußballverband. Der Grund: Sie befürchteten die Überschuldung anderer Vereine, die ähnliche Vorhaben realisieren wollten. Erst 1955, also mehr als 20 Jahre später, erlaubte die FA die ersten Flutlichtspiele in der Pokalrunde.

Und dennoch ließ Chapman sich nicht beirren, arbeitete kontinuierlich, beharrlich und hart an seiner Vorstellung von einer neuen Fußballwelt. Er träumte vom größten Stadion der Welt, trieb Umbauten des Arsenal-Stadions voran und initiierte den Bau der damals legendären Art-déco-Tribüne um 1932, zu deren Einweihung er den Prinz von Wales höchstpersönlich einlud – ein aus heutiger Sicht genialer PR-Schachzug. Chapman ließ als erster Trainer Gummistollen testen und verfasste wöchentliche Kolumnen für den »Sunday Express«. Sogar die Umbenennung der Londoner U-Bahnstation »Gillespie Road« in »Arsenal« setzte er durch – damit sein Club auf jedem Stadtplan wiederzufinden war. Lediglich einer harmlosen Grippe, die er nicht auskurierte, hatte er nichts entgegenzusetzen. Er starb im Jahr 1934, genau zwölf Stunden, bevor sein Team gegen Sheffield United spielen sollte. »Mr. Arsenal«, wie er postum liebevoll genannt wurde, legte den Grundstein – für einen Weltclub, für Flutlicht, für Taktik und Marketing sowie zuvor für die ersten und einzigen Meisterschaften Huddersfield Towns – und das gleich dreimal hintereinander.

Herbert Chapman hatte nicht nur Träume, sondern auch die Werkzeuge, sie umzusetzen. Eine visionäre Führungspersönlichkeit, die ihrer Zeit voraus war und für Veränderung stand. Neue Prozesse, Strukturen und Verfahren verankerte er direkt in der Kultur des Vereins.

»Dies ist die wahre Freude im Leben, für ein Ziel gebraucht zu werden, das man selbst als gewaltig anerkennt; eine Naturkraft zu sein statt eines fieberhaften, egoistischen kleinen Bündels von Kränkungen und Beschwerden, das sich beklagt, dass die Welt nicht alles tue, um einen glücklich zu machen.

Ich möchte vollständig aufgebraucht sein, wenn ich sterbe, denn je härter ich arbeite, desto mehr lebe ich. Ich freue mich am Leben um seiner selbst willen. Das Leben ist keine schnell niederbrennende Kerze für mich. Es ist eine Art leuchtende Fackel, die ich jetzt in der Hand halte, und ich möchte sie so hell wie möglich erstrahlen lassen, bevor ich sie an künftige Generationen weitergebe.«

George Bernard Shaw

Sicher! An dieser Stelle müssten noch 1001 andere Menschen genannt werden – von besessenen Sportlern bis zu intuitiven Musikern, von kreativen Erfindern bis zu weitblickenden Unternehmern.

Wussten Sie, dass Thomas Edison rund 2000 Anläufe brauchte, um einen Kohlefaden in einer Lampe zum Leuchten zu bringen? Seine große Stärke: aus der Fülle zu denken, immer dran zu bleiben, zielstrebig ein Ziel zu verfolgen. Trocken kommentierte er seine Versuchsreihe: »Ein Misserfolg war es nicht. Denn wenigstens kennt man jetzt 2000 Arten, wie ein Kohlefaden nicht zum Leuchten gebracht werden kann.« Mindestens gleichermaßen ausdauernd muss wohl James Dyson beim Erfinden des beutellosen Staubsaugers gewesen sein. Er soll 5126 Versuche angefertigt haben, allesamt Fehlschläge. Erst der 5127. Versuch brachte das gewünschte Ergebnis. Das nennt man wohl Durchhaltevermögen und Kreativität. Oder eine treibende Kraft, die in diesen Persönlichkeiten schlummert und sie so stark macht.

Visionäre zeigen ein außergewöhnliches Engagement für eine Aufgabe, der sie sich verschrieben haben. Sie haben den Glauben daran, etwas bewirken zu können. Sie packen Dinge an und nennen sie beim Namen, auch wenn sie vielleicht nicht gern gehört werden. Alles, was sie unternehmen, dient ihren Mitmenschen oder sogar allen Menschen. Es sind Persönlichkeiten, die Kraft ihrer Integrität, moralischen Gesinnung, Intelligenz und ungeheurer Erfahrung das Fundament für eine neue und lebenswerte Welt begründen können. Visionäre wissen, was sie wollen, haben klare Vorstellungen davon, was wichtig und richtig ist und sind sich ihrer Stärken voll bewusst. Ihre Einstellungen und Fähigkeiten sind mit ihren Handlungen vollkommen kongruent.

Doch während Edison, Dyson und Co. in erster Linie für sich allein tüftelten, wird von visionären Führungspersönlichkeiten weit mehr erwartet. Sie müssen das Kunststück vollbringen, ihre Energie auf andere Menschen zu übertragen. Anders gesagt: Ihre helle Flamme muss auch für andere Strahlkraft haben, sie mit auf den Weg nehmen, mitreißen, bewegen – eine kleine Gruppe, ein Team oder gar eine ganze Nation. Und das ist die eigentliche Mammutaufgabe, denn »das Beste aus einem anderen herauszuholen«, ist alles andere als ein Selbstläufer. Es ist die Kunst, eine Einheit zu formen, zwischen Trainer und Team, zwischen Dirigent und Orchester, zwischen Lehrer und Schüler, zwischen Manager und Organisation. Denn Visionen gibt es viele. Doch sie in die richtigen Bilder zu fassen, den Ist-Zustand klar zu analysieren und das wünschenswerte Ziel in bunten Farben zu kreieren, um andere mitzureißen und zu begeistern – das ist die wahre Herausforderung.

Wie machen es also große Visionäre? Wie kitzeln sie die Fantasie ihrer Mitarbeiter? Wie bringen sie Menschen dazu, sich mit den übergeordneten Zielen einer Organisation zu identifizieren? Und wie lässt sich eine ganze Fußballnation inspirieren, neue Ideen anzuerkennen – selbst wenn viele sie zunächst kritisch sehen? All das funktioniert sicherlich nur durch klare Zieltransparenz, durch die Vermittlung von Sinn und durch exzellente Kommunikation – das Werkzeug effektiver Führung!

Und: einfach durch tun! Bevor Robert Redford in seinem ersten Film »Ordinary People« Regie führte, war er als Schauspieler tätig. Ein Team zu inspirieren hatte er bis dahin nicht gelernt. Redford wusste jedoch, dass es auf die Kameraleute ankam, und das er sie für sein neues Projekt begeistern musste. Aber wie? Eines morgens rief er sein Kamerateam zusammen und spielte ihnen Pachelbels Kanon in D-Dur vor – die Titelmelodie seines zukünftigen Films. Er forderte sie auf, sich vorzustellen, wie eine Szene am Stadtrand aussehen müsste, die zu exakt dieser Musik passt. Unbewusst machte er sie zu Sehenden. Indem er ihre Vorstellungskraft anregte, die Wahrnehmung schärfte, mehrere Sinne nutzte – in der Psychologie auch Synästhesie genannt. Der Film wurde zum Hit.

Eine ganz andere und doch auf seine Art und Weise einzigartige Kommunikation führte Master Mind und Apple-Macher Steve Jobs. Als er der Fachpresse einen neuen Laptop vorstellen wollte, kam er nur mit einem braunen DIN-A4-Briefkuvert auf die Bühne. Und zauberte den federleichten und dünnen iPad Air aus dem Briefumschlag – ohne Worte. Ein Aha-Effekt, der das Publikum mitriss.

Doch zurück zum Fußball und seinen Protagonisten. Der Shooting-Star der WM 2006, Lukas Podolski, erzählte einmal von einem ominösen Zettel, den er am Abend vor einem wichtigen Fußballspiel für die deutsche Nationalmannschaft vom Trainerteam zugesteckt bekommen hatte. Darauf standen nur wenige Worte, nämlich seine größten Stärken. Und der Zusatz: »Du bist Lukas Podolski!« Beim Sieg gegen die Slowakei schoss er am kommenden Tag zwei Tore von vieren. Auch eine Art von Kommunikation. Kurz, knapp und berührend.

In der Tat eine Herausforderung, was Visionäre leisten – wollen sie nicht nur sich selbst, sondern auch andere mitreißen. Und doch steht zumindest laut Ray Kroc, Erfinder von Mc Donald's, Beharrlichkeit und Entschlossenheit an allererster Stelle. Gefallen hätte ihm wohl folgende Anekdote: Der österreichische Komponist Anton Bruckner soll seiner Verlobten einmal Folgendes mit auf den Weg gegeben haben: »Aber Geliebte, wie kann ich Zeit zur Heirat finden? Ich arbeite an meiner Vierten Symphonie.« Noch Fragen?

Kurzpass

»Sie sind ab heute Leiter
eines neuen Teams. Wie
gehen Sie vor?«

1. Genaues Kennenlernen aller Strukturen,
   Abläufe und Charaktere.

2. Implizieren meiner Ideen, Abläufe, Strukturen, Philosophie.

3. Schauen, sondieren, empathisch arbeiten.
   Nicht mit der Brechstange! Nach 100 Tagen
   Fazit ziehen, notfalls ändern und ab dann
   mit Vollgas.

Jörg B.

Welche drei Dinge sind
Ihnen in den ersten
100 Tagen wichtig?

1. Gesamtüberblick bekommen
   (Köpfe und Funktionen).

2. Leitfaden (Kommunikation, Spielidee,
   Trainingsphilosophie) in Abhängigkeit von
   der sportlichen Situation kommunizieren
   und praktizieren.

3. Arbeiten am und im Team (Veränderungen
   vornehmen, wenn nötig).

Kosta R.

Pflichtbewusstsein, Einsatz, Teamgeist.

Oder andere Sichtweise: Wohlfühlatmosphäre,
Zusammengehörigkeitsgefühl, Würdigung.

Gaby M.

Controlling zur Performance und Prozess-
optimierung aufsetzen.

Teammitglieder beobachten und nach
Under- und Overperformern sortieren.

Underperformer auswechseln und durch
bessere Performer ersetzen.

Ralf z. L.

Und Sie?

Impulse aus der Coachingzone

»Erfolg hat drei Buchstaben: TUN!«

Johann Wolfgang von Goethe

Politikern wird sie zugestanden: die Schonfrist. Zumindest dann, wenn sie neu im Amt sind. 100 Tage haben sie Zeit, um ihr Terrain zu erkunden. Erst dann rechnen die Journalisten ab. Das ist im Profisport anders. Auch wenn es abgedroschen klingen mag – Fußball ist ein Tagesgeschäft. So soll es tatsächlich schon Trainer gegeben haben, die bereits nach einem viel zu kurzen Sommer den ersten Herbststürmen zum Opfer fielen. Noch frostiger drückte es nur der Geschäftsstellenleiter von Rot-Weiss Essen aus, einem der Traditionsvereine des deutschen Fußballs: »Bei uns schneit es oft schon im Oktober.« Will heißen: Nach nicht mal 90 Tagen wurde der Trainer hier schon des Öfteren gewechselt.

In der Tat fahren gerade in den Traditionsvereinen die Gefühle häufig Achterbahn. Der Grund: viele Menschen, die diese Clubs über Jahrzehnte mit noch viel mehr Leidenschaft und Herzblut hautnah begleiten – und Nähe erzeugt ja bekanntlich Reibung. Wie erzählte unlängst der bekannte Sportrechtler Professor Dr. Markus Buchberger: »Was ich in drei Jahren als Aufsichtsratsmitglied bei einem Traditionsverein im tiefen Westen an Erfahrung sammeln durfte, hätte ich in 20 Jahren Retortenclub nicht gelernt.«

Dennoch scheint auch in Werksclubs oder Retortenvereinen die Halbwertszeit von Trainern mittlerweile eng begrenzt. Wer zwei Jahre plus X durchhält, muss definitiv über Führungsqualitäten verfügen. Umso wichtiger ist es, in den ersten 100 Tagen möglichst viel bis alles richtig zu machen – und die Visionen Schritt für Schritt Wirklichkeit werden zu lassen. Denn Visionen gibt es viele – und Leute mit Visionen ebenfalls. Doch häufig sind diese nicht sofort realisierbar – und sie werden vom Tagesgeschäft überrollt.

Ziel sollte es also sein, im Hier und Jetzt zu arbeiten, zu schnellen und guten Ergebnissen zu kommen, die Vision stets im Auge zu behalten und durch das tägliche Tun ein professionelles Ethos zu entwickeln! Also eine verantwortungsvolle Einstellung zum Beruf leben, die geprägt ist durch das eigene Wesen und die Gesinnung, durch persönliche Wertvorstellungen, Pflichtbewusstsein und Fürsorge – eben eine Gesamthaltung! Herausfordernd vor allem auch für Berufsanfänger in Führungspositionen in einer immer komplexer werdenden Arbeitswelt.

Auf das Tagesgeschäft kommt es an Es ist also wichtig, als Führender von Anfang und im Jetzt präsent zu sein. Denn die Gegenwart ist der einzige Moment, der wirklich zählt. Natürlich können wir aus der Vergangenheit immer lernen, doch der Trainer, der immer nur zurückschaut, das Gestern beklagt oder glorifiziert (»Früher war alles besser«), genießt definitiv nicht das Hier und Heute. Ganz abgesehen davon: Die wenigsten jungen Kicker interessieren sich für die »alten Kamellen«. Aber: Wer ständig nur nach vorn schaut oder nur im Morgen denkt, ist nicht fokussiert auf seine aktuellen Arbeit und kann vor allem eins nicht: den Augenblick genießen! Das aktuelle Team ist aber das Wichtigste der Welt! Denn heute ist heute und morgen ist erst morgen! »Während meiner erfolgreichsten Trainerzeit kostete ich diese nahezu unbeschwerte, störungsfreie Arbeit zu wenig aus, weil ich mich ständig damit befasste, wo mich meine nächste Station wohl hinführen würde. Ich ertappte mich immer wieder, wie ich mit einem Auge schon in die nächst höhere Klasse schielte. Dabei vergaß ich völlig, wie wunderbar es mir mit meiner großartigen Mannschaft ging, welche Erfolge wir hatten und welche Wertschätzung und welches Vertrauen mir in diesem Verein entgegen gebracht wurde«, reflektierte der langjährige Trainer Benno Möhlmann über seine Erfahrungen.

> »Er vollzieht keine Wunder. Er überträgt sein Ethos und seine Arbeitsweise auf die Mannschaft.«
>
> *Jordan Henderson, englischer Nationalspieler, über Jürgen Klopp*

Generell gilt in allen Berufen und im Sport ganz besonders: Neue Besen kehren gut. Denn: Neue Führung schärft die Sinne, jeder hat wieder eine Chance, wird in einem neuen Licht gesehen, kann befreit aufspielen – auch die Spieler, die bisher auf der Tribüne oder der Ersatzbank saßen. Im Berufsleben ist das nicht anders. Dennoch kann es sinnvoll sein, auch als neuer Besen nach bestimmten Regeln vorzugehen – und vor allem nicht zu viele Regeln aufzustellen. Sowie sich Tag für Tag zu beweisen.

Alles, was in den ersten Wochen an Neuerungen eingeführt wird, beeinflusst die Zukunft. Was in den ersten Wochen versäumt wird, kann häufig kaum nachgeholt werden. Daher gilt es, die richtige Balance zu finden zwischen Vision, Organisation und Führungsmanagement.

Ein Profil entwickeln Führen will gelernt sein – vom ersten Tag an ist der Einsatzort ethischer Überzeugungen der Alltag der Menschen. Ein ausbalanciertes professionelles Ethos zu entwickeln, sollte das Ziel sein. Eine Wertevermittlung, aufbauend auf der richtigen Mischung zwischen Distanz und Nähe gehört genauso dazu wie die passende Führungsphilosophie, gekennzeichnet von Engagement und Mut sowie eine klare, unmissverständliche Sprache, die Wissen mit Werten vereint – Ethik eben. Dabei helfen eine klare Struktur, feste Regeln, Rhythmen und Rituale sowie der zielgerichtete Blick in die Zukunft. Natürlich handelt es sich um einen Prozess, denn Führen ist auch Entwicklung der eigenen Persönlichkeit. Und garantiert leitet man ein Team mit einem gerade abgeschlossenen Hochschulstudium anders als mit einer gewissen Berufserfahrung. Aber genau das macht es spannend: lebenslang dazulernen und sich immer verbessern.

Ankommen In den ersten Tagen ist es wichtig, sich interessiert, kompetent auf seinem Gebiet und offen zu zeigen. Natürlich setzt das Wissen über die neuesten Entwicklungen und Trends voraus. Dennoch sollte man nicht gleich mit der Tür ins Haus fallen und verändern, nur um der Veränderung willen. Das schreckt ab! Stattdessen: sich einen Rundumblick verschaffen und erst einmal im neuen Umfeld ankommen. Veränderung ist ein Prozess und macht vielen Menschen Angst. Es gilt vielmehr, Vertrauen aufzubauen und – wenn nötig – die Dinge schrittweise zu verändern. Hansi Flick, langjähriger Begleiter und Co-Trainer von Joachim Löw, lebt auch in seiner Funktion als Sportdirektor des DFB sein Bedürfnis nach innovativen Ideen und Ansätzen: »Wir wollen etwas entwickeln, womit wir den anderen voraus sind.« Im Fokus steht die individuelle Schulung der Talente von morgen. Gemeinsam mit seinem Team entwickelte er in kurzer Zeit 17 Leitlinien für eine einheitliche Spielauffassung.

Und dennoch war es Flick, der in der Branche als »leiser« Reformer und Teamplayer bekannt ist, vom ersten Tag an wichtig, die Menschen und Mitarbeiter nicht zu überfahren, zunächst die Abläufe und Strukturen kennenzulernen. »Ein befreundeter Coach gab mir einmal den Tipp, zunächst anzukommen und den Ist-Zustand zu analysieren, mir einen Überblick zu verschaffen. Dadurch habe ich Zeit, das mir noch unbekannte Umfeld zu erkunden und bekomme so ein Gespür für das, was gut läuft und für das, was man mit dem Team noch besser machen kann. Entwicklung in diesem Sinne heißt für mich, neue Wege und neue Wahlmöglichkeiten zu entwickeln, ohne dadurch alte Wege abschaffen zu müssen.« Zudem ist es von Vorteil, sich ein Statement zur Selbstpositionierung zu überlegen und sich in die neue Organisation, Unternehmenskultur, Führungsrolle einzudenken, um von Anfang an kompetent aufzutreten.

Kommen Sie ins Gespräch Auf die neuen Mitarbeiter zugehen ist ein Gebot der ersten Stunde, um das Unternehmen oder die Organisation mit allen Facetten kennenzulernen. Freundlichkeit und Offenheit helfen immer weiter, ebenso ein austariertes Verhältnis von Distanz und Nähe.

Oft sind es die Kleinigkeiten und Nebensächlichkeiten, die ein Gespräch in Gang bringen. Der letzte Urlaub, das neue T-Shirt, der angenehme Duft eines Parfüms. Menschen möchten gewürdigt werden. Und häufig ist es hilfreich, zunächst auf ganz andere Dinge einzugehen, damit der Knoten platzt. Es gilt, auf einer Ebene zu kommunizieren, Vorurteile abzubauen, hinzuhören. Auch kleine Geschichten – vorsichtig dosiert – aus dem eigenen Leben, Anekdoten über sich selbst schaffen Vertrauen.

»Jeder Coach hat eine andere Vorgehensweise. Seit der Trainer übernommen hat, ist der Konkurrenzkampf neu entflammt. Der Coach sorgt für eine positive Grundstimmung, dreht an Stellschrauben und versucht, Dinge zu verbessern. In Einzelgesprächen sagt er uns, was er erwartet, fragt aber auch nach unserer Einschätzung und möchte wissen, was wir uns zutrauen.«

Ein Bundesligaprofi

Manche Unternehmen pflegen sogar richtige Kennenlernrituale. So steht in der Hauptverwaltung des Versandhauses Otto eine Glasvase, in der die Mitarbeiter des Unternehmens Zettel werfen. Ziel: Verabredung zu einem »Blind Lunch« in der Kantine. Den persönlichen Kontakt suchen, denn einige der besten Entscheidungen und Erkenntnisse erwachsen aus Gesprächen im Flur oder in der Cafeteria. Neue Konstellationen bilden sich und bieten unbekannte Eindrücke und Sichtweisen. So schmoren Teams nicht im eigenen Saft.

Lernen, zupacken, helfen Echtes Interesse am Mitmenschen ist wichtig – und Augenhöhe. Denn Kolleginnen und Kollegen, die schon länger vor Ort sind, verfügen über einen großen Informationsvorsprung, den es mit dem nötigen Einfühlungsvermögen zu nutzen gilt. Von allen kann man lernen. Es gilt: Ball flach halten, zuhören und verlässlich seinen Job machen.

»Ich war mir für nichts zu schade«, erzählte Stefan Kuntz, als er den angeschlagenen 1. FC Kaiserslautern auf einem Abstiegsplatz und nur acht Spieltage vor Ende der Saison in der zweiten Liga als Vorstandsvorsitzender übernahm. »Überall, wo ich gebraucht wurde, habe ich angepackt – auch beim Rücken der Tische im VIP-Raum. Selbst den Rasen im Stadion habe ich gemäht und einen modernen Rasenmäher angeschafft, um dem Greenkeeper die Arbeit zu erleichtern.« Auf diese Weise signalisierte er, dass ihm die Arbeit und alle Mitarbeiter wichtig waren. Er wollte eine ganz andere Perspektive auf das Innenleben des Vereins und die Organisationsstrukturen; er wollte ein Zeichen setzen dafür, dass der Nichtabstieg nur gemeinsam zu schaffen sei – und alle gemeinsam anpacken müssen, vom Hausmeister über die Mannschaft bis hin zum Vorstandsvorsitzenden. Ein solcher Schulterschluss hat Vorbildfunktion und wird von Mitarbeitern honoriert.

Und sonst: Ein Arbeitstagebuch führen, Notizen machen, sich mit Kollegen in gleicher Position austauschen, weiterbilden, Erfahrungen sammeln und daraus wichtige Erkenntnisse ziehen – all das heißt lernen und führt zwangsläufig zu einem Mehrwert an Qualität der Arbeit und zugleich zu innerem Wachstum. Das wissen viele Spitzentrainer und -sportler. Sie schreiben sich ihre Gedanken auf. Christoph Metzelder führte 2006 ein WM-Tagebuch, Sebastian Kehl notierte sich seine Gedanken während einer langen Verletzungsperiode, andere bewahren Ideen auf Zetteln in einem Schuhkarton auf. Jürgen Klinsmann notiert sich jedes wichtige Telefongespräch in sein virtuelles Arbeitstagebuch. Ein Notizbuch wirkt wie eine Landkarte. Es strukturiert die Gedanken und schafft Klarheit.

Regeln, Regeln, Regeln? Jeder hat sich an Regeln zu halten – auf dem Fußballplatz genauso wie in Beruf, Familie und Alltag. Auf dem Platz ist (fast) immer klar festgelegt, was sein darf und was nicht. Jeder Trainer hat eigene Ansichten darüber, wie sich der einzelne Spieler in einer Gruppe verhalten darf, was erlaubt ist und was im Sinne der Gruppe reglementiert werden muss bzw. wo die Grenzen verlaufen – mit dem Ziel, eine angenehme Lernatmosphäre, ein respektvolles Miteinander und eine optimale Leistungsbereitschaft zu fördern.

Natürlich sind Regeln für das Zusammenleben wichtig, doch zu viele Regeln engen ein. Das meint zumindest Mike Krzyzewski, Nationaltrainer des US-Basketballteams und zuvor langjähriger College-Basketball-Coach. Er ging sogar so weit, dass er seinem Team zu Saisonbeginn nur eine einzige Regel mit auf den Weg gab. »Tue nichts, was dir schadet, denn schadest du dir, schadest du dem gesamten Team.« Was er damit meinte? Das ist wohl Interpretationssache. Doch der Satz ist sicherlich für jüngere Menschen im Team, die ihre Grenzen noch nicht so gut kennen oder testen, eine interessante Aufforderung zum Diskutieren, Philosophieren oder schlichtweg einfach zur Selbstreflexion. »Keine Macht den Drogen« gehört mit Sicherheit dazu. Noch interessanter wird der Gedanke, wenn man die Regel positiv formuliert. »Tue nur das, was dir gut tut – denn geht es dir gut, geht es dem gesamten Team gut.« Fakt ist: Wenige Regeln, ritualisierte Treffen und Reflektieren über das Zusammensein fördern eine Gemeinschaft, ein Team, eine Mannschaft.

Das andere Extrem: zu viele Regeln, der berühmte Strafenkatalog oder auch die Suche nach dem faulen Apfel, nach demjenigen, der alle anderen mit in den Abgrund zieht. Es ist eben die Kunst des Trainers, zu jedem eine gute Beziehung aufzubauen. Regeln über Regeln führen genau zum Gegenteil – sie entzweien, treiben auseinander, teilen das Team. Lauter Egos entwickeln sich, was natürlich bis zu einem gewissen Grad förderlich sein kann, aber spätestens dann bedenklich wird, wenn sich eine Kultur des Bloßstellens, des gegenseitigen Beschuldigens, Übereinander-Redens und Finger-aufeinander-Zeigens entwickelt.

Wenige, klare Regeln sorgen für mehr Freiheiten und Vertrauen. Natürlich ist es auch wichtig, als Chef stets wachsam zu sein und im Fall der Fälle die Dinge offen anzusprechen, doch auf der Suche nach dem faulen Apfel kann man fast nur scheitern. So soll es schon vorgekommen sein, dass sich der eine oder andere Trainer stundenlang mit dem Klappstuhl vor die Wohnungstür einer Spieler-WG setzte. Ziel: den nächtlichen Discobesuch aufdecken. Am Ende stiegen die Jungs über den Balkon ins Haus ein. Und der »Ich-hab-dich«-Effekt drehte sich um 180 Grad. Die Folge: Der Trainer verlor das Vertrauen und den Respekt seiner Mannschaft.

Maßgeschneiderte Regeln? Machen Sinn! Als Anführer eines Teams ist man immer auch ein Stück weit ein Grenzgänger. Und jede Saison, jedes Team, jede Reise mit einem neuen Personenkreis unterschiedlicher Individuen und Charaktere ist anders. Regeln, die zu einem Team maßgeschneidert passen, müssen nicht zwangsläufig für ein anderes Team gelten.

»Kleine Bestrafungen bei Missachtung einer Regel zahlen sich durchaus aus«, ließ uns kürzlich ein Trainer des MSV Duisburg wissen. 50 Cent gingen jeweils in die Mannschaftskasse – für das Zu-spät-Kommen beim Training, für falsches Schuhwerk oder fürs Umschmeißen von Stangen bei Koordinationsübungen. Immerhin: In den ersten Wochen kamen schon sieben bis acht Euro zusammen. Durchaus zum Schmunzeln, denn letztlich fließen die Beträge in die Mannschaftskasse. Eben eine Möglichkeit, um die Sinne zu schärfen. Es geht allerdings auch eine Spur härter. So wurde beim SV Darmstadt 98 in der Saison 2014/15 zur Bestrafung das sogenannte Tussi-Trikot eingeführt. Ein rosa Shirt, versehen mit der Zahl 0 und dem Schriftzug »Fehleinkauf« sollte für einen Tag zur Motivation getragen werden – vom jeweiligen Verlierer des Monats. Der Gewinner dagegen wurde mit Bild in der Kabine geehrt. Ziemlich gewagt! All das kann die Sinne schärfen oder kommt – wie im Falle der Duisburger – der Mannschaft letztlich wieder zugute. Doch wie fühlt sich derjenige, der das rosa Trikot überstreifen muss und dermaßen in die Ecke gedrängt wird? Spätestens bei ausbleibenden Siegen ist Gegeneinander, Überwachung und Warten auf Fehler des Mitspielers an der Tagesordnung. Ob das ein Team auf Dauer zusammenschweißt? Entscheiden Sie selbst.

Unterstützersystem schaffen Förderlich ist ein geschützter Raum, in dem man sich zu festen Zeiten trifft, ein Ort, an dem alles angesprochen werden darf, wo man sich untereinander austauscht – über Dinge, die im Raum bleiben sollen. Das kann die Kabine genauso sein wie ein Konferenzraum, ein Stuhlkreis oder eine Sitzecke. Wichtig: Alles, was hier gesagt wird, bleibt im Team. Jeder darf und soll seine Meinung vortragen. Und alle gehören dazu!

Die Aufgabe als Teamleiter ist es, auf die richtige Ansprache zu achten: »wir« statt »ich«, »unser« statt »mein«. So hat jedes Teammitglied das Gefühl, ein Teil der Mannschaft, der Familie zu sein. »Unser« Team – dazu gehören alle, die für die optimalen Abläufe rund um die Gruppe sorgen. Im Profifußball sind das Physiotherapeuten, Zeugwarte, Fitnesstrainer bis hin zu Hausmeistern, Schreibkräften oder der Security. Letztlich möchte jeder Mensch gewürdigt werden. Das schafft Zugehörigkeit – und das wiederum Einsatz für eine gemeinsame Sache.

Alle möchten gehört werden. Und wenn es auf den ersten Blick vielleicht noch so banal wirken sollte. Auch die Reinigungskräfte haben möglicherweise ein wichtiges Anliegen. Oft sind es gerade die Kleinigkeiten, die entscheiden. Stefan Kuntz, Europameister 1996, Spieler, Trainer und Manager, verteilte als Coach des Karlsruher SC zu Beginn einer Drittligasaison eine Telefonliste aller Spieler, eingeschweißt in Folie und optimal ins Portemonnaie passend. Mit aufgeführt: sämtliche Trainer, Therapeuten, Ärzte, bis hin zum Busfahrer. Versehen mit dem Hinweis: »Für diese Saison ist das dein Team. Was immer du auch für Probleme haben wirst – mindestens einer auf dieser Liste kann dir helfen – selbst, wenn du nachts mit dem Auto auf der Straße liegen bleibst.« Das mag die Hochform des Unterstützersystems sein, wenn sie denn auch mit ganzem Herzen gelebt wird. Auf jeden Fall stieg die Mannschaft am Ende der Saison gemeinsam in die zweite Liga auf.

Werte leben Führung ist immer individuell, immer anders, immer einzigartig. Und so unterschiedlich, wie jeder Führende in seiner Persönlichkeit sein kann, so verschieden können auch Menschen in Führungspositionen sein, denn kaum ein Beruf ist so komplex wie der eines Führenden. Innere wie äußere Faktoren tragen dazu bei: Verhaltensmuster aus dem Elternhaus, Erfahrungen im persönlichen Umfeld, Prägung durch Vorbilder oder die Vermittlung bestimmter Normen und Werte. Diese wiederum bieten gewisse Richtlinien, die für das professionelle Ethos eines jeden Führenden stehen sollten und in einer schnelllebigen Zeit auch eine gewisse Sicherheit geben.

»Werte sind im Fußball wichtiger denn je, sie sind das, was uns leitet«, betont Joachim Löw und verweist in diesem Zusammenhang gern auf die Notwendigkeit gesellschaftlicher Leitlinien, die auch die Nationalmannschaft widerspiegeln sollte – und zwar intern wie extern. »Wenn man bedenkt, wie häufig wir im Ausland Deutschland vertreten, dann ist mir das Auftreten der Mannschaft wichtig. Wir wollen uns nicht nur aufgrund unserer Spielweise Respekt verdienen«, so der Coach weiter. Ein gutes Arbeitsklima, eine gewisse Zufriedenheit wie auch ein respektvoller Umgang miteinander sind dem Bundestrainer sehr wichtig – auch im Umgang mit dem Team hinter dem Team. Im Auswahlprozess der Nationalspieler sind Kommunikation, Toleranz, Disziplin, Akzeptanz von Abläufen, Zuverlässigkeit, Seriosität und Konzentrationsfähigkeit wichtige Faktoren. Eine Gemeinschaft zu sein ist im heutigen Fußball noch wichtiger als je zuvor. Auch aus diesem Grund achtet er auf die Wertestruktur seiner Mitarbeiter und Spieler, um sie erfolgreich bewegen und berühren zu können. Außerdem in seinem Fokus: die Grundbedürfnisse des Menschen.

Balance der Bedürfnisse: Selbstbestimmung, Kompetenz und Zugehörigkeit Führungspersönlichkeiten stehen immer in der Verantwortung, und zwar für alle Mitarbeiter. Sie sorgen für eine positive Grundstimmung, erzeugen eine Wohlfühlatmosphäre, damit jeder sein Potenzial voll ausschöpfen kann. Sie achten darauf, dass die Grundbedürfnisse des Menschen möglichst in der Balance sind.

Wissenschaftliche Untersuchungen der Universität Rochester haben ergeben, dass sich Menschen besonders dann wohlfühlen, wenn sie ihr Leben beruflich wie auch privat selbst bestimmen können, in ihren Kompetenzen anerkannt werden und sich zu einer Gruppe zugehörig fühlen. Am glücklichsten sind die Menschen, die alle drei Bereiche auf einem besonders hohen Niveau sowie in der Balance leben können. Selbstbestimmung, Kompetenz und Zugehörigkeit sind die Eckpfeiler einer jeden erfolgreichen Führungsarbeit, der Schlüssel zum Erfolg und auch die Philosophie exzellenter Trainer. Nur wer beruflich in einem hohen Maße autonom sein kann, in seinen Kompetenzen anerkannt wird sowie sich seinem Team zugehörig fühlt, kann Topleistungen erbringen. Auf dem Fußballplatz genauso wie im Büro, in der Familie, der Schule oder in welchem Team auch immer – und zwar vor allem dann, wenn alle drei Bereiche gelebt werden können – und in der Balance sind.

Führen mit Werten

Auch die Fußballbundesliga hat den Wert der Werte entdeckt, denn diese lassen sich wunderbar vermarkten. Leitsätze und Werteversprechen tragen allerdings durchaus zu einem Leistungszuwachs bei, wenn sie denn mit Authentizität gelebt werden. Eben wirklich wertvoll sind. So verpflichtete sich bei Trainer Jürgen Klopp jeder neue Spieler des BVB Dortmund zu einer Unterschrift an der sogenannten Wertewand – zu finden auf dem Trainingsgelände des Vereins. Die sieben Leitmotive sind:

- Bedingungsloser Einsatz
- Leidenschaftliche Besessenheit
- Zielstrebigkeit unabhängig von jedem Spielverlauf
- Jeden unterstützen
- Sich helfen lassen
- Jeder stellt seine Qualität zu 100 Prozent in den Dienst der Mannschaft
- Jeder übernimmt Verantwortung

Kevin Großkreutz, Fußballnationalspieler und langjährige Führungsfigur von Borussia Dortmund, dazu: »Unser Trainer Jürgen Klopp und alle Spieler haben das unterschrieben. Und so haben wir auch gespielt. Mit Leidenschaft. Wir haben Vollgas gegeben.«

- Was sind Ihre Leitsätze?
- Welches Versprechen gibt es in Ihrem Team?

Das bedeutet beispielsweise für die deutsche Nationalmannschaft seit 2004: Freiräume schaffen! Je mehr Selbstbestimmung, desto mehr (Lebens-)Freude! Natürlich gibt es für das gesamte Team feste Regeln,

Rhythmen und Rituale, genau durchdachte und geplante Trainingsabläufe, unzählige Termine, Treffen, Sitzungen oder Conference-Calls, an die sich alle halten müssen – und die auch für Trainer und Manager an manchen Tagen Fremdbestimmung und Stress pur bedeuten. Die Selbstbestimmung darf aber nie zu kurz kommen. Angefangen bei zeitlichen Freiräumen während des Zusammenseins über Möglichkeiten der Mitsprache in Bezug auf Trainingslager, Hotelwahl oder Freizeitgestaltung bis hin zu individuellen Trainingsschwerpunkten, die ein jeder Spieler für sich selbst bestimmen darf, will er zur Fußballelite Deutschlands gehören. Wie möchte ich mich weiterentwickeln? Wo meine Talente weiter ausbauen? Diese oder ähnliche Fragen werden in regelmäßigen Gesprächen erörtert und evaluiert, um dann gezielt Zusatzprogramme anzubieten – ganz egal, ob im Bereich der Fitness, der fußballerischen Fähigkeiten, der mentalen Stärke oder der sozialen Kompetenzen. Wer dazugehören möchte, bestimmt sich selbst – freiwillig.

Werden Mitarbeiter in ihren Kompetenzen bestätigt und anerkannt, fühlt sich das für sie stark an. Die Würdigung eines jeden Einzelnen sowie das Bewusstmachen der persönlichen Stärken gehören genauso dazu wie das Erhöhen der Kompetenzen durch individuelle Förderung, durch Gespräche, Fortbildungen, Extratraining oder Feedbacks – ganz egal, ob es sich dabei um einen Führungsspieler oder einen Neuankömmling handelt. Jeder ist wichtig – und Vertrauen und Respekt machen stark und führen in die Erfolgsspur.

Der dritte Punkt ist die Zugehörigkeit. Jeder Mensch möchte sich zugehörig fühlen – ob in der Familie, im Freundeskreis oder im Beruf. Das geht Nationalspielern nicht anders. Auch hier ist es die Aufgabe der Führung, jedem dieses Gefühl zu vermitteln – sei es durch Telefonate, durch E-Mail-Kontakt oder durch persönliche Gespräche. Fühlt sich ein Spieler gewürdigt, fühlt er sich dem Team zugehörig, dann bringt er sich auch voll ein – und zwar mit ganzer Energie, Leidenschaft und Freude. Und geht bei Bedarf an oder über seine Grenzen. Wie wichtig das Vertrauen und damit das Gefühl der Zugehörigkeit ist, kann man immer wieder von Spielern hören, die sich nach einer langen Auszeit auf den Platz zurückkämpfen und sich beim Coach bedanken: »Der Trainer hat mir vertraut. Das will ich in jedem Spiel durch hundertprozentigen Einsatz und Leidenschaft zurückgeben!«

Schätzen Sie sich selbst ein

Selbstbestimmung   1 2 3 4 5 6 7 8 9 10
                     ──────────────────────────────▶

Kompetenz   1 2 3 4 5 6 7 8 9 10
                     ──────────────────────────────▶

Zugehörigkeit   1 2 3 4 5 6 7 8 9 10
                     ──────────────────────────────▶

Selbstbestimmung, Kompetenz, Anerkennung – am glücklichsten sind die Menschen, die gleichermaßen autonom handeln und etwas bewirken können, die in ihren Kompetenzen anerkannt werden und die sich anderen Menschen zugehörig fühlen. Auf den Fußball bezogen: Spielfreude und Zufriedenheit durch die Balance der Bedürfnisse. Je höher, desto besser.

Klare Führung Stefan Effenberg, Freund deftiger Sprüche, heutiger Trainer und eine der sicherlich schillerndsten und außergewöhnlichsten Spielerpersönlichkeiten rund um den Millenniumswechsel, forderte sie damals schon lautstark – eine klare Führung! Denn genau die vermisste er auf der einen oder anderen Station in seiner bewegten Spielerkarriere. So berichtete er in seiner 2003 erschienenen Autobiografie über die Entlassung eines seiner ehemaligen Trainer in Mönchengladbach, dass dieser in Zeiten der Krise komplett seine Linie verloren habe. »Und wenn der Trainer von seiner Linie abgeht«, schrieb Effenberg, »dauert es nicht mehr lange, bis er rausgeschmissen wird.« Man mag zu Stefan Effenberg stehen, wie man will, doch interessant in diesem Zusammenhang, dass selbst er als sicherlich nicht einfach zu führender Spieler – oder anders gesagt als Mann deutlicher Worte – genau dies auch von seinen Trainern einforderte: eine klare Führung!

Die Kunst ist es, die richtige Mischung zu finden zwischen einem Organisator von Lernprozessen und einer klaren Führungspersönlichkeit, die berechenbar und authentisch auftritt und dennoch flexibel im Denken und Handeln bleibt, der jeweiligen Situation angemessen.

Ein Organisator von Lernprozessen macht Angebote, trainiert individuell, sieht die Heterogenität der Gruppe. Er achtet darauf, dass jedes Mitglied auch ein Stück weit mitbestimmen und entscheiden kann, was der nächste Schritt für sein persönliches Weiterkommen ist und dass Arbeitsprozesse nicht zu gleichförmig werden. Denn genau das passiert noch in zu vielen Profi-Clubs. Woche für Woche finden dieselben Abläufe statt. Natürlich sind feste Vorgänge, Regeln und Rituale wichtig, doch um Spieler auch intellektuell zu fordern und fördern, sind ständig neue Ideen und Varianten notwendig. Gelingt dies nur in einem zu geringen Maße, kann man an den Wochenenden keine kreativen und entscheidungsfreudigen Spieler erwarten. Hier gilt es, alle Möglichkeiten auszuschöpfen – durch neue Trainingsmethoden genauso wie durch eine empathische Art der Teamführung. Es gilt eine mehrperspektivische Lernsituation zu inszenieren, die einen ganzheitlichen Vermittlungsansatz erreicht. Die Förderung der Persönlichkeit ist dabei die wichtigste Leitlinie für die tägliche Trainerarbeit. Und genau das lässt sich auch auf andere Organisationen übertragen.

Ziel ist es, Maßnahmen und Strategien zu konzipieren, um das Mitspracherecht der Mitarbeiter oder des Teams zu erhöhen. Neudeutsch spricht man in diesem Zusammenhang auch von Empowerment, der Stärke, als Führungskraft Verantwortung abzugeben – oder einfach von flachen Hierarchien. Ein Schlagwort, das auch für die letzten zehn Jahre der deutschen Nationalmannschaft steht. So war es den Bundestrainern Löw und Klinsmann immer wichtig, Führungsspieler mit ins Boot zu holen, um gemeinsam mit ihnen Spielformen, Trainingsabläufe und Spielphilosophien zu diskutieren. Die Folge: eine bessere Kommunikation, Mitverantwortung, Nutzung und Stärkung der Ressourcen der Spieler sowie eine neue Art der Vertrauenskultur. Genau das fördert Eigeninitiative und Eigenverantwortung – Kernkompetenzen auf dem Weg zu einem selbstbestimmten Ich. Denn letztlich hat es jeder ein Stück weit selbst in der Hand – und Nationalspieler sowieso. Eben zeigen, dass man unbedingt zur Elite gehören will. Und das geht nur durch Selbsttun – den nächsten Schritt wagen, sich verbessern, entwickeln, wachsen – körperlich wie geistig, um das nächsthöhere Level zu erreichen.

Wieso dann noch klare Führung? Haben doch die vergangenen Jahre rund um die Besten des deutschen Fußballs bewiesen, dass es durchaus möglich ist, trotz oder gerade aufgrund flacherer Hierarchien besonders erfolgreich zu sein – eben durch Mitspracherecht statt bloßen Umsetzens blinder Befehle. Doch Letzteres ist mit klarer Führung nicht gemeint.

Das Trainerkarussell stoppen

Nachricht an »Coaching for Coaches«: »Hallo ihr zwei, unterschreibe morgen voraussichtlich Vertrag bei einem Club in Liga 2, immerhin stehen sie knapp über dem Strich, doch die Trainerentlassungen der letzten Jahre und das unruhige Umfeld sprechen Bände … Bin mir nicht immer sicher, ob das der richtige Schritt war. Habt ihr ein paar Inputs?!«

- Ruhig und bestimmt auftreten!
- Sich alles anschauen, wenig reden, zuhören!
- Meinungen anderer einholen, sacken lassen!
- Klare Entscheidungen treffen, immer stark auftreten!

Stattdessen: kurze, präzise Anweisungen geben, bestimmt auftreten und sich durchaus auch mal emotional zeigen, mit Herzblut eben, so, wie es die Situation verlangt. Denn auch das brauchen Mitarbeiter und Teammitglieder, um handlungsfähig zu bleiben. Klare Vorgaben und einen, der sagt, in welche Richtung es geht – ohne viel zu reden. Menschen möchten bestimmte Entscheidungen abgenommen haben. Wir würden sogar so weit gehen: Menschen möchten ein Stück weit geführt werden, brauchen Führung. Zu viel Demokratie oder Mitspracherecht steht guten Entscheidungen oft im Weg, zumindest dann, wenn alle mitreden und mitbestimmen wollen. So hat schon mancher Aufsichtsrat einen Verein komplett lahmgelegt. Nicht anders ist es in der Familie, der Organisation, der Firma. Manche Dinge müssen bestimmt werden und je kleiner der Kreis an Entscheidungsträgern, desto besser. Nur so geht man mit einer klaren Ausrichtung in die Zukunft. Ein Prinzip, dass auch Ernst Happel für sich als Trainer erkannte. »Wichtig war für mich, wie ein Verein geführt wird. Je weniger im Vorstand, desto besser. Sind es 18, habe ich sowieso kein Interesse.«

George Lois, Grafikdesigner und Pionier der amerikanischen Werbeindustrie, ging sogar so weit, Teamsitzungen als Gruppenorgien zu bezeichnen – und diese komplett abzulehnen. »Denke daran: Klare, bahnbrechende kreative Entscheidungsfindung erfolgt fast immer von einem, zwei oder möglicherweise drei Menschen, die auf einer Linie sind, so und nicht anders ist es. Kollektives Nachdenken führt zu Stillstand oder Schlimmerem. Und je klüger die Einzelnen in der Gruppe sind, umso schwieriger wird es, die Idee festzunageln. Ich weiß aufgrund meiner Erfahrung als Massenkommunikator und kultureller Provokateur, dass eines wahr ist: Gruppendenken und gemeinsame Entscheidungsfindung endet unweigerlich im Chaos.« Vielleicht auch ein Grund, warum viele Traditionsvereine immer weniger funktionieren – weil zu viele Menschen mitreden möchten. Fazit: klare Führung, klare Ansage, klare Zielausrichtung!

Ziele setzen, Ziele verwirklichen Jeder Mensch braucht Ziele, möchte er sich weiterentwickeln. Tägliche, kleine Ziele genauso wie neue und aufregende Ziele und Visionen, die Freude und Motivation bringen. Das ist im Profisport nicht anders. Und so kann man gerade zu Beginn einer jeden Vorbereitung in Fachzeitschriften nachlesen, wie und wo welches Team in der kommenden Saison stehen möchte – vom Nichtabstiegsplatz bis hin zur Champions League oder zum Meistertitel.

Um ein Ziel effektiv zu erreichen, muss man es möglichst genau kennen. Die Klarheit eines Ziels ist also von großer Bedeutung. Motivation ist der Antrieb, um sich in Bewegung zu setzen und aktiv auf das Ziel zuzugehen und zu handeln. Kurz gesagt: das Ziel bestimmen, motiviert sein, handeln wollen, tun! »Wir wollen Weltmeister werden«, lautete das Ziel der Nationalmannschaft 2006 wie auch 2014. Jeder sollte verstehen, wohin die Reise geht und welche Rolle er dabei spielt. Das Trainerteam entwickelte dazu eine wirkungsvolle Strategie und legte die entsprechenden Maßnahmen fest: Klare Positionen und klare Aufgaben sowie Schnittstellen in der Zusammenarbeit gaben Sicherheit und verhinderten Energieverlust. Der Fokus wurde nur auf das Ziel gerichtet, schärfte die Sinne und führte zu Wachsamkeit und höchster Konzentration.

Etappenziele sind auf dem langen Weg bis zum Ziel immer wichtig. Und eine neue Zielausrichtung hin und wieder ebenfalls, um auf gegebene Situationen effektiv reagieren zu können. »Unsere Mannschaft hat durchaus Potential«, berichtete zu Saisonbeginn der neue Mannschaftsführer des 1. FC Kaiserslautern. »Schauen wir, wo wir am 10. Spieltag stehen, dann können wir eine realistische Prognose abgeben.« Auch ihm war klar: bei allen Kompetenzen zunächst beobachten, wie stark die neuen Spieler wirklich sind, ob alles ineinander greift wie vorgesehen und inwieweit die Komponente Zufall die angestrebten Ziele beeinflusst. Denn Zufall oder Glück sind im Fußball immer auch ein Stück weit mit im Spiel. Schiedsrichterentscheidungen lassen grüßen – genauso wie Latten- oder Pfostentreffer oder unvorhergesehene Verletzungen. Alltag eben, wie in jeder anderen Organisation auch.

Natürlich hängt es von der Qualität des Teams ab, welche Ziele gemeinsam angegangen werden können. Dabei sind Ziele für einzelne Mitarbeiter in Entwicklungsgesprächen sicherlich einfacher zu bestimmen, weil individueller. Sich dagegen mit einer Gruppe von Menschen auf gemeinsame Ziele zu einigen, ist wesentlich schwieriger, müssen doch alle Meinungen, Glaubenssätze und Einstellungen unter einen Hut passen. Durchaus eine Kunst, denn das Ziel des einen muss noch lange nicht das Ziel des anderen sein. Wichtig im Team: Alle müssen mit dem Ziel einverstanden sein, es verinnerlicht haben, es auch wollen – und jeder muss genau wissen, was zu tun ist, verbunden mit einem angemessenen Feedback.

So arbeitete Joachim Löw mit jedem einzelnen Kicker im Vorfeld des Spiels gegen einen vermeintlichen Fußballzwerg an einem Drei-Punkte-Plan zur Zielerreichung. Dazu das Motto des Matchplans: »Toooorhunger!«. Das hatten alle Spieler durch die Trainingseinheiten vorher verinnerlicht und zudem als Bild vor Augen. Ein Ziel, eine Motivation, ein Handeln. Ein Ziel wie »Wir gewinnen mindestens 3:0« kann erreicht werden, aber was, wenn nicht? Fazit: Man bleibt seinen Mitarbeitern gegenüber glaubhaft, wenn die Ziele klar, aber nicht in Ergebnissen formuliert werden. Denn im Fußball ist vieles nicht berechenbar.

Jede Reise ist anders Jede Saison eine neue Reise. Und jedes Team ein anderes. Das wissen diejenigen, die schon seit längerer Zeit Mitarbeiter führen, Mannschaften betreuen, mit Menschen lernen und arbeiten. Letztlich trifft man als Führungskraft immer wieder auf neue Zusammensetzungen und Situationen. Und stets kann man aus allem lernen. Natürlich entwi ckelt man ein Profil, und dennoch ist es wichtig, flexibel zu bleiben und sich stets neu auszurichten. Was mit Team A gut geklappt hat, muss mit Team B noch lange nicht klappen. Und was bei einer Weltmeisterschaft funktionierte, muss zwei Jahre später bei einer Europameisterschaft noch lange nicht funktionieren. Auch aus diesem Grund schreibt Joachim Löw und sein Team für jedes großes Turnier ein exklusives Drehbuch, das die Erfahrungen der vergangenen Jahre berücksichtigt und innovative Ideen und neueste Erkenntnisse aus der Wissenschaft vereint.

Sämtliche Vorstellungen und Handlungspläne werden von den Trainern in Teamwork entwickelt, ausprobiert und optimiert, sämtliche Daten evaluiert. Ziel ist es, immer am Puls der Zeit oder besser gesagt allen eine Nasenlänge voraus zu sein – durch das Know-how von Spezialisten, modernste Methoden, Wissen aus Datenbanken und Videoanalysen, speziell auf die Mannschaftsteile abgestimmt und zugleich für das gesamte Team systematisch gestaltet, auf den Turnierhöhepunkt hin.

Die wichtigste Komponente, die immer im Wandel ist und sich doch treu bleibt: der Spieler selbst. Schon eine Veränderung im Team auf einer Position kann sich auf die gesamte Mannschaft auswirken – im Positiven wie im Negativen, spielerisch wie menschlich. Hier macht es Sinn, jeden einerseits so zu nehmen wie er ist und individuell zu coachen, neue Persönlichkeiten kennenzulernen und Möglichkeiten zu finden, diese zu berühren, andererseits aber auch eine gewisse Norm vorzugeben, die ins Team passt. Ganz oben steht: ein gutes Betriebsklima. Das heißt nicht, dass nur »brave Gutmenschen« zum Einsatz kommen – aber eben Spieler, die sich an gewisse Werte und Richtlinien halten, teamfähig sind und wachsen wollen. Es gilt wohl, jede Reise anzunehmen und sie zu leben.

Eine Reise wie keine andere: das Sommermärchen 2006 Ein Mammutprojekt, eine große Herausforderung, denn nichts ist wohl schwieriger als eine ehemals höchst erfolgreiche Organisation, die in eine schwere Krise gestürzt ist, zu bewegen und zu verändern. Es war der 23. Juni 2004, einer der dunkelsten Tage für die deutsche Nationalmannschaft. Damals fand die Europameisterschaft in Portugal statt, das dritte Vorgruppenspiel der Deutschen gegen eine B-Mannschaft aus Tschechien. Diese schonten ihre Spieler, hatten sie doch zuvor das Viertelfinale bereits erreicht. Deutschland war dagegen über ein Unentschieden gegen Holland und Lettland nicht hinausgekommen. Ein Sieg musste her – doch es kam zu einer Niederlage. 1:2 unterlagen die Deutschen den in allen Belangen besseren Tschechen. »Zu wenig« gehörte noch zu den harmlosesten Schlagzeilen des Boulevard, vernichtend die Kritiken der nationalen wie auch internationalen Presse: Vom »Altherrenfußball« war die Rede, kein Team, kein Esprit, keine Schnelligkeit, gepaart mit einer Vielzahl technischer Unzulänglichkeiten. Experten sowie Fachpresse sahen darüber hinaus sogar den gesamten deutschen Fußball gefährdet. Aus dem einst so erfolgreichen Deutschen Fußballbund, mit über einer Million Mitgliedern größter Fußballverband der Welt, war innerhalb weniger Jahre ein träger, unbeweglicher Koloss geworden: veraltet, verkrustet, uninspiriert.

Ein Reformer und Visionär

Jürgen Klinsmann sah den Zustand des deutschen Fußballs bei seinem Amtsantritt als Bundestrainer des DFB 2004 äußerst kritisch: »Wir sind kurz davor, […] den Anschluss zu verpassen. Aber das darf nicht passieren. Wir brauchen jetzt dringend eine Struktur-Reform«, sagte der Welt- und Europameister und ergänzte in der Süddeutschen Zeitung: »Im Prinzip muss man den ganzen Laden auseinandernehmen.« Der 108-malige Nationalspieler hatte aber auch konkrete Vorschläge, wie man die Misere dauerhaft beenden kann: »Es sollte einen Workshop geben. Drei, vier Leute von Verband und Liga, einer vom WM-OK, drei, vier Top-Trainer und drei, vier Top-Manager der Bundesliga. Und die müssen es mal richtig krachen lassen. Im Moment ist es so, dass jeder um den heißen Brei herumredet und jeder denkt, wenn wir jetzt schnell einen Nationaltrainer präsentieren, dann ist der Druck weg. Dann haben wir uns wieder rausgemogelt.« Er forderte in einem Interview mit der Frankfurter Allgemeinen Zeitung weitreichende Änderungen: »Die gesamte Trainingslehre des Deutschen Fußball-Bundes muss dringend reformiert werden. […] Die Nationalmannschaft ist ja nur das Aushängeschild. Man muss alles darunter bis in die Jugend durchleuchten. Uli Hoeneß hat mal den FC Bayern von einer Unternehmensberatung ansehen lassen, um herauszufinden, was man besser machen kann. So muss es jetzt beim DFB auch sein. Man schaut, wo es nicht passt, und dann muss man Leute suchen, die das ändern können. Diese Leute gibt es.«

Und zwei Jahre später? Deutschland im Ausnahmezustand! Millionen Menschen feiern einen dritten Platz bei der Weltmeisterschaft im eigenen Lande – fast so, als ob Deutschland Weltmeister geworden wäre. Bei herrlichem Sonnenschein hatte die Nationalmannschaft durch überzeugende Auftritte auch die letzten Zweifler überzeugt: Deutschland war wieder wer im Weltfußball. Ein furioses 3:1 im Spiel um Platz drei gegen Portugal in Stuttgart bildete den Schlussakkord – und ein ganzes Volk war stolz auf seine Mannschaft. Doch nicht nur der Fußball hatte gewonnen: auch die ganze Nation. Ein neues Gefühl der Zusammengehörigkeit, Deutschlandfahnen überall – und das ganz ohne nationale Hintergedanken, vielmehr getreu dem offiziellen WM-Motto: »Die Welt zu Gast bei Freunden.« Ein Sieg auf ganzer Linie – auch und vor allem gegen zahllose Kritiker und ewige Nörgler.

In nur zwei Jahren konnte Jürgen Klinsmann als Trainer gemeinsam mit Co-Trainer Joachim Löw und Teammanager Oliver Bierhoff die Mannschaft komplett reformieren: weg von einem statischen, defensiven und emotionslosen Team hin zu einer offensiven, flexiblen und energiegeladenen Gemeinschaft. Doch die Strahlkraft des Führungstrios ging weit über bloße Teamreformen hinaus. Auch der DFB wurde tüchtig umgekrempelt – und das, obwohl hier jeder als unkündbar galt. Viel hatte im Sommer 2004 gegen das Führungstrio gesprochen: die Mehrzahl der Bevölkerung, die Medien, die Vertreter der Bundesliga – und, nicht zu vergessen, die Qualität der Mannschaft.

Wie war ein solch krasser Wandel in so kurzer Zeit möglich? 2004 noch ein uninspiriertes, ängstliches und defensives Team sowie ein verstaubter und bürokratischer DFB – und zwei Jahre später moderne, flexible und offene Strukturen – mit Weitblick, Vision und Richtlinien bis 2014 und darüber hinaus. Welche Knöpfe mussten für diesen Wechsel gedrückt werden, wie konnte ein solch erfolgreiches Change Management umgesetzt werden?

Als Jürgen Klinsmann an jenem Julitag 2004 aus Kalifornien über den großen Teich kam, um das Flaggschiff der Nation zu übernehmen, wusste wohl nur er selbst, was dem deutschen Fußball in den zwei Jahren bis zur Weltmeisterschaft im eigenen Lande blühen würde – und worauf er sich da eingelassen hatte. Alles müsse hinterfragt und jeder Stein umgedreht werden, um den dreimaligen Weltmeister Deutschland wieder fit zu bekommen für den vierten Titel seit 1990. Sein Rezept: neues Denken, moderne Strukturen, Vision!

Klinsmann wusste genau, was er in den sechs Jahren nach seiner Karriere gelernt hatte; er kannte aber auch seinen Nachholbedarf. »Ich kann ein Team aufbauen. Ich kann ein Team führen, aber mir fehlt Erfahrung als Trainer. Ich muss selbst mit den Leuten wachsen. Deshalb sehe ich mich selbst wie die Spieler – in einer Wachstumsphase.«

Jürgen Klinsmanns Masterplan
- Jürgen Klinsmann machte von Anfang klar, dass es ihm um einen tiefgreifenden Wandel ging, nachdem er mit externen Beratern eine ausführliche Stärken-Schwächen-Analyse des deutschen Fußballs durchgeführt und mit der Entwicklung in anderen Ländern verglichen hatte.
- Offen kommunizierte er immer wieder die Probleme im DFB und in den Medien, bis allen die Notwendigkeit und Dringlichkeit seiner Reformen bewusst wurde.
- Klinsmann wollte in seinem künftigen Führungsteam nur mit den Besten zusammenarbeiten, ein hochprofessionelles Umfeld mit Experten schaffen, denen er blind vertrauen konnte.
- Penibel achtete das Führungsteam darauf, dass neben den fachlichen vor allem die menschlichen Qualitäten stimmten. In seinen Teammitgliedern sah er Partner, die dieselben Werte vertraten und in dezentralen Strukturen in klaren Verantwortlichkeiten arbeiteten.
- Mit dem Inner Circle formulierte er relativ schnell die Vision, das Ziel, die Strategie und die Marschroute für die Weltmeisterschaft 2006. So war der Wandel auf breiter Basis möglich.
- Klinsmann brachte seine Vision deutlich zum Ausdruck – unmissverständlich, bestechend, kraftvoll und einfach. Er nutzte jede Gelegenheit, um sie mutig, nach vorn gerichtet und revolutionär zu kommunizieren: »Wir wollen den deutschen Fußball wieder groß machen und 2006 im eigenen Lande wieder Weltmeister werden, darüber hinaus die Menschen für die Mannschaft begeistern. […] Jeder kann sich durch umfangreiche Schulung auf allen Gebieten verbessern, ein Netz von Experten mit ihren speziellen Erfahrungen unterstützt die Entwicklung.«
- Jürgen Klinsmann wusste, dass das einzige Kapital, die wichtigste Ressource, das, was wirklich zählt, der Mensch ist. Er sah jeden seiner

Spieler als Individuum an mit dem Ziel, ihn intellektuell herauszufordern und sportlich wie menschlich weiterzuentwickeln: »Das Fundament aller Arbeit ist Respekt.«
- Klinsmann setzte auf Eigenverantwortung: »Wir wollen den mündigen Spieler.«
- »Alles für die Mannschaft.« Bei aller Komplettbetreuung nimmt er seine Spieler in die Pflicht: »Die Umsetzung kommt allein von der Mannschaft. Ich kann Dinge weiterentwickeln und vorleben. Aber am Ende muss die Mannschaft diese Philosophie weiterentwickeln und mittragen.«

Skills and tools

>»A great leader is a teacher who is a lifelong learner!«
>
>John Wooden

Practice 1: Erfolgreich führen

Erfolgreiche Trainer coachen unterschiedlich. Sie haben ihren eigenen Stil, ihren individuellen Look, verschiedene Charaktere und Wertvorstellungen. Doch bestimmte Eigenschaften treffen auf alle zu.

Vision
- fest umrissene Vorstellung von beruflichen und persönlichen Zielen,
- Vorstellungskraft anregen, Visionen schaffen,
- Menschen begeistern und mitnehmen,
- Zukunftsbilder entwerfen, daran glauben, sich in den Dienst der Aufgabe stellen.
- Leidenschaft
- immer Energiegeber sein,
- mit Herz und Seele einbringen,
- andere überzeugen können; durch Worte und durch Taten,
- immer das Positive sehen und Hoffnung wecken.

Plan

- feste Regeln, Rhythmen, Rituale,
- Menschen brauchen einen Plan/eine klare Struktur,
- Pläne geben Sicherheit und schaffen Zieltransparenz.

Vorbild

- Vorbild sein: in allen Lebensbereichen,
- vorneweg marschieren,
- sich Vertrauen verdienen,
- Integrität leben (Selbsterkenntnis, Aufrichtigkeit, Reife).

Rollenverteilung

- sich mit den richtigen Leuten umgeben
- klare Rollenverteilung im Team,
- Verantwortung übertragen,
- jeder ist wichtig und jeder muss seinen Beitrag leisten.

Kommunikation

- zuhören (zwei Drittel zuhören, ein Drittel reden),
- regelmäßigen Kontakt halten, würdigen,
- das Team/Führungsspieler in wichtige Prozesse einbeziehen/ Verantwortung übertragen,
- Interaktionen fördern.

Schnelle Konfliktlösung

- »Antennen« für Konfliktsituationen entwickeln,
- sofort handeln, die Dinge offen ansprechen,
- auch kleine Missverständnisse so schnell wie möglich lösen,
- jeder zwischenmenschliche Konflikt schwächt das Team,
- Mut aufbringen, über Konfliktlösungsstrategien verfügen.

An Grenzen führen

- jeden Spieler und seine Wertestruktur kennen,
- auf jeden individuell eingehen,
- das Umfeld des Teammitglieds kennen,
- flexibel handeln, um jeden zu Höchstleistungen zu inspirieren.

Respekt und Vertrauen

- das richtige Verhältnis von Distanz und Nähe finden,
- auch mal unpopuläre Maßnahmen durchziehen,
- sich stets im Griff haben,
- klare Ansage, mit dem Herzen führen.

Natürlichkeit

- Authentizität,
- Offenheit,
- immer dazulernen wollen,
- zu seinen Fehlern stehen und daraus lernen.

Practice 2: Werte auf und neben dem Platz

> »Mit Humor und der Rückkehr zu alten Werten
> gehen wir in die neue Saison.«
>
> *Joachim Löw*

Für Führungspersönlichkeiten ist es wichtig, die eigenen Werte zu kennen. Sie bestimmen unser Handeln, unseren Charakter, unsere Einstellung zu den Dingen. Werte geben Halt. Sie sind immer dynamisch und Teil unserer Identität. Man lebt sie. In allem was wir tun, zeigen sich unsere Werte. Das Wissen über die eigenen Werte kann interessante Einsichten bringen. Lebt und berücksichtigt man seine Werte – in möglichst vielen Lebensbereichen –, spiegelt sich das in einer inneren Zufriedenheit wider. Das Vernachlässigen wichtiger Werte führt zu Leere oder Unzufriedenheit. Ein Wertecheck macht immer Sinn.

Wofür stehen Sie? Was ist Ihnen besonders wichtig?

Kampfgeist, Teamgeist, Bescheidenheit, Ehrlichkeit, Demut, Ehrgeiz, Verantwortung, Willenskraft, Loyalität, Ausdauer, Freude, Freunde, Herzblut, Familie, Respekt, Leidenschaft, Mut, Fairness, Disziplin, Macht, Zielstrebigkeit, Fleiß, Harmonie, Authentizität, Risikobereitschaft, Vertrauen, Freundschaft, Liebe, Kreativität, Zuverlässigkeit, Anpassungsfähigkeit, Ausdauer, Achtsamkeit, Beharrlichkeit, Unabhängigkeit, Freiheit, …

Wertecheck

Überlegen Sie fünf Werte, die Sie ausmachen! Bringen Sie sie in eine Reihenfolge!

1. _____

2 _____

3. _____

4. _____

5. _____

Als Führender sollte man nicht nur die eigenen Werte kennen und berücksichtigen, sondern auch die seiner Mitarbeiter, denn jeder Konflikt ist auch ein Wertekonflikt. Werden Werte verletzt, verletzt man auch den Menschen, dem diese Werte wichtig sind. Man verliert ihn. Je besser man seine Mitarbeiter kennt, auf die Balance ihrer Bedürfnisse und ihrer Wertestruktur achtet, desto erfolgreicher kann man führen, Menschen bewegen und berühren. Dann wachsen sie über sich hinaus.

Practice 3: Drei Reflexionsfragen

Versetzen Sie sich in die Lage Ihrer Mitarbeiter und versuchen Sie, auf die folgenden Fragen eine Antwort zu finden:

- Fühlen sich die Teammitglieder oder Mitarbeiter wichtig?
- Nehmen sie die Arbeit als interessant und anregend wahr?
- Verkörpern Sie als Führungsperson die ethischen Werte des Unternehmens?

Practice 4: Zielsetzungstraining

Äußerst erfolgreiche Menschen haben nicht nur Ziele, sie haben eine Mission, eine Berufung, ein Leitbild. Sie müssen nicht unbedingt talentierter oder intelligenter als andere sein, doch sie besitzen eine Gabe: Sie bündeln all ihre Energien auf ein Ziel hin.

Ein gutes Ziel muss folgende Kriterien erfüllen:

- positive Formulierung (ohne »nein«, »nicht«, »kein«), ohne Vergleiche,
- Ich werde … Ich will …,
- fester Zeitrahmen, in einer bestimmten Zeitspanne erreichbar (Wann will ich das Ziel erreicht haben? Etappenziele?),
- klar bestimmt, durch eigene Ressourcen erreichbar sein,
- die eigenen Werte und Richtlinien verkörpern,
- motivieren (Was treibt mich an?),
- vorstellbar sein (die Vision des Zielzustandes mit allen Sinnen).

Im Projektmanagement wurde dafür als Kurzformel das SMART-Prinzip entwickelt. Ziele sollen demnach im Einzelnen wie folgt umschrieben sein:

S schriftlich fixiert, präzise und klar
M messbar, d. h. in Zahlen ausdrückbar, nachvollziehbar und überprüfbar
A anspruchsvoll, eine Herausforderung darstellend, aber dennoch …
R realistisch und erreichbar
T terminiert, also auf einen konkreten, festen Zeitrahmen bezogen

Practice 5: Tun

> »Try and you will see!«
>
> *Jürgen Klinsmann*

Führen lernt man nur durch Praxis! Bedenken Sie dabei, wie der Mensch Wissen speichert: 20 Prozent durch Hören, 30 Prozent durch Sehen, 50 Prozent durch Sehen und Hören, 70 Prozent durch Sehen, Hören und Diskutieren, 90 Prozent durch Sehen, Hören, Diskutieren und Tun.

Entscheidend is auf'm Platz

Lassen Sie uns die wichtigsten Merksätze von Key 1 noch einmal zusammenfassen:

- Zuhören, offen auftreten und sich für nichts zu schade sein. Gerade zu Beginn einer neuen Führungstätigkeit.
- »Wir« statt »ich«, »unser« statt »mein«. Teamführung ist Plural.
- Alle sind wichtig. Auch andere sollten bei einer Teamsitzung zu Wort kommen.
- Wenige Regeln sind mehr!
- Ein Unterstützersystem schafft Miteinander.
- Balance der Bedürfnisse: Je höher die Werte »Zugehörigkeit«, »Autonomie« sowie »Kompetenz« gelebt werden, desto besser.
- Klare Führung: Erziehung zur Selbstständigkeit und klare Vorgaben schließen sich nicht aus.
- Je kleiner der Kreis an Entscheidungsträgern, desto effektiver.
- Ziele sollten SMART sein!
- Jede Reise mit einem Team ist eine andere. Herzblut!

Key 2: Expertenwissen

>»Ich fürchte nicht den Mann, der zehntausend Tritte einmal geübt hat,
sondern den, der einen Tritt zehntausendmal geübt hat.«

Bruce Lee

First Touch

Notizen der Weggefährten: Billerbeck, Sportschule des DFB, Januar 2005
*Rund 180 Tage waren sie nun schon im Amt – Jürgen Klinsmann und Jogi Löw –,
und wir durften sie erstmals gemeinsam treffen. Sie waren es also, die so mutig
waren, das schwere Trainer-Erbe des einstigen Aushängeschildes des DFB – die
deutsche Nationalmannschaft – zu übernehmen und zu reformieren. Eine fast
unlösbare Aufgabe.*

*Zuvor hatten bereits zahlreiche prominente Kollegen dankend abgewinkt, zu
heikel die Mission, den deutschen Elitekickern nach dem schwachen Abschneiden
bei der EM 2004 in Portugal zu neuem Glanz zu verhelfen, zu lustlos das Gekicke
der einstigen Protagonisten der WM 2002 – kaum Torchancen, statisches Spiel,
technische Defizite und nur wenige vielversprechende junge Talente in Sicht. Und:
zu verkrustet der DFB selbst – mit vielen alten Seilschaften und noch mehr Macht-
ansprüchen. Ein hausgemachtes Strukturproblem, fehlende Jugendförderung einerseits, zu viele kickende Profispieler aus dem Ausland andererseits. In anderen
Worten: Die Bundesliga wurde mehr und mehr von ausländischen Stars domi-
niert. Ein Teufelskreis sozusagen: kaum Spielzeit für die spärlichen Nachwuchsta-
lente und somit keine Entwicklung ebendieser, was zur Folge hatte, dass weitere
ausländische Kicker verpflichtet wurden.*

*Außerdem: ein Imageproblem. Irgendwie schien es nicht in zu sein, mit dem
Adler auf dem Trikot aufzulaufen. Und auch das noch: Anscheinend hatten andere
Mannschaften aufgeholt. Wer erinnert sich nicht an das 0:0 in Island – langweilig,*

statisch und auf Augenhöhe (mit bester Samstagabend-Unterhaltung zwischen Waldemar Hartmann, dem damaligen Nationaltrainer Rudi Völler sowie prominenter Fachkompetenz eines Gerhard Delling und Günter Netzer im Anschluss). Da konnte man sich – erst recht als angesehener Ex-Nationalspieler, Welt- und Europameister – schon die Frage stellen: Möchte ich mir das wirklich antun? Und das auch noch bei einer zukünftigen WM im eigenen Land? Klar, man sollte stets aus der Fülle denken und einfach machen, und wohl vor allem dann, wenn man schon einige Jahre das »Think-big-US-Spirit« aufsaugen durfte –, doch die Möglichkeit, sich bis auf die Knochen zu blamieren, schien im Sommer 2004 ungleich größer.

Aber wie auch immer. Da saßen wir nun mit Jürgen Klinsmann und Jogi Löw. Ein Freundschaftsspiel der Nationalmannschaft gegen eine Auswahl der internationalen Elite der Bundesliga hatte dies möglich gemacht. Grund hierfür war allerdings ein sehr trauriger: Die Tsunami-Welle war nur wenige Wochen zuvor über Teile Asiens hereingebrochen und hatte Hunderttausende Menschen das Leben gekostet. Spontan erklärte sich der DFB bereit zu helfen – und half sofort. So kam es, dass Klinsmann und Co. sich schon Tage zuvor in einem Sporthotel in Billerbeck nicht weit entfernt vom Ruhrgebiet trafen, und wir uns an einem Nachmittag dorthin zum Brainstorming auf den Weg machen durften.

Bei Kaffee und Kuchen philosophierten wir mit dem damaligen Cheftrainer über mögliche Formen des Feedbacks, angefangen beim Vier-Augen-Gespräch bis hin zu Sitzungen mit dem gesamten Team. Schon länger beschäftigte er sich mit dem Gedanken, auf welche Weise er seine Spieler in Gesprächen noch effektiver erreichen könnte, um so zur individuellen Verbesserung beizutragen –, und zwar ohne langatmige Ansprachen und zähe Monologe. Genau diese hatten ihm als Spieler selbst unter Toptrainern stets Nerven gekostet – oder nach fünf Minuten abschalten lassen. So entstand im Folgenden eine leidenschaftlich geführte Diskussion über die verschiedenen Formen von Kommunikationsstrategien, Beobachtungsanalysen und Wahrnehmungsmustern bis hin zur Evaluation von Lernprozessen mit der abschließenden Idee eines individuellen Player-Handbooks oder einer Art Lernportfolio zur Selbstreflexion – mit dem Bewusstsein, dass man sich nur dann weiter entwickeln kann, wenn man offen für Feedbacks bzw. die Meinung anderer ist.

Diese Gedanken begeisterten auch Joachim Löw. Leise hatte er sich zu uns gesellt, sich kurz vorgestellt und zunächst zuhörend an der regen Diskussion teilgenommen: Ruhig, gelassen, zurückhaltend und freundlich – so schien er zu sein – eben so, wie wir ihn aus den Medien bisher kannten. Doch leise – leise blieb er nicht. Es schien, als ob jeder von uns an jenem Nachmittag ein fehlendes Puzzleteilchen *mitgebracht hätte, sozusagen eine bunt gemischte pädagogisch-, soziologisch-, sportpsychologische Wundertüte – und wir ebendiese einzelnen Teilchen zu einer Einheit, einem noch größeren Gemeinschaftswerk zusammenfügen durften.*

Fast schon blind griffen völlig neue Verzahnungen ineinander, Bausteine, die auf dem Weg hin zur WM im eigenen Lande von immenser Bedeutung sein könnten. Weg vom Fußball als ausschließlichem Gruppenerlebnis und hin zur individuellen Förderung und Forderung – und stets im Fokus, was gute Führung eigentlich auszumachen schien. Weg vom Trainer als Alleinunterhalter, hin zum Coach als Prozessentwickler und Lernbegleiter, der gemeinsam mit einem Expertenteam und flacheren Hierarchien Hilfen zur Selbsthilfe bietet.

Eine andere Art der Kommunikation war also ein wesentlicher Bestandteil unserer Diskussion, genauso wie die stete Beziehungsarbeit zwischen Trainer und Spieler, Formen des Selbstmanagements in Stresssituationen bis hin zu der Balance von Bedürfnissen.

Jeder lieferte seinen Beitrag – und das setzte Emotionen in Gang. Leidenschaftlich diskutierten wir im Anschluss über Möglichkeiten der Ansprache kurz vor und während des Spiels am Spielfeldrand, über das so wichtige Reflektieren nach dem Abpfiff, beschäftigten uns mit Formen der Inspiration und Motivation, thematisierten Trainerphilosophien sowie die Kunst, stets Energiegeber zu sein und beschlossen, in Kontakt zu bleiben. Und das taten wir dann auch.

Einwurf

Was wäre die Welt ohne (Fußball-)Experten? Mit Sicherheit ein Stück weit langsamer. Weniger entwickelt, weniger systemisch, weniger analysiert und durchleuchtet – aber auch ursprünglicher und vielleicht authentischer. Oder neudeutsch: old school. Was zumindest die Fußball-Nostalgiker unter uns glücklich machen würde, würde der Ball doch dann sicherlich etwas bedächtiger rollen: Komplette Spieltage jeden Samstag um 15.30 Uhr, Champions League nur für die tatsächlichen Meister ihrer Ligen, Trainingslager in Billerbeck statt in Katar, ein Trainer plus Co-Trainer plus Team. Und sonst nichts. Ohne monatliche Laktat-Testreihen und zu detailliertes Wissen über Grundlagenausdauer, Superkompensation, Regeneration, anaerobes oder aerobes Trainingsverhalten, biogene Amine, Work-Life-Balance, Schwellentempo und Co.

Andererseits: Experten sorgen für Wachstum, sie beraten, entwickeln, hinterfragen, überprüfen, forschen, evaluieren und lernen im besten Fall ständig hinzu. Und das wiederum kommt der Entwicklung der Gesellschaft zugute – in allen Bereichen und eben auch im Leistungssport. Denn alles andere wäre Stillstand oder Rückschritt. Wie im Profifußball allein in den vergangenen zehn bis 15 Jahren immer mehr Expertenwissen genutzt wurde, verdeutlichen unter anderem die vielen Fachbegriffe und die ständig wachsenden Trainerstäbe mit Spezialisten für jeden noch so kleinen Bereich.

1000 Experten oder eine Führungskraft?

So wurde das Gedränge auf Mannschaftsfotos spätestens seit der WM 2006 immer größer. Wo noch Ende der 1990er Jahre lediglich Kicker, Trainer und Masseur posierten, stehen heute große Trainerstäbe plus ausgedehnte medizinische Abteilungen in den Reihen ganz vorn. Einige Klicks durch die Homepages der Bundesligisten genügen, um eine Vielzahl von Experten und ihre Aufgaben kennenzulernen. Spezialisten aus anderen Sportarten, Sprint-, Konditions- und Rehatrainer, Experten für den Torhüter, Leistungsdiagnostiker, externe wissenschaftliche Berater, Mentaltrainer, Psychologen, Osteopathen oder Ökotrophologen gehören fast schon zum festen Standard, um die Fußballer in Topform zu bringen – neben den üblichen Ärzten und Physiotherapeuten.

Bereits die WM 2006 im eigenen Land gab den nötigen Anschub. Und doch sorgte Jürgen Klinsmann im WM-Vorfeld für Aufruhr mit seinen eigens aus den USA importierten Fitnessgurus, die mit Gummibändern arbeiteten. »Gab es schon immer«, wetterte die alteingesessene Trainergilde und wendete sich kopfschüttelnd ab. Andere erkannten den Trend – und sprangen auf. »Die Bundesliga hat jahrelang geschlafen«, erläuterte Armin Veh nach seiner Meisterschaft mit dem VfB Stuttgart im Jahr 2007. »Als einzelner Trainer kann man nicht jeden Spieler verbessern, da braucht man Experten.« Und selbst Ottmar Hitzfeld erkannte die Tendenz: »Der Trend geht zur Individualisierung.« Klinsmann selbst hatte als Fußballprofi entsprechende Erfahrungen sammeln dürfen – oder besser gesagt: eben nicht. Oder nur über Umwege: »Als junger Spieler wollte ich mich im Laufen verbessern«, so Klinsmann. »Mein Bruder war Zehnkämpfer. Hier wurden die Sportler damals schon individuell trainiert. Und so nahm ich mir eben auch einen Spezialisten für Sprints – auf eigene Kosten.« Bemerkenswert deshalb, weil Klinsmann damals erst 19 Jahre alt war.

Während in der Saison 1997/98 noch viele Clubs in der Minimalbesetzung Mannschaftsarzt, Masseur, Trainer und Co-Trainer arbeiteten, waren zehn Jahre später über 80 Spezialisten in den 18 Bundesligavereinen beschäftigt, Tendenz steigend. Spezialisten überall, in den Akademien bis zur ersten Mannschaft. Individualisierung auf allen Ebenen und in allen Bereichen. Verwissenschaftlichung im Profifußball: Sie findet längst statt.

Auch das Berufsbild des Co-Trainers im Profifußball gab es in frühen Bundesligajahren nicht. Erst in den 1980ern wurde die Rolle des Assistenzcoachs geschaffen, damals noch ein Zweimannbetrieb – heute eine anspruchsvolle Aufgabe mit hohem Anforderungsprofil und großer Verantwortung. Nur »Hütchenaufsteller«, wie sie bisweilen despektierlich bezeichnet wurden, waren sie auch damals nicht. Bis weit in die 1990er Jahre fielen allerdings noch rein organisatorische Dinge wie Auswahl und Buchung der Trainingslager und Mannschaftshotels in ihren Aufgabenbereich. Auch die verantwortliche Rolle auf dem Trainingsplatz war viel geringer. Großartige technische Möglichkeiten gab es auch noch nicht. Vielleicht bei dem einen oder anderen Co-Trainer, um mit Hilfe von Videokassetten Material für die Spielvorbereitung zusammenzuschneiden – kein Vergleich zum aktuellen Standard. Heute kann sich der Trainer mit seinem Assistenten täglich über die Inhalte der Übungsstunden abstimmen und ihn die kompletten Einheiten durchführen lassen oder den sportlich technisch-taktischen Teil. So hat der Headcoach mehr Zeit, auf dem Platz zu beobachten. Die Bereiche sind heute fließend, und ein intensiver Austausch und 100 Prozent Vertrauen und Loyalität eine wesentliche Voraussetzung für ein gelingendes Miteinander.

Und der Trainer? Was macht einen heutigen Trainer noch aus bei all den Experten und Unterstützern? Und wo sollte er der Experte sein? Die Hochform sicherlich: auf allen Gebieten mitreden können, sich immer verbessern, Expertenwissen anhäufen, von allen lernen und sich dennoch auf die Kernkompetenzen konzentrieren – ein Experte in Theorie und Praxis.

Für alle Trainer gilt: Das Kerngeschäft muss der Fußball sein. Eben all das, was auf dem Platz passiert. Technik, Taktik, Spielsystem. Einen klaren Matchplan haben und möglichst noch einen Plan B oder C in der Hinterhand. Strategisch auf alles vorbereitet sein. Eine Spielphilosophie entwickeln und diese mit Leben füllen. Professionalität am Spielfeldrand – und auf dem Spielfeld.

»Mir ist ein 5:4 lieber als ein 1:0«, so eines der typischen Happel-Zitate, befragte man ihn zu seiner Strategie. Ähnlich wie der Fußball von Pep Guardiola setzte Happel schon Ende der 1970er Jahre auf Ballbesitz: »Wenn wir die Kugel haben, haben's die anderen net.« Und ähnlich wie Guardiola favorisierte auch er ein starkes Mittelfeld und vor allem mitdenkende Spieler – und nicht »elf Esel«. Keine Manndeckung, sondern Raumdeckung war sein Credo. Nicht hinterherlaufen, sondern selbst denken. Pressing und Abseitsfalle systematisierte der an anderer Stelle bereits als Visionär erwähnte Happel – ähnlich wie Jürgen Klopp heute. Die Grundformation der Mannschaft wurde dabei 20 bis 30 Meter nach vorn geschoben, erklärte der damalige HSV-Vorstopper Ditmar Jakobs. Sobald der Ball seines Teams – perfektioniert beim HSV Anfang der 1980er Jahre – erobert wurde, ging es schnell und schnörkellos in die Spitze. Am besten über die Seiten. Und so manche Bananenflanke von Manfred Kaltz erreichte Horst Hrubesch – und der Ball war im Netz. Spiel gegen den Ball in Perfektion sozusagen.

Das wiederum konnte nur gelingen, wenn die Grundlagen trainiert wurden. Systemisch eben. Womit wir bei einem anderen Spielfeld-Strategen und Perfektionisten wären, einem, der im Gegensatz zu Ernst Happel sein ganzes Heil nur im Fußball sah – und zwar rund um die Uhr: Lucien Favre. Ein absoluter Taktikexperte, der Bewegungen wahrnahm, die selbst Experten mit bloßem Auge nur schwer erkennen konnten. So berichtete jedenfalls sein Umfeld. »Er hat den Fußball 24 Stunden lang gelebt«, sagte Torwart Christofer Heimeroth – und das ohne Übertreibung. Immer nur Fußball? Das hieß bei Favre: DVDs schauen, schneiden, analysieren, die eigene Mannschaft genauso gut durchleuchten wie sämtliche Gegner. Vom Globalen bis ins Detail eben. Jede Kleinigkeit wurde geübt, jedes erdenkliche Szenario durchdacht und nachgestellt. Favre liebte es, Blöcke vollzukritzeln oder seine Pläne auf der Magnettafel nachzustellen, zu ändern, zu korrigieren, zu verbessern.

Selbst Einwürfe ließ Favre trainieren, wenn im Spiel mal einer daneben ging. Jede kleinste Spieleröffnung nachstellen oder wiederholen, wenn ein Kicker eine falsche Bewegung machte. Automatismen pauken bis zum Umfallen. Stets mit dem Ziel, zu verbessern, das Spiel noch schneller zu machen, damit der Ball wie an einer unsichtbaren Schnur gezogen durch die Reihen der Spieler laufen konnte. Kaum eine Mannschaft lebte so von blinden Automatismen wie Borussia Mönchengladbach unter Favre, aus der Intuition heraus, aus blindem Verstehen. Doch was folgt, wenn mehrere Spieler verletzt ausfallen, tragende Kicker weggekauft werden, Schiedsrichter falsche Entscheidungen treffen – und als Folge Automatismen nicht mehr greifen? Ungenauigkeiten, Unsicherheiten, Fehlpässe – bis hin zum Kontrollverlust auf allen Ebenen. Und genau das muss für einen Perfektionisten schmerzhaft sein – es nicht mehr selbst in der Hand zu haben. Denn so wie zwischen Genie und Wahnsinn ein schmaler Grat liegt, so auch zwischen Perfektion und Pedanterie sowie zwischen Detailgenauigkeit und Detailversessenheit.

Genau an diesem Punkt wirft sich die Frage auf, wie sehr man als Experte Perfektionist sein darf – und an welcher Stelle man eben weniger auf das Ergebnis und mehr auf den Prozess schauen sollte. Denn Unwägbarkeiten gibt es immer – und letztlich ist es unmöglich, alles immer unter Kontrolle zu haben. Zu viel Kontrolle, zu viel Perfektionismus engen den Fokus ein. Man schaut nur auf sich, auf das System und verliert Lockerheit und Gelassenheit. Der Blick aus der Metaposition und über den Tellerrand ist dann genauso wenig möglich, wie ein Stück weit offen zu sein für Inputs von außen. Doch das ist in Zeiten von Krisen wichtig. Sich eben nicht so wichtig zu nehmen, in Wahlmöglichkeiten zu denken, die Dinge aus einer anderen Perspektive zu sehen. Sich selbst zu reflektieren und zu hinterfragen. Was mache ich da eigentlich? Und was hätte ich besser machen können?

Eins noch zu guter Letzt: Die wahren Experten sehen sich und ihr persönliches sowie fachliches Wachsen und Weiterkommen nicht nur selbst, sie schauen auch auf andere, auf ihr Team, ihre Mitarbeiter, Ihre Organisation, die es ständig zu verbessern gilt – individuell sowie als Ganzes.

Kurzpass

SMS an alle,
die in Führung sind

Seien Sie ein Experte auf
Ihrem Gebiet!

Beschränke dich auf das, was du wirklich
weißt. Nutze Experten für dich, um gemeinsam erfolgreich zu sein. Gib ab, um
zu bekommen. Bedeutet: Gib Aufgaben
ab, um Erfolge zu bekommen. Dieses
Denken ist ein Markenzeichen von Jürgen Klinsmann und Hansi Flick.

Jörg B.

Erkenne dein »Gebiet« und setze all
deine Energie in dieses. So wirst du automatisch zur Bereicherung für diese Welt!

Klaus K.

Fachidiotie versus Universal-
dilettantismus. Letzteres ist besser.
Brauchbarer.

Ralf z. L.

Wer oder was fällt Ihnen
dazu ein?

Wir sind alle Experten, jeder auf seine
Art. Das macht uns aus.

Gabi M.

Und Sie?

Impulse aus der Coachingzone

»Seien Sie ein Experte auf Ihrem Gebiet.«

Prof. Dr. Hermann Zabel, Universität Dortmund

Nach dem Spiel ist bekanntlich vor dem Spiel – ein Trainer- wie Spielerschicksal, geprägt von festen Abläufen, Regeln und Ritualen – mitunter lebenslang. Auch Sebastian Kehl kann davon ein Lied singen, und er wurde ebenfalls durch seinen selbst gewählten Weg zum absoluten Experten auf seinem Gebiet: dem Fußballplatz. Ein Stück weit ist hierfür immer auch Talent verantwortlich, doch in erster Linie vor allem eines: harte Arbeit. »Ich bin 20 Jahre lang immer mit Plänen umhergelaufen. Für jede Woche, vor allem aber für Reisen mit dem Verein gab es einen minutiösen Ablaufplan: Videobesprechung, Sitzung, Behandlung, Training, Essen, inklusive der halben Stunde, die man sich mal aufs Ohr legen kann. Im Urlaub hatte ich oft einen Trainingsplan mit, dazu eine Uhr, die die Trainingsdaten an den Verein schickte, zur Kontrolle. Aus Gewohnheit habe ich meinen Urlaub auch durchgetaktet: Wecker klingelt um 7.30 Uhr, ich trainiere um acht, 8.45 Uhr Frühstück.«

Unzählige Übungsstunden verbrachte Kehl in den vergangenen 20 Jahren beim Training, der Reha oder auf dem Platz. Und was für jeden normalen Menschen ein Schritt zu beschwerlich gewesen wäre, zog er knallhart durch. So wurde er zum Nationalspieler. Augenscheinlich haben große Trainer und Vollprofis einfach ein anderes Verhältnis zum Üben – sich immer wieder strecken und an den Schwächen arbeiten, wo andere in ihrer Komfortzone bleiben. Neurologen sprechen in diesem Zusammenhang von Myelinschichten, die wie eine Isoliermasse die Nervenzellen umhüllen und bei Sportlern durch wiederholendes Training besonders ausgebildet sind. Bewegungen und Gedanken werden stärker, schneller und präziser. So kann man durch unzählige Übungsstunden und permanente Wiederholungen in rund zehn Jahren zu einem Experten auf seinem Gebiet werden – wenn man denn die richtige Einstellung und den Antrieb dazu hat.

Doch im Sommer 2015 war für Kehl Schluss. Endlich raus aus der Enge, weg vom Rudel, allein mit Rucksack um die Welt – darauf hatte er lange hingearbeitet, ohne Druck, Disziplin und Adrenalin, gelassener werden und die Welt aus einer anderen Perspektive sehen. Andererseits wäre Kehl nicht Kehl, wenn er nicht auch perspektivisch denken würde, und so unterbrach er seine einjährige Weltreise immer wieder, um an einem Pilotprojekt der UEFA teilzunehmen, einem Masterstudiengang für ehemalige Nationalspieler, der sich über 20 Monate erstreckt. »What is next? From top player to top leader!« Das Ziel des englischsprachigen Studienkurses, der in zehn wöchentlichen Modulen in verschiedenen Metropolen Europas und in New York stattfindet: ehemalige Profis mit guten Voraussetzungen für administrative und Managementtätigkeiten im Fußball ausbilden.

Getreu seinem Leitsatz »Als Sportler willst du alles aus dir herausholen, dich immer verbessern!«, gilt es nun wieder neu anzufangen, das alte Wissen in Neues zu transferieren, sich wieder zu strecken, erneut auszurichten, den Status quo wieder zu verlassen, zu üben und über den Tellerrand zu schauen, sich nicht zu vergleichen, sondern sich seiner eigenen Stärken bewusst zu sein – und wieder zu einem Experten zu werden – auf welchem Gebiet auch immer.

Ein Baustein, der ihn faszinierte: der Elevator Pitch – in höchsten 60 Sekunden eine Berührung bei einem Gespräch zu hinterlassen, doch nicht durch das Aufzählen der Vita, sondern durch die Einstellung zu Neuem. In einer Übung bewarb er sich um das Amt des Sportdirektors. Man darf gespannt sein, wohin die Reise geht.

Elevator Pitch by Sebastian Kehl, first seconds: »I do not introduce myself because I don't want you to remember my name but my smile, my attitude and my personality as this is what counts in international football tomorrow«.

Fleiß und Hingabe Befragt man Stefan Kuntz nach dem Trainerteam des 1. FC Kaiserslautern der Saison 2015/16, bringt er es wie aus der Pistole geschossen auf den Punkt: »Fleiß, Hingabe und Akribie, im Team wird gesprochen, werden individuelle Einzelgespräche geführt, exzellentes inhaltliches Training, genaue Analyse von Gegner und System, nichts ist ihnen zu viel.« Typische Experten eben – und zwar auf beiden Seiten. Einerseits Kuntz' kompetente und messerscharfe Analyse, auf der anderen Seite eine Vielzahl an Fachtermini, die exzellente Fachleute auf der Trainerbank vermuten lassen.

»Stefan Kuntz ist Macher und Gesicht seines Vereins zugleich«, so ein Freund und Weggefährte über den ehemaligen Fußballer, Trainer und Vorstandsvorsitzenden. »Ich kenne keinen mit einer solch schnellen Auffassungsgabe. Er kann mitten aus einem Golfturnier gerissen werden und zu hochbrisanten Themen vor Fernsehkameras Stellung beziehen – aus dem Nichts!«

Überhaupt interessant, dass Kuntz in seiner Rolle als Vorstandsvorsitzender des 1. FC Kaiserslautern, die er bis 2016 innehatte, zuallererst auf ganz klassische Werte und einfache Tugenden hinwies: Fleiß und Hingabe. So erzählte er wenige Stunden vor dem Auswärtssieg in Paderborn, dass sich das gesamte Trainerteam für nichts zu schade sei. Schon morgens um 7.00 Uhr hatten sich Co- und Fitnesscoach auf den Weg gemacht, um einen Fahrradweg zu finden. Das gehörte zur jüngsten Tradition des Traditionsclubs – vor Auswärtsspielen zu radeln. Und das zeichnete laut Kuntz das derzeitige Trainerteam aus. Einfach einen Schritt mehr zu machen als andere und anzupacken. Grundlegende Tugenden, die erfolgreiche Experten auszeichnen. Ähnlich sah es bereits John Wooden vor knapp einem halben Jahrhundert, der in den Grundwerten Fleiß und Freude den eigentlichen Antrieb für Erfolg sah, manifestiert in seiner genialen Erfolgspyramide. Das Herzstück? Kompetenzen, Wissen, Fähigkeiten, Talente. Doch was wäre ein Talent ohne den nötigen Antrieb?

(Fast) Jede Kleinigkeit zählt Und auch mit einer anderen Weisheit trifft der legendäre Jahrhunderttrainer Wooden wohl voll ins Schwarze des Expertenherzens. »Put everything into the detail!«, so einer seiner Leitsprüche. Was wohl nichts anderes heißt, als den Fokus immer auf das Detail zu legen. Auf die Kleinigkeiten. Denn nur da, wo man akribisch arbeitet, wo Wert auf jede Nuance gelegt wird, kann letztlich Großes entstehen. Schritt für Schritt. Denn das Große beginnt im Kleinen. Für Basketballcoach John Wooden bedeutete dies unter anderem das richtige Aufrollen der Socken seiner Spieler – und das saubere Feilen ihrer Fingernägel. Denn fast immer entscheiden Kleinigkeiten über Sieg oder Niederlage.

Der Trainer »kommt morgens, egal ob Training oder kein Training ist, und ist abends der, der das Licht ausmacht. Jedes Training wird archiviert und ausgewertet. Spieler fragen ja oft: ›Warum spiele ich denn nicht?‹ Dann erklärt der Trainer ihm seine letzten 20 Trainingseinheiten, sagt zum Beispiel: ›Am 17. Oktober hast du nur drei Sprints gemacht, dein Kollege aber 23.‹ Die Spieler fragen jetzt seltener, denn sie wissen: Der Trainer hat eine Begründung«, so ein Manager aus der Bundesliga. Nur wer Wert auf das Detail legt, kann Großes erreichen. »Little things make big things happen!« In seinem Team musste es zur Angewohnheit aller werden, Dinge richtig zu machen, gerade die kleinen Dinge. Denn Automatismen und positive Angewohnheiten helfen, wenn man im Spiel unter Druck steht.

Und in Unternehmen, Organisationen, anderen Teams? Auch da führen Nachlässigkeiten oder Schlampereien zu Energieverlust, zu Niederlagen, zu finanziellen Verlusten. Meist werden große Ziele ausgegeben, der Alltag aber vernachlässigt. Doch ist es das Tagesgeschäft, das zählt, die Konzentration auf das Jetzt, der Blick auf das Detail. Experten gehen voran, achten auf die Kleinigkeiten, auf Perfektion und übertragen dies im besten Fall auf das Team und die Mitarbeiter. »Er ist der Erste, der morgens kommt und der Letzte, der abends geht«, so Manager Christian Heidel über Martin Schmidt, Trainer des FSV Mainz 05.

Bei aller Perfektion ist es dennoch ganz wichtig, sich bewusst zu machen, dass man eigentlich nur das Unvollkommene lieben kann, weil das Vollkommene keine Chance zum Wachstum mehr bietet. Denn übertriebener Perfektionismus macht nie zufrieden und verschwendet zu viel Energie auf Nebensächlichkeiten. Perfektionisten leiden. Sie scheitern an zu hohen Maßstäben und stellen schnell ihre ganze Person in Frage. Selbst das Feiern von Erfolgen macht ihnen kaum Freude. Den zwanghaften Wunsch, für jede Aufgabe die perfekte Lösung zu haben, macht Stress und brennt aus. Der Glaube, durch extremen Einsatz extreme Erfolge erzielen zu können, ist ein Irrglaube. Positiv denkende Trainer sehen in jedem Problem auch eine Chance zu wachsen. Sie bleiben flexibel, nehmen die Dinge so wie sie kommen und denken in Wahlmöglichkeiten. Getreu dem Motto: Was mich fordert, fördert mich.

Armbanduhr ablegen oder: draufschauen verboten! Das ist zumindest das Motto von Joachim Löw, wenn er mit seinen Jungs auf dem Platz steht. Doch das kommt selten genug vor. Kommt die Elite des deutschen Fußballs zusammen, stehen häufig ganz andere Dinge im Fokus: Sponsorentermine, Werbeaufnahmen und Co. Da reichen 24 Stunden am Tag kaum aus – und an regelmäßiges Training ist schon gar nicht zu denken. Umso wichtiger ist es, dass beim Training ein Rad ins andere greift, denn nur das bedeutet effektives Üben. »Das System muss funktionieren wie bei einem Schweizer Uhrwerk, exakt und präzise«, so Löw. Doch warum dann die Uhr ablegen? Ganz einfach: Aktives Lernen wird nicht in Minuten oder Stunden gemessen, sondern in der Zahl der guten Versuche und in der Zahl der Wiederholungen. Nur so kommt es zu neuen Verknüpfungen im Gehirn. Und das bedeutet: lernen und wachsen.

Spitzentrainer denken also nicht in Minuten oder Stunden, sondern in Versuchen und Wiederholungen. Löw sagt nicht: »Die neu formierte Viererkette übt das Zusammenspiel jetzt 20 Minuten lang.« Sondern: »Sauber und präzise passen – Ball flach halten – 10 Pässe pro Spieler!« Statt vor wichtigen Ausscheidungsspielen 30 Minuten lang bloßes Elfmeterschießen zu üben, legt Joachim Löw eine feste Anzahl von Schüssen fest. »Jeder Spieler schießt 10 effektive Schüsse aufs Tor!« Das bedeutet für die Profis: präzise, genau, flach, in die Ecke. Denn dann hat der Torwart die geringsten Chancen, den Ball zu parieren.

Und für Führungskräfte: die Uhr ignorieren, Schwachstellen trainieren, wenn auch nur für wenige Minuten. Eigene Fortschritte und die des Teams werden demzufolge nicht anhand der Zeit gemessen, sondern anhand der Faktoren, die wirklich wichtig sind: Verbesserungsversuche und Zahl der Wiederholungen.

Vom Üben und Wiederholen Wissenschaftler haben festgestellt, dass rund 10.000 Stunden Übungspraxis erforderlich sind, um zum Experten zu werden – ganz gleich auf welchem Gebiet. So gesehen sind normal begabte junge Menschen durchaus in der Lage, sich durch intensive Auseinandersetzung mit einem Thema ihrer Wahl zum Spezialisten zu entwickeln. Natürlich ist ein gewisses Talent immer von Vorteil. Doch allein die Gene sind nicht ausschlaggebend. Das Zauberwort lautet: üben, üben, üben. Experten trainieren anders und sehr viel strategischer. Wenn sie einen Fehler machen, schieben sie die Schuld nicht auf ihr Pech oder Unvermögen. Sie haben eine Strategie, die sie korrigieren können.

Nichts, weder reden noch nachdenken, lesen oder vorstellen trägt effektiver zur Entwicklung einer Fähigkeit bei als die Ausführung der Handlung selbst. Für einen Trainer bedeutet dies wiederum, dass dem Üben und Wiederholen eine ganz neue Bedeutung zugemessen wird. War man in den vergangenen Jahren in der Trainingspraxis eher dazu übergegangen, möglichst vielfältige und abwechslungsreiche Trainingsformen anzubieten, steht heute wieder das bloße Automatisieren und reflektierende Üben, das aktive Lernen im Vordergrund – nach neuesten wissenschaftlichen Erkenntnissen. Die Hochform: Fehler werden beim Üben erkannt und durch Lösungsmöglichkeiten bzw. Strategien ersetzt.

Die Jeans muss passen! Der bislang letzte Trainer, der den Birminghamer Vorortverein Aston Villa laut der englischen Tageszeitung »Mirror« zur »Spitze des Berges« – in diesem Fall an die Tabellenspitze in der Premier League – führte, war John Gregory Ende der 1990er Jahre. Ob er sich damals schon bewusst war, dass Weltklasse-Akteure, egal auf welchem Gebiet, rund 10.000 Stunden Training benötigen, um in ihrem Bereich Topleistungen abzurufen? Mit Sicherheit hatte Gregory noch nichts von dem chemischen Stoff Myelin gehört, der sich in unserem Gehirn um die Schaltkreise legt – und zwar immer dann, wenn wir eine Übung wiederholen. Je mehr Übung also, desto mehr Myelin – und umso größer das individuelle Können.

Worüber sich Gregory aber im Klaren gewesen sein muss, war die Kunst der Wiederholung! Genau das konnte man bei seiner täglichen Arbeit auf dem Trainingsplatz – in kleinen Einheiten portioniert – beobachten. Jedenfalls verstanden wir unter seiner Anleitung erstmals das damals noch innovative 4-4-2-Spielsystem in kürzester Zeit – auch durch die Macht seiner Bilder. So verglich er ein voll automatisiertes Spielsystem immer mit einer gut sitzenden Jeans. Neu fühlt sich eine Jeans in der Regel unbequem an, es kneift und zwickt an allen Ecken und Enden. Doch je länger man sie trägt, desto besser passt sie sich dem Körper an, bis man sie schließlich gar nicht mehr ablegen möchte. Ein Bild, das alle Profis verstehen konnten. Ein weiterer Griff in Gregorys reich bestückte Expertenkiste: Trafen seine Stürmer nicht, setzte er ihnen mental Köpfe von Top-Stürmern auf. So zum Beispiel den Kopf von Jimmy Greaves, einer englischen Stürmerlegende der 1960er Jahre, der in 379 Spielen 266 Tore für Tottenham Hotspurs schoss. »Damit sie sich bewegen wie Jimmy und Tore schießen wie er.« John Gregory – durch intuitives Wissen und Erfahrung war er allen eine Nasenlänge voraus. Platz 1 der Premier-League inklusive.

Profil schärfen Das war zumindest der Ansatz Martin Schmidts als Trainer von Mainz 05, als er 2015 erstmals die Bundesligabühne betrat. Zuvor hatte er lange Zeit die zweite Mannschaft der Mainzer trainiert, sich hier Expertenwissen und Menschenkenntnis angeeignet und im geschützten Raum geübt. Was er darunter versteht? Eine eigene Philosophie entwickeln, Taktik und Spielweise umsetzen, Umgang mit Mannschaft und Mitarbeitern schulen, Auftritte in der Öffentlichkeit trainieren. In nur einem Jahr Bundesliga hat er sich ein Profil verschafft – und steht für Offenheit und klare Linie.

Sich selbst ein Gesicht geben, eine Marke werden, für etwas stehen – genau das kann jeder, wenn er täglich sein Bestes gibt und in Entwicklung denkt. »Durch harte Arbeit vieles erreichen«, so Ilija Gruew, nicht zu beneidender Trainer des MSV Duisburg, vor einem schweren Auswärtsspiel in Fürth und auf dem 18. Tabellenplatz verweilend. Ein Stück weit hat es jeder selbst in der Hand, durch ständiges Arbeiten an seinen Fähigkeiten – für den schönsten Beruf der Welt!

Aktivität oder Fähigkeit? Nichts ist so alt wie die Zeitung von gestern – daran sollte man auch als Führungskraft denken: einfach immer am Ball bleiben, offen sein für neue Ideen und Inputs und sich in seinem Expertenwissen ständig verbessern. »Den Tag im positiven Sinne täglich ausquetschen«, nannte das Jürgen Klinsmann einmal. Das heißt nichts anderes, als abends im Bett zu liegen und sich selbst zu sagen: »Ich habe das Beste aus dem Tag gemacht.« Oder ähnlich wie Winston Churchill: »Es ist sinnlos zu sagen: ›Wir tun unser Bestes.‹ Es muss dir gelingen, das zu tun, was erforderlich ist.« Das bedeutet für Führungskräfte: Immer auch an den Fähigkeiten arbeiten und nicht nur in bloßem Aktionismus verkommen – weniger ist mehr. Denn wie oft ist man zwar aktiv, aber nur mit geringem Lernzuwachs. Besser: die eigenen Fähigkeiten entwickeln und ausbauen. Natürlich macht es Sinn, wenn dies mit der eigentlichen Aufgabe, Berufung und dem Job zu tun hat, muss es aber nicht zwangsläufig. Denn Lernen in verschiedenen Betätigungsfeldern befruchtet sich gegenseitig. Lernen auf allen Ebenen eben. Bei Stefan Kuntz ist es das Verbessern des eigenen Handicaps im Golf genauso wichtig wie seine große Leidenschaft: das Saxophonspiel. Jürgen Klinsmann machte einen Hubschrauberführerschein – und fand in dieser Pilotenrolle einen perfekten Ausgleich zum Job. Fazit: Führungspersönlichkeiten kennen keinen Stillstand.

Eigenes Wachstum steigert den (Führungs-)Wert, schafft Mehrwert. Was bringt mich weiter? Was ist bloße Aktivität? Anschaulich beschreibt Mark Sanborn dieses Phänomen in seinem Motivationsbuch »Der Fred-Faktor«: »Stellen Sie sich persönliches Wachstum als Modelliermasse vor, aus der Sie sich selbst neu formen. Je mehr Ton Ihnen zur Verfügung steht, desto größer und differenzierter kann Ihre Skulptur werden. Je mehr Sie lernen – indem Sie sich nicht abstraktes, sondern praktisches Wissen aneignen, desto mehr Rohmaterial steht Ihnen zur Verfügung, um Ihrem persönlichen Kunstwerk Form und Ausdruck zu verleihen. Sie selbst werden wachsen, wenn Sie Ihre mentalen, spirituellen und körperlichen Fähigkeiten wachsen lassen. Und während Sie größer werden, werden Sie neue Verbindungen zu Menschen und Ideen eingehen, die es Ihnen ermöglichen, am Kunstwerk Ihres eigenen Werts zu arbeiten.«

Statisches oder dynamisches Selbstbild? Alles Einstellungssache! Hin und wieder braucht er noch das Gefühl. Und dann geht er runter auf den Trainingsplatz und kickt mit den Stürmern von heute – oder mit denen von morgen. Typisch Stefan Kuntz. Und ebenso typisch: Wie immer legt er den Finger in die Wunde, wenn denn sein durchdringender Blick eine Beobachtung macht. Wir sprachen kurz zuvor und hoch oben auf dem Betzenberg über dynamische und statische Selbstbilder. Und wie so oft konnte Kuntz die gelernte Theorie gleich in der Praxis anwenden. Kurz vorweg: Menschen mit einem dynamischen Selbstbild beziehen ihre Kraft ganz offensichtlich aus Herausforderungen, die es ihnen erlauben, ihre Grenzen zu überwinden. Statische Menschen dagegen aus dem Gefühl, dass sie alles sicher im Griff haben. Wenn ihnen die Herausforderungen zu groß werden und wenn sie sich ihnen aufgrund ihres Intellekts oder Talents nicht gewachsen fühlen, versuchen sie es erst gar nicht – oder verlieren schnell das Interesse. Was Kuntz dazu einfiel? Er berichtete vom gerade abgeschlossenen Trainingsspielchen mit den Stürmern. Interessant: So saugte Jón Dardi Bödvarsson, die Neuerwerbung aus Island, alles an neuen Ideen und Tricks auf, was das Coachingteam plus Kuntz an

Tricks und Tipps weitergaben. Immer und immer wieder versuchte der Stürmer, die neuen Techniken anzuwenden. Ein viertes, ein fünftes, ein sechstes Mal. Andere Stürmer dagegen verfielen in alte Muster – und nach zwei, drei Versuchen verloren sie das Interesse.

Sich immer wieder neuen Herausforderungen stellen, immer wieder mit Anderen und Besseren messen – das sind Grundtugenden von Jürgen Klinsmann, die er in seinen dynamischen Coachingprozess einbaut, auch in seiner Tätigkeit als Head-Coach des US-Soccer-National-Teams: »You want your players looking up to the next level. If you are ten-year-old and a fantastic player, you want to play with the eleven-year-olds because the ten-year-olds might bore you. The same is true if you have a player on the verge of being a Champions League player. You want him to prove himself in the Champions League. You always want them to challenge themselves at the next-highest level.«

Was unterscheidet Menschen mit einem statischen Selbstbild von Menschen mit einem dynamischen Selbstbild?

Statisches Selbstbild	Dynamisches Selbstbild
Fähigkeiten sind in Stein gemeißelt	Fähigkeiten werden weiterentwickelt
Versagen ist eine Schande	Niederlagen gehören zum Lernprozess dazu
Muss sich immer beweisen	Möchte sich immer verbessern
Möchte Erfolge mühelos erreichen	Nimmt den Erfolg selbst in die Hand
Anstrengung stellt das Talent in Frage	Talent ist harte Arbeit
Tut wenig, sucht nach Schuldigen	Gibt alles
Niederlagen sind ein Stigma	Rückschläge sind Motivation
Gibt sich keine Blöße	Lernt aus Fehlern, erhöht die Anstrengung
Korrigiert sich nicht	Verbessert sich durch Veränderung
Fürchtet Herausforderungen und Anstrengung	Liebt die Herausforderung
Die Meinung der Anderen ist wichtig	Schaut auf sich selbst, glaubt an sich

Matchplan entwickeln – plus Plan B Erfolgreiche Führungskräfte bereiten sich auf die kommende Aufgabe immer optimal vor. Sie denken im Voraus und tun das, was erforderlich ist. Erfolgreiche Führungskräfte denken in Wahlmöglichkeiten – und immer auch in Lösungen. Sie haben nicht nur einen Matchplan im Kopf, sondern mindestens auch einen weiteren Plan in der Tasche.

Trainern geht es nicht anders. Es gilt, auf jede Situation optimal vorbereitet zu sein – auf dem Trainingsplatz genauso wie im Spiel. Je mehr Wahlmöglichkeiten man hat, je schneller man auf eine Situation reagieren kann, desto besser und professioneller. Was, wenn bei einem Match ein frühes Gegentor fällt? Oder sich ein wichtiger Spieler verletzt? Wie eine Führung absichern oder wie eine Initialzündung auslösen, um noch einmal voll auf Angriff gehen zu können? Mehr Mittel und Wege bedeuten mehr Vielfalt – und das ist gleichbedeutend mit mehr Erfolg. Nicht verharren und hinnehmen, sondern verändern und zügig reagieren – mit einem Plan B ist dies möglich.

Geht es nicht so, probiere es anders. Es gilt, stets für den Notfall gerüstet zu sein, einen Plan B zu haben, sich auf alle Möglichkeiten vorzubereiten. Ein Pilot muss bei einem Triebwerkausfall wissen, was zu tun ist. Er muss jede Situation meistern können. Je besser er auf verschiedene Eventualitäten vorbereitet ist, desto schneller kann er handeln. Die gedankliche Vorbereitung ist also entscheidend! Prepared – vorbereitet sein!

Plan B – oder: Wahlmöglichkeiten trainieren Spitzentrainer gehen vor einer anstehenden Aufgabe verschiedene Möglichkeiten und Schwierigkeiten durch. Sie stellen sich W-Fragen wie: Was mache ich, wenn mein Team früh hinten liegt? Wie reagiere ich, wenn meine Führungsspieler nicht ins Spiel kommen? Was, wenn sich der Gegner nur hinten reinstellt?

Selbst der französische General, revolutionäre Diktator und Kaiser Napoleon machte sich vor rund 250 Jahren flexible Pläne im Kopf. Wie bei einem Schachspiel oder Puzzle ging er möglichst viele Eventualitäten seiner Schlachten schon Tage und Wochen vorher im Kopf durch, um auf alle oder möglichst viele Eventualitäten vorbereitet zu sein. Er machte sich sogar Notizen oder malte ganze Schlachtpläne auf, um perfekt vorbereitet zu sein. Mindestens drei oder vier Alternativen zog er gleichzeitig in Erwägung, stellte sich möglichst jedes Szenario vor und hier insbesondere das Schlimmste; diese Voraussicht ermöglichte es ihm, in der Regel auf jeden Rückschlag vorbereitet zu sein. Er wurde von keiner Entwicklung überrascht, war idealistisch und realistisch zugleich.

Stellen Sie sich W-Fragen: Was könnte passieren? Auf welche Eventualitäten muss ich vorbereitet sein? Wie reagiere ich, wenn … Wann mache ich was?

- Nach Antworten suchen: So löse ich das Problem: …
- In Wahlmöglichkeiten denken! Überlegen Sie, wie Sie sich verändern müssen, damit sich die Situation verändert. Ändern Sie Ihre Strategie wenn nötig. Aktion!
- Überlegen Sie im Vorfeld, wie Ihr Plan B aussehen könnte. Machen Sie sich in ihrem Coaching-/Führungskräfte-Handbuch Notizen. Schildern Sie Ihren Plan sehr detailliert.
- Schachspieler-Mentalität! Lernen Sie, wie ein Schachspieler zu denken! Die Hochform: Denken Sie in mehreren Zügen voraus. Als geübter Schachspieler haben Sie auch Ihr Gegenüber im Blick. Wie wird der gegnerische Trainer/Gesprächspartner/die gegnerische Partei auf Ihre Züge reagieren?
- Seien Sie entscheidungsfreudig! Zeigen Sie sich in keiner Sekunde hilflos! Wenn Sie das Gefühl haben, etwas verändern zu müssen, handeln Sie blitzschnell – ohne zu lange abzuwägen. Stehen Sie zu Ihrer Entscheidung, und schauen Sie stets nach vorn – und nie zurück!
- Welche Gedanken oder Sprüche können Ihnen helfen? Treten Sie als Leader stark auf, denken Sie in Möglichkeiten, überträgt sich dies auch auf Ihr Team. Es steht und fällt also mit Ihnen. Sammeln Sie Sprüche in Ihrem Coaching-/Führungskräfte-Handbuch oder hängen sie diese gut sichtbar auf. Wiederholen Sie diese immer wieder! Auch Selbstgespräche können helfen, schneller im Kopf umzuschalten – und einen anderen Weg zu wählen:
  - Geht es nicht so, versuche ich es anders.
  - Ich denke in Optionen.
  - Ich denke positiv – aber realistisch.
  - Ich bin mental flexibel.

Überlegen Sie, welche Gefühle Ihnen helfen können. Ist es wichtig, in schwierigen Situationen einen kühlen Kopf zu bewahren? Müssen Sie Ihre Gefühle im Griff haben? Oder ist es wichtig, weiterhin positiv zu denken und an Ihre Coaching-Kompetenzen zu glauben? Auch hier helfen Sprüche und Affirmationen.

Affirmationen
- Ich bleibe cool!
- Ich bin ein disziplinierter Denker!
- Ich liebe den Druck – gib mir mehr davon!
- Ich glaube an mich – in jeder Sekunde!
- Ich bin auf alles vorbereitet!
- Ich handle.

Ob Sonderkommando der Polizei, Notarzt, Pilot oder Feuerwehrmann – es gilt, stets einen Plan B in der Tasche zu haben, auf alles und jede Eventualität vorbereitet zu sein, den Notfall immer wieder zu trainieren. »Ich arbeite mit Wenn-dann-Strategien«, so ein Bundesliga-Trainer, und weiter: »Das bedeutet, dass meine Spieler immer genau wissen, was zu tun ist – in jeder Sekunde! Sämtliche Informationen über den Gegner und wie wir uns verhalten, wenn … schreibe ich stets auf einen Matchplan, den ich schon einige Tage vor dem Spiel in der Kabine aushänge. Ziel ist es, auf alles vorbereitet zu sein, wir haben also immer einen Plan B in der Tasche. Übrigens: Ich mag mündige Spieler. Jeder kann also gegebenenfalls etwas auf dem Matchplan eintragen. Das ist für mich die optimale Vorbereitung.«

Auch Sportlern oder Prüfungskandidaten gibt der Gedanke, auf jedwede Möglichkeit eine Antwort zu haben, ein sicheres, gutes Gefühl. »Egal, was passiert – ich bin optimal vorbereitet und kann auf alles reagieren.«

Wenn Sie Ihre Mannschaft optimal auf den Gegner vorbereitet haben, es am Ende jedoch trotzdem nicht ganz gereicht haben sollte, können Sie auch in der Niederlage Größe zeigen. Sie haben Ihr Bestes gegeben – das zählt.

Fachsprache versus ehrliche Worte Keine Frage – Fachsprache vermittelt Kompetenz und sorgt für die nötige Distanz. Man wird ernst genommen. Natürlich geht es nicht darum, sich hinter zu vielen Worthülsen zu verstecken und am Ende gar nichts zu sagen. Das kann man wunderbar bei manchen Politikern beobachten, denn das gesprochene Wort ist Macht – und häufig auch Unnahbarkeit und Schutz. Aber noch längst kein Tun!

»Wir haben einfach nur Murks gespielt«, so Jürgen Klopp hoch emotional nach einem Gruselkick in der letzten Saison. Das hört sich wahrhaftig an und kann jeder verstehen. Hätte er aber nach einem wirklich schwachen Spiel von einem »harten und fokussierten Fight« gesprochen, bei dem man lange Zeit »auf Augenhöhe« mit dem Gegner war, hätte sich mancher Fan veräppelt gefühlt. Manchmal muss man die Dinge eben auch so raushauen, damit sie jeder versteht. Apropos Augenhöhe: Wahre Experten in Sachen »Sprache« sind hervorragende Rhetoriker. Sie wandeln auf jedem Parkett und können jedem Gesprächspartner auf Augenhöhe begegnen, ob auf der Chefetage, der Hausmeisterloge oder bei den Mitarbeitern am Fließband.

Klaus Steilmann, einer der größten deutschen Textilunternehmer, Mitglied des »Club of Rome« und langjähriger fußballverrückter Präsident der SG Wattenscheid 09 in ihrer ruhmreichster Zeit in den 1980er und 1990er Jahren, hatte genau diese Führungsphilosophie. Einerseits konnte der »Patriarch der alten Schule«, wie er von Weggefährten genannt wurde, hochintellektuell mit ebendiesen weltweit in den obersten Führungsetagen vielsprachig und auf höchstem Niveau debattieren, andererseits am Sonntagvormittag beim A-Jugendspiel der SG Wattenscheid 09 gegen Rot-Weiss Essen an der Hafenstraße in Bergeborbeck mit dem einfachen Mann an der Bude bei Zigarette und Currywurst über den verschossenen Elfmeter oder die Ergebnisse vom Vortag diskutieren. Typisch Ruhrpott eben. Und alle verstanden ihn. Vielleicht machte sein Unternehmen auch deshalb Mode für Millionen – und nicht für Millionäre. Und vielleicht hielt er auch deshalb zu lange am Standort Deutschland als Produktionsstätte für seine Kleidung fest – weil ihm die Menschen am Herzen lagen. Ein Mann des Volkes – und ein Experte in Sachen »Fachsprache« einerseits und dem ehrlichen Wort zur rechten Zeit andererseits.

Jetztzeit leben Erfolgreiche Trainer nutzen bei ihrer Arbeit möglichst jede Minute effektiv. Das gelingt, wenn sie gut vorbereitet sind, die Einheit durchdacht und genau geplant ist und jede Minute auch effektiv genutzt wird – ohne Standzeiten und Leerlauf. Gleiches erwarten sie von ihrem Team. Gerade in einer immer vernetzteren und mit Ablenkungsmöglichkeiten überfluteten Umwelt wird die Fähigkeit zur Konzentration auf das Wesentliche zu einer Kernkompetenz, die man täglich üben muss. Joseph Murphy spricht in diesem Zusammenhang von der Jetztzeit. Seine Kernbotschaft: »Befreie dich von den zwei Dieben: der Vergangenheit und der Zukunft! Sie rauben dir die Gegenwart!«

Während der Trainingszeit und immer dann, wenn man mit seinem Team zusammen ist, gilt es, in der Jetztzeit zu leben. Je mehr dies gelingt, umso mehr ist man mit seinem eigenen Tun im Flow. Und umso intensiver sind die Erfahrungen, die man mit seinem Team machen kann. Genau diese Intensität überträgt sich dann auch auf die Mitarbeiter. So wird jedes Spiel ernst genommen – ob beim Training oder am Spieltag.

Gedanken an die Zukunft ja, aber immer nur im richtigen Kontext, also nicht während des Trainings/der Arbeitszeit oder dann, wenn wichtige Gespräche geführt werden. Auf den Punkt gebracht: »Wenn ich esse, dann esse ich!«, »Wenn ich spiele, dann spiele ich!«, »Wenn ich arbeite, dann arbeite ich!« All das ist in unserer heutigen, schnelllebigen Zeit gar nicht so einfach und muss daher immer und immer wieder trainiert werden – auch und gerade von Experten. Denn nur so macht man den nächsten Schritt!

Don't look at the scorebook! Im Hier und Jetzt sein, voll fokussiert auf den Augenblick, im Training das Beste geben und im Spiel ebenfalls – ohne ständig auf die Ergebnistafel zu schauen! So predigte John Wooden seinen angehenden Basketballstars. Wer sein Bestes in der Jetztzeit gibt, gehört zu den Gewinnern, auch wenn er nicht immer gewinnt. Sich auf die jetzige Leistung konzentrieren – nicht auf das Ergebnis in der Zukunft! Dann kommt alles von selbst. Machen Sie sich also über die tägliche Leistung Gedanken und nicht über die Ergebnisse von morgen: »Focus on running the race rather than winning it!«

Prozess oder Ergebnis? Jeder kennt das Prozedere noch aus der Schule – der Lernstoff wird in gut dosierte Portionen eingeteilt, und am Ende wird abgerechnet. Zunächst wird geübt, um die Leistung dann in festen Abständen zu messen, ein Ergebnis einzuholen. Nicht anders ist das im Profifußball. Unter der Woche wird trainiert und an den Spieltagen abgerechnet. Während im Profifußball eine Tabelle den Ist-Zustand bis hin zur Abschlusstabelle am Ende der Saison widerspiegelt, werden in der Schule über das Jahr hinweg die Noten gesammelt – und auf dem Zeugnis steht abschließend die Durchschnittszensur.

Interessant in diesem Zusammenhang die Frage an Trainer, Führungskräfte oder andere Experten, ob sie sich eher als Prozess- oder Ergebniscoach sehen. Trainer Gertjan Verbeek, nebenbei bemerkt Träger des schwarzen Gürtels in Karate, äußert sich dazu: »Ich bin ein Prozesstrainer, denn ich gehe davon aus, dass man über erfolgreiche Prozesse letztlich zu guten Resultaten kommt. Ergebnisse habe ich geliefert. Wir sind aufgestiegen, haben in Holland den Pokal gewonnen und ich habe über 70 Spiele in der Europa League mit Klubs gemacht, für die internationale Spiele nicht selbstverständlich waren.«

Doch was macht nun einen Prozess- und was einen Ergebnistrainer aus? Klar ist: Beim Prozess steht zunächst die Entwicklung im Vordergrund. Sehen, wie sich junge Spieler mit alten Hasen bewegen, wie ein Zahnrad ins andere greift, ein unbekanntes System umgesetzt wird oder eine neu formierte Mannschaft taktisch dazu lernt. Jürgen Klinsmann spricht in diesem Zusammenhang von der Experimentierphase – auch und gerade in Freundschaftsspielen. Was nicht immer gut ankommt, denn letztlich geht es in der Öffentlichkeit nur um eins: Erfolg!

Und dennoch: Entwicklung funktioniert letztlich nur unter realen Bedingungen in der Praxis. »Sieg oder Niederlage sind für mich absolut zweitrangig, wenn ich sehen möchte, wie sich junge, talentierte Spieler bewegen und entwickeln – auch und gerade unter Wettbewerbsbedingungen«, so Klinsmann. Hierin sind sich Klinsmann und Löw absolut einig. Denn wann soll man als Nationaltrainer ausprobieren, wenn nicht in Freundschaftsspielen? So oder so: Ziel sollte es sein, als Trainer die richtige Mischung zu finden zwischen Prozess- und Ergebnisorientierung.

Wann denken Sie als Führungskraft in Prozessen? Wann in Ergebnissen? Finden Sie die richtige Balance zwischen Prozess und Ergebnis!

Prozessorientierung	Ergebnisorientierung
• Training, üben, ausprobieren, sich verbessern • Feedback nach den Trainingseinheiten geben • Analyse und praktische Umsetzung • Entwicklung der einzelnen Spieler und des Teams • Leistungssteigerung – Spieler immer besser machen wollen • Individuelle Lernwege, jeder kann sich selbst entwickeln, Kreativität	• Spiel • Erkennen, was das Team leisten kann, was der Einzelne/das Team aus dem Training umsetzt • Wo stehen wir? • Erkenntnisse aus dem Spiel fließen in den Prozess/ins Training der folgenden Woche ein (Lernspirale)

Prozessorientierte Entwicklungen fördern »Jeden Spieler jeden Tag ein Stück weit besser machen wollen, das ist unser Ziel«, so Jürgen Klinsmann, der wie kein anderer von Selbstentwicklung und »Learning by doing« überzeugt ist. »Das A und O ist letztlich die Selbstmotivation sowie der unerschütterliche Glaube an die eigenen Stärken, das bloße Wissen, alles an Bord zu haben und mit genau den Fähigkeiten ausgestattet zu sein, die aus dem Beruf als Profifußballer eine Berufung werden lassen. Und dennoch – oder eben gerade deswegen immer dazulernen und sich verbessern zu wollen.« Das bedeutete für die Teammitglieder der Nationalmannschaft 2006: tägliche Extraschichten zu machen, um sich individuell zu verbessern. Genau aus diesem Grund setzte sich Klinsmann alle drei bis sechs Monate mit der Elite zusammen, um mit den einzelnen Spielern individuell zu arbeiten. Eine Gewohnheit, die unter Löw in den folgenden Jahren fortgeführt und evaluiert wurde. Intelligenztests, Persönlichkeitsschulungen, umfassende Datenbanken mit Statistiken, Grafiken und Videosequenzen der Nationalspieler waren die neuen Analyseinstrumente, um objektive Antworten auf möglichst alle Fragen zu bekommen.

»Die Unterschiede in der Leistungsspitze sind gering! Und oft kann ein Spieler noch so talentiert sein – wächst er in den entscheidenden Bereichen nicht mit, macht er die letzten Schritte nicht! Und bleibt ein ewiges Talent oder spielt eben unterklassig – und nicht in den Topligen Europas. Auch aus diesem Grund ist es mir wichtig, dass die jungen US-Spieler, die in Europa Fuß fassen wollen, ganzheitlich betreut werden – in ihrem Umfeld, mental, emotional!«

Jürgen Klinsmann

Erfasst werden seitdem nicht nur die Laktatwerte und medizinische Daten, sondern Ergebnisse in Leistungstests, Schnelligkeit, Kraft, Ausdauer, Koordination und Entwicklung der Vielseitigkeit und die Fortschritte im technisch-taktischen Anforderungsbereich, um den gesamten Werdegang eines jeden Nationalspielers zu durchleuchten. »Wir wollen nicht über den ersten und zweiten Mann auf einer Position alles wissen«, so Hansi Flick, »sondern auch über den dritten und vierten.« Flick setzte als Fachmann für neue Medien Maßstäbe in der Analyse. »Fußball ist das komplexeste Spiel, das es gibt. Du hast 22 Mann auf dem Platz, jeder mit seinen eigenen Problemen, Stärken und Schwächen. Von daher ist Fußball unglaublich schwer vorhersehbar. Je mehr man also weiß, desto mehr lässt sich das Unbekannte und Unwägbare reduzieren.«

Evaluationsbögen zur Selbstreflexion waren fester Bestandteil eines individuellen Spielerhandbuches, das sowohl dem Trainer einen ganzheitlichen Überblick über die Entwicklung und den Leistungsstand des Spielers gab als auch dem Spieler selbst als Verbesserungsgrundlage diente. »Im Anforderungsprofil legen wir die individuellen Stärken fest – und tauschen uns aus, welche Punkte es noch zu verbessern gilt«, so Klinsmann. Neben den fußballerischen Kompetenzen wurden auch die mental-emotionalen Bereiche erfasst, die laut Experten bis zu 50 Prozent ausmachen. Der Trainer kann sich in Entwicklungsgesprächen zurücknehmen, muss nicht ständig reden, kann den Spieler beobachten, wie er sich selbst einschätzt –, und erst dann kommt man ins Gespräch. »Wir beschränken uns bei jedem Gespräch auf höchstens drei Kompetenzen, an denen zukünftig gearbeitet wird. Das fixieren wir schriftlich.«

Weiterkommen durch Selbstwahrnehmung

Das Talent eines jungen Fußballers kann in den Bereichen Physis, Technik und Taktik noch so ausgeprägt sein – mangelt es an Einstellung, der richtigen Lebensweise und dem unbedingten Wunsch nach Weiterkommen, bleibt das Talent ein Talent. Sechs wichtige Bausteine entscheiden über seinen weiteren Weg:

- physische Stärke (physical strength)
- taktische Intelligenz (tactical intelligence)
- technische Fähigkeiten (technical abilities)
- emotionale Stärke/Stabilität (emotional strenghts)
- mentale Belastbarkeit (mental toughness)
- soziale Kompetenz (social competence)

Mentale Belastbarkeit, emotionale Stärke sowie soziale Kompetenzen machen mindestens 50 Prozent aus! Mental toughness, emotional strengths, social competence = 50 Prozent plus x!

Wo stehen Sie derzeit im Moment in Sachen »mentale Belastbarkeit«, »emotionale Intelligenz« und »soziale Kompetenzen«? Schätzen Sie sich – auf einer Skala von 1 bis 10 – selbst ein!

Mentale Belastbarkeit										
Gedankendisziplin	1	2	3	4	5	6	7	8	9	1 0
Fokussierung	1	2	3	4	5	6	7	8	9	1 0
Wettkampfstärke	1	2	3	4	5	6	7	8	9	1 0
WIllensstärke	1	2	3	4	5	6	7	8	9	1 0
Steuerung des idealen Leistungsstandes	1	2	3	4	5	6	7	8	9	1 0
Stressbewältigung	1	2	3	4	5	6	7	8	9	1 0
Entspannung/Erholung	1	2	3	4	5	6	7	8	9	1 0
Wachsamkeit	1	2	3	4	5	6	7	8	9	1 0
Mit Kritik und Rückschlägen umgehen	1	2	3	4	5	6	7	8	9	1 0

Emotionale Intelligenz										
Selbstglaube	1	2	3	4	5	6	7	8	9	1 0
Antrieb/Motivation	1	2	3	4	5	6	7	8	9	1 0
Ständig wachsen wollen	1	2	3	4	5	6	7	8	9	1 0
Selbstvertrauen	1	2	3	4	5	6	7	8	9	1 0
Selbstdisziplin	1	2	3	4	5	6	7	8	9	1 0
Positive Ausstrahlung/Optimismus	1	2	3	4	5	6	7	8	9	1 0
Beharrlichkeit	1	2	3	4	5	6	7	8	9	1 0
Anstrengungsbereitschaft	1	2	3	4	5	6	7	8	9	1 0
Belastbarkeit	1	2	3	4	5	6	7	8	9	1 0
Balance/Ausgeglichenheit/Lifestyle	1	2	3	4	5	6	7	8	9	1 0
Bodenhaftung	1	2	3	4	5	6	7	8	9	1 0

Soziale Kompetenzen										
Teamfähigkeit	1	2	3	4	5	6	7	8	9	1 0
Konfliktfähigkeit	1	2	3	4	5	6	7	8	9	1 0
Offenheit	1	2	3	4	5	6	7	8	9	1 0
Empathie	1	2	3	4	5	6	7	8	9	1 0
Verantwortungsbewusstsein	1	2	3	4	5	6	7	8	9	1 0
Authentizität	1	2	3	4	5	6	7	8	9	1 0
Respekt	1	2	3	4	5	6	7	8	9	1 0
Kommunikation	1	2	3	4	5	6	7	8	9	1 0
Nonverbale Kommunikation	1	2	3	4	5	6	7	8	9	1 0

Flexibilität ist alles Der Beruf des Fußballtrainers bringt viele Vorteile mit sich – aber keine Jobgarantie über längere Zeit. Und so scheint die Verweildauer von 14 Jahren bei einem Club, etwa wie es Otto Rehhagel von 1981 bis 1995 bei Werder Bremen gelang, heute kaum noch greifbar. Noch krasser – und titelhungriger: Sir Alex Ferguson, der in 27 Jahren mit Manchester United als erfolgreichster Trainer Englands 38 Titel gewann! Oder Guy Roux, der von 1961 bis 2005 fast durchgängig AJ Auxerre betreute, dem kleinen Club aus der Bretagne zu nationalem Ruhm verhalf und auch auf der Fußballkarte Europas bleibenden Eindruck hinterließ. Ganz anders die Neuzeit: Bei der Weltmeisterschaft in Brasilien standen von 32 Mannschaften nur noch vier Trainer in der Coachingzone, die bereits beim Weltturnier vier Jahre zuvor in Südafrika auf der Bank gesessen hatten. In der ersten Bundesliga liegt die Verweildauer eines Cheftrainers im Durchschnitt übrigens nur noch bei 18 Monaten.

Umso wichtiger ist es für die Trainer von heute, sich mehr Wissen anzueignen, einen kleinen Stab von Vertrauten (Inner Circle) aufzubauen, um im Falle eines Falles weiterreisen zu können. Dieses Phänomen spiegelt sich nicht nur im Fußball wider. Während es früher für einen Arbeitnehmer keine Frage war, über viele Jahre bei ein und demselben Arbeitgeber zu bleiben, muss man heute wesentlich beweglicher sein – mit allen Vor- und Nachteilen.

Aber Flexibilität hin oder her: Bringen Trainerwechsel überhaupt etwas? Immerhin wird im Durchschnitt in einer normalen Bundesligasaison fast die Hälfte der Trainer ausgetauscht. Erstaunlich in diesem Zusammenhang: Untersuchungen aus der Premier League in England zeigen, dass die Teams anschließend im Durchschnitt nicht besser, sondern sogar schlechter spielen. Nicht anders ist das Bild in Italien oder Spanien: keine signifikanten Veränderungen! »Der Trainerwechsel-Effekt existiert nicht, wenn man den alten und neuen Coach über einen Zeitraum von 10, 15 oder 20 Spielen vor und nach der Ablösung vergleicht«, so etwa Carlos Lagos-Penas von der Universität Vigo, der die Daten aus neun aufeinander folgenden Spielzeiten in der spanischen Primera Division untersuchte.

Doch Ausnahmen bestätigen die Regel: So bot unlängst ein Forscherteam aus Hamburg, Köln und Bielefeld einen differenzierten Blick auf Trainerentlassungen. Demnach kann ein Trainerwechsel für ein Team durchaus von Nutzen sein und zwar genau dann, wenn die Spieler auf der Ersatzbank ungefähr gleich stark wie die Stammelf sind. Denn: Die Bankdrücker wittern ihre Chance und üben Druck auf die Startelf aus. Der Kampf um die Startplätze schürt Motivation, setzt die vermeintlich ersten elf Kicker unter Druck und somit neue Energien frei, die der neue Coach geschickt lenken kann. Je homogener das Team also, desto erfolgreicher kann ein Wechsel in der Coachingzone sein. Ist die Bank allerdings nicht auf Augenhöhe mit der Stammelf, verpufft der Effekt schnell – und das Team schneidet unter dem neuen Trainer kurz- oder mittelfristig nicht besser ab. Übrigens auch dann nicht, wenn ein Trainer nur für kurze Zeit und als Feuerwehrmann engagiert wird. Hier läuft kein Profi extra. Er schaut sich stattdessen aber eher nach neuen Vereinen um.

Neuer Wein in alten Schläuchen Das Lernen hat sich verändert. Auch im Fußballsport. Alles ist wesentlich komplexer geworden, mehr Flexibilität wird verlangt. Noch vor 20 Jahren hatte ein einziger Trainer das absolute Sagen. Auf diesen galt es sich einzustellen, mit ihm auszukommen, von ihm zu lernen. Und heute? Heute kümmern sich fast 140 Spezialisten um die Spieler der 18 Bundesligaklubs. Eine interessante Tendenz übrigens, wenngleich sich jeder einzelne Spieler bei der Vielzahl an Trainern und Ausbildern durchaus die berechtigte Frage stellt: Wer oder was ist überhaupt wichtig für mich? Von wem kann ich etwas Sinnvolles lernen? Wer bringt mich wie weiter? Und was bringt mich vor allem weiter?

Nicht anders geht es jeder guten Führungskraft. Das Richtige vom Falschen unterscheiden, Interessantes filtern, in Bewegung bleiben und dennoch auch auf Auszeiten achten und bei Bedarf mal Nein sagen können. Außerdem: Neuen Wein in alten Schläuchen als solchen auch identifizieren. Und nicht immer gleich auf jeden Zug aufspringen. Das heißt: In vielen Berufsgruppen und Führungsetagen wiederholen sich angeblich innovativste Strategien und Techniken in festen Zyklen – nur anders verpackt, hübsch aussehend, neu betitelt. Das ist im Profifußball mitunter nicht anders. Womit wir wieder bei den wahren Experten-, Methoden- und Laptoptrainern wären. Die sich natürlich auch sprachlich von der alten Garde abheben – ob sinnvoll oder nicht, beurteile jeder selbst. Wussten Sie, dass man heute neudeutsch und wie durch die Hennes-Weisweiler-Akademie in Köln in den jüngsten Jahren propagiert, von Zielspielern oder Wandspielern spricht – und nicht mehr von Stürmern? Aus »Konter« wurde »beschleunigtes Umschaltspiel« und das ehemals deutlich negativ besetzte »Kick and rush« – einst Synonym für undurchdachtes Ball-nach-vorn-

Pöhlen (in der Hoffnung, dass die eigene Sturmreihe den Ball irgendwie schon ergattern wird) und vorzugsweise besonders beliebt bei englischen Clubs in den 1970er Jahren – wird heute als eloquentes und passgenaues »Überspielen der Pressingreihen« tituliert.

Fazit: Vielleicht sind die Unterschiede manchmal minimaler als man meint, die Veränderungen über die Jahrzehnte geringer, als sie sich anfühlen. So lief Armin Hary in den 1950ern handgestoppt 10,0 Sekunden – und Usain Bolt 60 Jahre später mit Hightech-Equipment gerade mal 0,42 Sekunden schneller. Sind das große Unterschiede? Fragt jedenfalls Horst Hrubesch, Trainer der älteren Garde und durchaus erfolgreich, indem er einerseits anderen zuhört – und dennoch am liebsten alles selbst in der Hand hat. »Ich habe 1988 mit Ernst Happel in Wien im Kaffeehaus gesessen. Holland hatte gerade die Europameisterschaft gewonnen und überall hieß es, dass sie Fußball 2000 spielen würden. Da hat er zu mir gesagt: ›Den Scheiß habe ich schon 1948 auf Eiche und Buche gespielt.‹« Eiche und Buche? Damit konnte der damalige Trainerneuling Hrubesch natürlich nicht viel anfangen. Doch Happel klärte ihn bei einer Melange plus Zigarette auf. »Wir haben Eins-gegen-Eins gespielt, Viererkette, zu dritt hinten, mit Libero. Und zwar, nachdem wir mit der Nationalelf im Zug nach Ungarn gefahren sind, wo wir auf Holzbänken gesessen hatten – auf Eiche und Buche! Ernst hat auch ständig nach Büchern gesucht, in denen er Neues über Fußball findet. Er hat dann immer gesagt: ›Es gibt nichts Neues.‹«

Wie immer geht es um den eigenen Weg und das Ziel. Was will ich? Was ist mir wichtig? Wofür stehe ich und für welche Dinge entscheide ich mich? Ob man mit »Hingabe« oder »Motivation« arbeitet und welche neuen Begrifflichkeiten und Wertvorstellungen immer auch die Führungsetagen der Zukunft prägen werden – eine Konstante bleibt: gute Menschenführung. Machen Sie es also wie die Profis: Finden Sie ihr ganz persönliches Trainingsprogramm. Und manchmal ist weniger mehr.

Skills and tools

>»Die beste Methode, um die Intelligenz eines Führenden zu erkennen, ist, sich die Leute anzusehen, die er um sich hat.«
>
> *Niccolò Machiavelli*

Practice 1: Ein eigener Matchplan

Selbstbewusstsein hat, wer weiß, was zu tun ist. Das gilt für jeden Platz dieser Welt – wo immer Sie auch führen. Auf die kommende Aufgabe/ den nächsten Wettkampf bezogen bedeutet eine perfekte Vorbereitung höchste Konzentration auf die Jetztzeit. Vorbereitung ist das Wichtigste! Wissen, Abläufe, Schlüsselsituationen so verinnerlicht zu haben, dass sie im entscheidenden Moment sicher abgerufen werden können. Hier kann ein individueller Matchplan helfen.

Matchplan
- Leadership-Lerntagebuch anlegen, gezielt Schwerpunkte sammeln. Was soll verbessert oder verändert werden? Worauf soll der Fokus gerichtet werden? Wichtiges vor Dringlichem!
- Drei Schwerpunkte pro Woche. Die Drei hat sich in der Lernpsychologie als besonders effektiv erwiesen.
- Mit der kommenden Aufgabe beschäftigen. Optimale Vorbereitung! Zielvisualisierung: Wichtige Abläufe und Aussagen aufschreiben, Notizen und Bilder helfen.
- Unterstützung von außen nutzen. Wer könnte wichtige Inputs oder ein Feedback geben?
- Vorbereitung abschließen! Am Abend zuvor sollte das Üben beendet sein. Nun gilt es, am Spieltag die Intuition zu leben. Im Profifußball: das Tier rauslassen!

Gut vorbereitet zu sein, ist alternativlos! Aus dem Gefühl, etwas immer und immer wieder geübt und verinnerlicht zu haben, erwächst Handlungssicherheit. Aus der Handlungssicherheit erwächst Selbstsicherheit. Aus Selbstsicherheit entsteht Selbstvertrauen.

Practice 2: Visualisierungstraining

Visualisieren bedeutet das Umsetzen von Ideen und Zielen in sinnliche Bilder. Was sehen Sie? Was hören Sie? Was fühlen Sie? Wir können auf diese Weise die Wirklichkeit vorwegnehmen. In einem völlig entspannten Zustand ist visualisieren am effektivsten. Lassen Sie Ihre Erfolge vor Ihrem geistigen Augen in lebendigen, lebensnahen Bildern ablaufen. Wenn Sie zum Beispiel in stressigen Situationen gelassener sein möchten, dann stellen Sie sich in Ihrer Phantasie möglichst lebendige Bilder vor. Sehen, hören und fühlen Sie, wie Sie diese schwierige Situation mit Gelassenheit und Ruhe meistern. Nehmen Sie mit allen Sinnen wahr, wie Sie Ihre Schwächen überwinden und in Stärken umwandeln. Erleben Sie sich mental als Sieger, bevor Sie sich in der Realität der Herausforderung stellen.

Kopfkino
- Suchen Sie sich einen Platz, an dem Sie nicht gestört werden.
- Entspannen Sie sich, schließen Sie die Augen und träumen Sie sich an einen Ort, an dem Sie sich wohlfühlen. Atmen Sie ruhig und entspannen Sie Ihre Muskeln.
- Erinnern Sie sich an ein Erfolgserlebnis, und konzentrieren Sie sich mit all Ihren Sinnen auf Ihre Stärken und Fähigkeiten.
- Stellen Sie sich vor, wie Sie alles richtig machen. Ihre Erfolgserlebnisse sind Erinnerungen, die Sie sich immer wieder durch den Kopf gehen lassen können – wie einen Kinofilm.

Practice 3: Feedback-Taktik

Jede Erkenntnis aus Selbstreflexion bleibt letztendlich lückenhaft und leidet an mangelnder Objektivität. Effektiver erkennen sich Menschen dagegen über Feedbacks. Für Rückmeldungen offen sein, sich vielfältige Quellen suchen, um für das eigene Verhalten und Auftreten wichtige Tipps zu bekommen: Das wertvollste Feedback kommt oft von Freunden, Kollegen oder Gleichgestellten und regt zum Nachdenken an. Also öfter nachhaken – rechtzeitig und regelmäßig, um Verbesserungschancen zu nutzen.

Fußballprofis erhalten eine Vielzahl an Feedbacks über ihr Leistungsvermögen – durch die Medien, Trainer, Videoanalysen, Fans. Es ist schwierig, sachliche von unsachlicher Kritik zu trennen und mittlerweile häufig brutal. In welcher Berufsgruppe wird sonst fast täglich gewertet? Besonders objektiv und zuverlässig erweisen sich Videoanalysen. Um das eigene Tun gezielt weiterzuentwickeln, kann dies ein nützliches Handwerkszeug sein. Es bietet wichtige Erkenntnisse über Leistung, Fehler, Rhetorik, Gestik, Mimik und Körpersprache. Weiterentwicklung durch Videofeedback.

Practice 4: Aus Fehlern lernen

Jeder hat mal einen Tag, der besser hätte laufen können – eine Führungskraft genauso wie ein Spitzencoach. Zu wenig Schlaf, Stress in der Familie oder einfach nicht exzellent vorbereitet und somit nicht im Flow – all das ist menschlich. Und alles wirkt sich auf das Team aus. Läuft es im Team nicht rund, hat dies ganz häufig mit der eigenen Einstellung zu tun. Indem man täglich über seinen Arbeitstag reflektiert, arbeitet man an den eigenen Stärken. Fehler gehören zum Lernprozesses – ohne Fehler kein Wachstum. Folgende Fragen regen zur Reflexion an:

- Was hätte ich anders machen können?
- Was kann ich daraus lernen?
- Wie kann ich die daraus gewonnenen Erkenntnisse in der Zukunft umsetzen?

In Wahlmöglichkeiten denken! Geht es nicht so, mache ich es anders. Den gleichen Fehler nur einmal machen!

Practice 5: Die besten Köpfe

Mit einer exzellenten Strategie ist jede Art des Denkens erfolgreich. Eine Strategie ist die Anleitung zur Umsetzung eigener Ziele, sodass daraus Ergebnisse werden. Der amerikanische Psychologe Wim Wegner wendete in seinen Versuchen eine Kreativstrategie an. Er ließ eine Gruppe alle zwei Stunden einen Intelligenztest durchführen und brachte ihr bei, so zu tun, als hätten sie Einsteins Kopf auf. Dieses Team erzielte ein um zehn Prozent besseres Ergebnis als die Vergleichspersonen, die diese Informationen nicht hatten. Den Kopf eines Könners aufzusetzen bedeutet, dessen Körperhaltung einzunehmen, die Welt aus den Augen des Vorbildes zu sehen, anders mit Informationen umzugehen, anders zu denken und demzufolge auch zu anderen Ergebnissen zu kommen. Nutzen Sie diese erstaunliche Fähigkeit des Menschen, durch Nachahmung zu lernen.

Practice 6: Profil entwickeln

Es geht nicht immer darum, besser als andere zu sein, sondern anders und sich durch das eigene Tun ein Gesicht zu geben, ein persönliches Profil zu entwickeln – der Mensch als Marke. Wofür stehe ich? Wie ist mein Führungsstil? Wofür bin ich bekannt? Was steht heute auf meiner »Visitenkarte«? Und was vielleicht morgen? Starke Führungspersönlichkeiten beziehen Stellung und bauen ihr Netzwerk immer weiter aus.

Jürgen Klopp weiß auf hervorragende Art und Weise seine Marke zu nutzen – groß, dynamisch, schlagfertig und fast immer überzeugend, zeigt er dies auch in vielen Werbungen. Er nutzt sein Markenpotenzial wie viele andere Sportler. Aber auch im Alltag findet man sie, die echten Marken. Je einzigartiger, je unverwechselbarer, desto erfolgreicher kann eine Persönlichkeit sein. Alleinstellungsmerkmale schärfen das Profil.

Kleine Profil-Analyse

- Dafür stehe ich: …
- Mein derzeitiges Projekt finde ich reizvoll und lohnend, weil …
- In den letzten drei Monaten habe ich Folgendes gelernt: …
- Mein »Sichtbarkeitsprogramm« – so nimmt mich die Öffentlichkeit wahr: …
- Wichtige neue Netzwerkkontakte in den letzten drei Monaten: …
- Wichtige gepflegte Beziehungen der letzten drei Monate: …
- Meine wichtigste Aktivität zur Schärfung meines Profils in den nächsten drei Monaten wird sein: …

- Meine Vita hat sich letztes Jahr in folgenden Punkten entwickelt: …
- Dafür werde ich im nächsten Jahr stehen: …

Entscheidend is auf'm Platz

Lassen Sie uns die wichtigsten Merksätze von Key 2 noch einmal zusammenfassen:

- Fleiß und Hingabe sind wichtige Schlüssel, um aus jeder neuen
  (Führungs-)Aufgabe das Beste zu machen.
- Kleinigkeiten zählen! Nur wer Wert auf Kleinigkeiten legt, kann Großes
  erreichen. Das hat nichts mit Erbsenzählerei zu tun. Little things make big
  things happen.
- Profil schärfen!
- Legen Sie die Uhr weg! Stattdessen: effektive Versuche und Wieder-
  holungen trainieren, um selbst besser zu werden – und andere besser zu
  machen.
- Der Weg zum Experten: 10.000 Stunden!
- Achten Sie auf den Unterschied von Aktivität und Fähigkeit. Was ist bloße
  Aktivität? Und wann arbeiten Sie an Ihren Fähigkeiten?
- Wachsen Sie, dann wächst auch Ihr Wert!
- Jetztzeit leben – im Flow sein.
- Flexibles Denken, dynamisches Selbstbild = gute Führung!
- Zu jedem Matchplan gehört auch ein Plan B. Mindestens!
- Gute Führungskräfte begleiten ihre Mitarbeiter immer prozessorientiert.
  Sie denken nur dann in Ergebnissen, wenn es wirklich drauf ankommt!
- Evaluationsbögen helfen, das Team zu verbessern. Selbsterkenntnis
  durch Selbstreflexion!

Key 3: Kommunikation

>»Wo Worte selten, haben Sie Gewicht.
>*William Shakespeare*

First Touch

Notizen der Weggefährten: Frankfurt am Main, Flughafen Fernbahnhof,
30. September 2006, 10.50 Uhr

Sicher und zügig sowie auf die Minute pünktlich rollte der ICE 216 ein – und uns einem neuen Abenteuer entgegen. Extra hatten wir uns an diesem Sonntagmorgen eine Stunde früher als notwendig auf den Weg gemacht, um pünktlich um 12.00 Uhr in der Lobby des Sheraton-Hotels den frisch gebackenen Bundestrainer Deutschlands zu seiner neuen Aufgabe beglückwünschen zu dürfen: Joachim Löw. Die verbleibende Stunde des Wartens wollten wir nun noch nutzen, und so spannten wir nach einem kurzen Gang über die Rolltreppe und vorbei an Brezelständen, Zeitungsbuden und den VIP-Eincheckplätzen der Lufthansa nochmals einen kurzen Bogen von der Vergangenheit über die Jetztzeit bis in die mögliche Zukunft – nachdem wir uns durch die reiselustigen Massen gekämpft und im exklusiven Eingangsbereich des Hotels Platz genommen hatten.

Da saßen wir nun voller Erwartung in der Lobby und fieberten einem neuerlichen Treffen mit Joachim Löw entgegen – oder genauer gesagt: dem neuen Bundestrainer der Fußballnationalmannschaft Deutschlands. Gerade einmal sechs Wochen war es her, seitdem er dieses Amt übernommen hatte und dazu auserkoren worden war, die Geschicke der Nationalmannschaft nun in führender Position zu leiten. Kein Wunder, dass wir ob dieser Veränderung ein wenig aufgeregter als sonst waren! Bis das Klingen des Handys uns aus allen Träumen riss und uns Joachim Löw mitteilte, dass er bei Karlsruhe im Stau stehe, den selbst er als Bundestrainer nicht so ohne Weiteres umsteuern könne. Pflichtbewusst war er also auch – darüber hinaus normalerweise pünktlich und, was uns noch viel mehr begeisterte, offen für Ideen, unkompliziert, ein Vordenker und Feingeist. Genauso stand er uns dann endlich um 12.40 Uhr gegenüber: gut gelaunt, voller Energie, mit Spannkraft und Tatendrang, der ohne große Umschweife gleich loslegte.

»Ich werde die Spielphilosophie von Jürgen weiterführen«, begann er ruhig und gelassen. »Ich werde meinen eigenen Weg gehen und niemanden imitieren. Man muss authentisch bleiben«, fuhr er entspannt und auskunftsfreudig fort. Sein eigenes Profil ohne jegliche Eitelkeiten schnell sichtbar machen. Hier war uns klar, dass es einen sanften Übergang geben würde. »Ich stehe weiter für attraktiven Offensivfußball, flache Hierarchien, offene Kommunikationsformen und Teamwork. Der Trainingsprozess ist zwar zentral gesteuert, aber stark individualisiert und soll weiterhin vom Know-how zahlreicher Spezialisten unterstützt werden«, verriet der entspannte Stratege und exzellente Analytiker.

Neue Ideen, innovative Gedanken mussten her, gleich nach der WM und kurz vor der beginnenden EM-Qualifikation. Es galt, ein anderes Bewusstsein zu wecken, erneut Spannung zu erzeugen, zum Quantensprung anzusetzen. Aber wie? Wie die Weiterentwicklung nach vorn treiben nach einer so emotionalen WM?

Und doch lag es eigentlich auf der Hand – oder besser gesagt in den Händen eines jeden Einzelnen. Jedenfalls hob er ebendiese und philosophierte – mehr mit sich selbst als mit uns –, dass es an der Zeit sei, »es selbst in die Hand zu nehmen«. Ein neuer Gedanke, den es zu kommunizieren galt, war geboren – oder entwickelte sich stetig weiter – oder knüpfte dort an, wo wir vor zwei Jahren in Billerbeck begonnen hatten. Vom individuellen Trainingsplan über das Spielerhandbuch bis zum heutigen Gedanken, die Geschicke selbst in die Hand nehmen zu müssen, es selbst leisten zu müssen – und zwar mehr denn je aus sich selbst heraus. Ohne große Motivationskünste von außen, ohne das mitreißende und euphorische WM-Publikum, ohne den Rausch, der den strahlend sonnigen WM-Monat Juni ergriff und alles und jeden voller Begeisterung, Leidenschaft und Freude mitriss. Grauer Alltag war angesagt. Und mit diesem Alltag eine gehörige Portion innerer Motivation, um die bevorstehenden Hürden des Alltagstrotts, ob in der Slowakei, in San Marino oder auf Zypern – zu meistern. Wahrlich nichts für Feinschmecker!

Das Angestoßene zu verfestigen und konsequent umzusetzen, das Projekt zu vollenden, das war jetzt Löws Job. Mit dem kühlen Sachverstand eines geerdeten Taktikers, geduldig, gut organisiert und so präzise wie ein Schweizer Uhrwerk. Aber auch der »Spielversteher«, der ein motivierendes Vorbild für seine Mannschaft sein möchte.

»Intensiv an den Basics zu arbeiten, um die Fehlerquote zu senken, einfach Dinge perfekt beherrschen – das ist das Entscheidende!«, so sein Credo. Täglich *das Beste zu geben, es selbst in die Hand zu nehmen, mehr denn je für sich selbst verantwortlich zu sein – oder, um es auf den Punkt zu bringen: die Euphorie in sich selbst zu entfachen.*

Einwurf

Natürlich kennen Sie Thomas Gottschalk – und wahrscheinlich auch Dieter Hildebrandt und Hape Kerkeling. Doch was haben alle drei Moderatoren im Allgemeinen und Thomas Gottschalk vielleicht sogar im Besonderen mit Fußballtrainern zu tun? Zum einen streben sowohl Spitzenmoderatoren wie auch Profitrainer nach Perfektion. Und darüber hinaus sicherlich nach Titeln.

Was exzellente Moderatoren und Meistertrainer gemeinsam haben (könnten)

Doch während die Spitzentrainer möglichst Pokale oder »Salatschüsseln« in die Höhe stemmen möchten, sind es auf der Seite der Moderatoren Preise für den besten Unterhaltungswert, für exzellente Auftritte in Rundfunk und Fernsehen. Der Grimme-Preis, vergeben vom Adolf-Grimme-Institut in Marl, ist einer davon – er zählt zu den renommiertesten Preisen für bewegte Bilder in Deutschland, laut Statuten verliehen an Persönlichkeiten, die sich in herausragender Weise um das Fernsehen verdient gemacht haben. Womit wir wieder bei obigen Moderatoren-Protagonisten wären. Denn alle haben sie eins gemeinsam: Sie gehören zur großen Preisträger-Familie des Grimme-Preises, der bereits seit 1964 verliehen wird. Thomas Gottschalk war der Letzte, der im Jahr 2011 die »Meisterschaft« für sich entscheiden konnte. Unter der Bezeichnung »Besondere Ehrung« für seine maßgebliche Prägung des Genres der Fernsehunterhaltung.

Liest man sich die Begründung der Jury durch, stößt man auf Eigenschaften, die fast deckungsgleich auf Meistertrainer übertragen werden könnten – oder zumindest zur Diskussion oder den berühmten Blick über den Tellerrand hinaus anregen. Ausgezeichnet wurde Gottschalks einzigartige und unverwechselbare Rolle in der Fernsehunterhaltung. Seine verblüffende Mischung aus Fröhlichkeit, Schlagfertigkeit, Unbefangenheit und intelligentem Witz bringen unterschiedlichste Menschen zusammen – sie übergreift soziale Schichten und Generationen. Er versteht mit den Menschen zu kommunizieren, sie dort abzuholen, wo sie stehen, sich auf jeder Ebene zu bewegen. Zu seinen Qualitäten gehören außerdem eine spürbare Zuwendung zu seinen Gästen und zum Publikum, eine hohe Präsenz und die »Fähigkeit, mit neuen Konstellationen die Spannung zu halten«. Weitere Schlagwörter: Neugier, Respekt, Interesse und Fairness sowie eine hohe Präsenz, witzige Geistesgegenwart und unübertreffliche Schlagfertigkeit. Nur so konnte er »auch Ausnahmesituationen mit einer Souveränität meistern, die selbst jene anerkannt haben, welche der Bühne der großen Unterhaltung ferner stehen«. Eben meisterhaft!

Kommunikation im Fußball – von Lautsprechern und Nichtssagern Gibt man Begriffe wie »kommunikativ« und »Fußballlehrer« in eine der üblichen Internet-Suchmaschinen ein, stößt man unweigerlich auf sie – auf Trainer, denen der direkte Austausch mit Spielern und Umfeld besonders wichtig scheint. Meist handelt es sich um Profitrainer der jüngeren Generation und schnell werden Vergleiche gezogen – zu Übungsleitern der alten Garde, die eher durch Wortkargheit denn durch offene Kommunikationsformen auffielen. Doch sind heutige Trainer tatsächlich wesentlich kommunikativer? Und was heißt das überhaupt? Ein Blick zurück zeigt: Generalisieren lässt sich das nicht!

Lieber Horst! Mit ganz besonderer Freude und Genugtuung verfolge ich nun schon seit Wochen Ihre anhaltend gute Form in den Spielen Ihres Vereins. Ein Foto auf der Titelseite der heutigen Ausgabe des Sportblattes musste ich mehrere Male betrachten, um mich zu überzeugen, dass ich auch richtig gesehen hatte. Dieses Foto zeigt Sie nämlich in Schussstellung mit dem linken Fuß und Ihre Haltung zum Ball lässt erkennen, dass dieser Schuss auch flach werden wird. Das ist eine freudige Feststellung, die mir zeigt, wie fleißig Sie daran gearbeitet haben, Ihre Schwächen auszumerzen … Hauptsache ist aber, lieber Horst, dass Du immer daran denkst, dass der Erfolg in Saarbrücken und auf der Weltmeisterschaft in hohem Maße davon abhängen wird, wie es Dir gelingt, Deine Gegenspieler »abzumelden«. In alter Verbundenheit Ihr Sepp Herberger

So kann man Sepp Herberger, legendärer Trainer der deutschen Nationalmannschaft und Wegbereiter und -begleiter des »Wunders von Bern« durchaus als einen Meister der Kommunikation bezeichnen – unter damaligen Aspekten. Herberger schrieb seinen Spielern immer wieder seitenlange Briefe. Und das aus gutem Grund. Schon damals waren die Nationalspieler nicht immer greifbar. Als Amateure gingen sie arbeiten – und am Wochenende in den verschiedenen Regionalligen auf den Platz. Da konnte es durchaus sein, dass man sich über Monate nicht sah. Herberger ließ der Gedanke nicht in Ruhe, dass er seine Spieler nur begrenzt zur Verfügung hatte. Und da sicherlich nur wenige Spielerhaushalte mit einem Telefon verbunden waren, gab er immer wieder postalisch Tipps und Anregungen zur Verbesserung ihrer Spielanlagen. Auch sah er sich die Vereinsspiele an und schrieb mal mahnende, mal aufmunternde Worte. Die Fernbetreuung ging sogar so weit, dass auch Aufnahmen in Sportzeitungen nicht vor Herbergers wachsamen Auge und seinen Beurteilungen sicher waren.

»Männer, wenn die anderen in eurem Verein dienstags und donnerstags trainieren, dann nehmt ihr noch den Montag, den Mittwoch und den Freitag dazu. Wenn die anderen an ihr Vergnügen denken, denkt ihr an eure Kondition. Wenn ihr es im Sport zu was bringen wollt, muss sich eure ganze Lebensweise danach richten. Es versteht sich wohl von selbst, dass Rauchen, Trinken und unvernünftiges Essen für einen angehenden Nationalspieler nicht in Betracht kommen.«

Sepp Herberger

Doch nicht nur die Spieler Herbergers bekamen häufig Post, auch die Gattinnen wurden immer wieder eingebunden. 1952 bedankte sich der Bundestrainer beispielsweise in einem langen Brief bei Italia Walter, Frau des legendären Spielführers Fritz Walter, für ihren Beitrag zur Formverbesserung seines Lieblingsspielers. Sinn der positiven Rückmeldungen war es, eine leistungsfördernde und motivierende Lebensumgebung für Fritz Walter zu schaffen. Überhaupt sah er in den Spielerfrauen Bündnispartner, die mithalfen, »dem Manne während seiner Zugehörigkeit zur Nationalmannschaft eine solide, gute Existenz aufzubauen«.

Sepp Herberger muss früh erkannt haben, dass Menschen nur dann zu 100 Prozent leisten können, wenn auch das Umfeld in der Balance ist – neudeutsch gesagt – eben der ganze Mensch gefördert und gefordert wird, und das auf allen Ebenen. Geprägt durch die eigene Geschichte, in der er als junger Mann in den 1920er Jahren mit der Gefahr des sozialen Abstiegs konfrontiert war, schien er seiner Zeit voraus, als Visionär wie auch als Vaterfigur für seine Spieler. Jupp Posipal, Spieler von Arminia Hannover sowie dem Hamburger SV und einer der WM-Helden von Bern, schrieb einmal sehr vertraulich: »Immer wieder bin ich glücklich darüber, dass ich in Ihnen einen so großen Halt gefunden habe.« Herberger muss neben seinen immensen fachlichen Kenntnissen, einem unglaublichen Antrieb – er bezeichnete sich selbst als Besessener – eben auch über einen hohen Grad an Soft Skills verfügt haben, einer sozialen Ader sowie enormer sozialer, emotionaler und psychologischer Kompetenz.

Er kümmerte sich um die Lebensbelange seiner Spieler, ohne ihnen etwas abzunehmen, aber eben mit einer klaren Vorgabe und fand für jeden Spieler die richtige Ansprache, die richtigen Worte. Für den hochsensiblen Fritz Walter Ansporn und Aufmunterung, für sein Sorgenkind Helmut Rahn bestimmte, feste Vorgaben. Einerseits also individuell und persönlich, andererseits auch in Teambesprechungen den Nerv der Mannschaft treffend, kommunikativ und wertevermittelnd und bis heute aktuell: »Stolz in der Niederlage und Bescheidenheit im Sieg, das zahlt sich letzten Endes aus.« Überhaupt muss der mündliche Austausch mit Mannschaft und Presse stets von größtem Unterhaltungswert gewesen sein, denn wer kennt sie nicht, die typischen Herberger-Sprüche, mittlerweile fast Weisheiten mit Strahlkraft weit über den Fußball hinaus.

Doch Presse und Trainer – das ging auch anders. Wesentlich schweigsamer gab sich da der an anderer Stelle schon erwähnte Ernst Happel – zumindest auf den ersten Blick. Galt er doch als unantastbar, schroff und gern grantelnd. Typisch Wiener Schule eben. So ereilte es zumindest Thomas Böcker 1993 als Journalist des »Kicker«. Der HSV war gerade mit dem Gewinn des Landesmeisterpokals auf der Spitze des Erfolgs angelangt, da traf er den frisch gebackenen Champion-Trainer grimmig dreinblickend durch ein Bukarester Hotel schlendernd – als ob der Erfolg von vorgestern gewesen wäre. Auf die Bitte nach einem Interview folgte ein kurzes, aber bestimmtes »Na!«, ehe er im Aufzug verschwand. Abgeblitzt auf ganzer Linie.

Überhaupt hatte Happel ein gespaltenes Verhältnis zur Presse. Motto: »Schreiben's, was Sie woll'n, ist mir eh wurscht.« Doch der Schweiger, Miesepeter, Grantler konnte auch anders kommunizieren. So wurde Günter Netzer des Öfteren in seiner Funktion als Manager des HSV gefragt, ob er ein Interview vermitteln könne. Auch er wusste, das dies kein leichtes Unterfangen war. Doch letztlich entschied bei Happel oft das Gefühl. »Happel kam mürrisch an den Tisch, die beiden fingen an zu sprechen. Am Ende musste ich sie nach drei Stunden trennen, damit das Gespräch nicht völlig den Rahmen sprengte.«

»Herr Happel, haben Sie mal fünf Minuten Zeit?« »Woas willst? Willst an Roman schreiben?«

»Happel lebte eben von seiner Intuition. Er hat auch Dinge getan, die man nicht verstanden hat – so wie Pep Guardiola. Aber es kamen fast immer geniale Sachen dabei heraus.«

Günter Netzer

Auch die Kommunikation mit der Mannschaft muss zwei Seiten gehabt haben: hier der Mann der wenigen, aber klaren Worte, dort der lebenslustige Trainer, der gern Karten spielte, gelegentlich im Casino zockte oder beim Heurigen philosophierte und von seinem Musterschüler Horst Hrubesch als »lebensfroher Mensch und guter Typ« beschrieben wurde. Felix Magath glaubt, dass ein Geheimnis von Happels Erfolg auch in den knappen Ansprachen lag: »Meistens hat er gar nicht gesprochen. Und wenn, dann nur in einem Kauderwelsch, das so schwer zu verstehen war, dass wir uns sehr konzentrieren mussten, um alles mitzukriegen.« Ein Kauderwelsch, das er sich im Laufe seiner Trainerlaufbahn angeeignet hatte – aus Wienerisch, Holländisch, Belgisch und Englisch. Jedenfalls gebrauchte er Wörter, die Günter Netzer und Co. noch nie gehört hatten. Und doch kamen die Botschaften an. Ein Typ eben, der je nach Lust und Laune kommunizierte.

Felix Magath, Happels damaliger Mittelfeldstratege beim HSV und legendärer 1:0-Torschütze des oben erwähnten Landesmeistertriumphes, machte es in seiner zweiten Laufbahn als Trainer ähnlich – und doch wieder anders. Er zog es meist vor zu schweigen. Magaths bekanntestes Kommunikationsmittel ist bis heute ein Alleinstellungsmerkmal. Häufig saß er nur da, schaute still in die Runde und rührte derweil in seinem heißen Tee, am liebsten mit Honig. Neue Spieler berichteten oft von diesem Ritual, genauso wie ehemalige Kicker, die teilweise wie Marionetten ausgetauscht wurden. Fünf Minuten und länger konnte das Schweigen dauern, bis die ersten Worte fielen. Eine Machtprobe? Ein detaillierter Blick? Oder einfach nur eine Angewohnheit, um zur Ruhe zu kommen? Wahrscheinlich von allem etwas. Bayern Münchens ehemaliger Manager Uli Hoeneß beschwerte sich jedenfalls lauthals, dass Magath so wenig redete, doch möglicherweise übersah er, dass Magath häufig mit dem Auskundschaften beschäftigt war, positiv gesehen eben ein exzellenter Beobachter mit scharfem Blick für das Detail. So oder so: Dieser Art der Kommunikation hielt nicht jeder stand und so mancher Fußballprofi mag heute noch Schweißausbrüche bekommen, wenn er sich gedanklich in die eine oder andere Sitzung zurückversetzt fühlt.

Magaths einzige Sprache war jedenfalls die des Fußballs. Die Sprache der Konzernmanager war ihm dagegen fremd, wenngleich er als Angestellter des VfL Wolfsburg mit vielen Mitarbeitern des Vereins zu tun hatte. Die VW-Bosse waren es gewohnt, dass es Konferenzen gab und Hierarchien eingehalten wurden, doch Magath umging sie zumeist, traf sich nur auf dem kleinen Dienstweg mit dem ehemaligen Vorstandsboss Winterkorn. Hier konnte er hinfühlen, ob das Vertrauen noch gegeben war. Kommunikation auf anderen Ebenen fand kaum statt – auch hier: schweigen.

»Was das Einbeziehen der Mannschaft angeht: Wir stimmen über Entscheidungen nicht ab – damit mich niemand falsch versteht. Echte Demokratie herrscht nicht. Aber die Meinung der Spieler ist mir durchaus wichtig. Ich beziehe sie in die Überlegungen mit ein und versuche die Spieler auch mal zu überzeugen, wenn ich von Dingen glaube, dass sie gut für uns sind. Eine Mannschaft setzt Sachen ganz anders um, wenn sie davon total überzeugt ist.«

André Schubert

Ganz anders dagegen der Champion-Trainer des VfB Stuttgart aus dem Jahr 1992: Christoph Daum. Er sprach die Dinge des Öfteren so an, wie er sie fühlte, hielt wenig von Understatement – und wurde wohl auch deswegen in der Presse als Lautsprecher bezeichnet. Jedenfalls löste sein

Erscheinen stets größtes überregionales Interesse aus, sobald er bei einem Club, ob national wie auch international, anheuerte. Strahlkraft, Macht der Worte, Motivation. Ein Spruch eines Spielers von Christoph Daum sagt eigentlich alles: »Wenn du nur 1,65 m groß bist und mit Daum sprichst, dann fühlst du dich wie 1,85 m.« Worte, die motivierten und Aktionen, zur Erweiterung der Grenzen – vom Laufen über Scherben bis hin zu Duftkerzen in der Umkleidekabine für das Siegergefühl. Teils genial, teils extrem – eben 100 Prozent Daum-Kommunikation.

Doch zurück zu den oben erwähnten Trainern der jüngeren Generation, die sich häufig in Vorstellungsrunden und Interviews als kommunikativ bezeichnen und auch aus diesem Grund im modernen Spitzensport gesucht werden. »Fachliche Qualitäten, eloquent, ein guter Kommunikator« – so oder ähnlich äußern sich viele Manager der Bundesliga, wenn mal wieder ein Wechsel auf der Trainerposition ansteht. Ist dann noch Stallgeruch und ein Stück weit Erfahrung vorhanden, umso besser. Denn fachlich kompetent sind auch bedingt durch die immer anspruchsvollere Trainerausbildung des DFB die meisten, doch Kommunikation und Führung? Das lernt man nur durch Machen!

»Umgang und Kommunikation mit einer Mannschaft kann letztlich nur die Praxis lehren«, sagte Bremens Co-Trainer Florian Kohfeldt, der 2015 als Bester abschloss. Umso erschreckender, dass möglicherweise genau an diesem Punkt viele Trainer scheitern. Denn schaut man sich die Jahrgangsbesten der letzten 15 Jahre an, so sind nur wenige Trainer ganz oben angekommen – oder schnell wieder von der Bundesliga-Oberfläche verschwunden.

Lehrgangsbeste der Trainerausbildung des DFB 2005–2015

2015: Florian Kohfeldt
2014: Achim Beierlorzer
2013: Frank Kramer
2012: Alexander Zorniger
2011: Jan-Moritz Lichte
2010: Mario Himsl
2009: Holger Stanislawski
2008: Dirk Schuster
2007: Karsten Baumann

2006: Markus von Ahlen

2005: Robin Dutt und Kai Timm

Vielleicht liegt es ein Stück weit auch an der Kommunikation. Natürlich, Fachsprache ist wichtig und wird von den Fußballprofis, die auf höchstem Niveau ausgebildet werden, auch immer wieder eingefordert. Von der hängenden 8 bis zur kippenden 6. Und schnell gehört man als Trainer der alten Schule wirklich zur alten Schule, wenn man da nicht mithalten kann. »Respekt und Autorität hängen nicht von einem Du oder Sie ab. Vielmehr von fachlicher Qualifikation«, so André Schubert, derzeitiger Trainer von Borussia Mönchengladbach. Doch Kommunikation beschränkt sich eben nicht nur auf Fachsprache, vielmehr auch auf Mitsprache und die schon erwähnten flacheren Hierarchien, auf die richtigen Worte im rechten Moment. Heutige Spieler möchten anscheinend in die Entscheidungsprozesse einbezogen werden, mitreden können, ernst genommen werden.

Kommunikation – ein wahrhaft weites Feld. Und wieder macht es wohl die Mischung aus, die richtige Balance. Auf den Punkt bringt es Horst Ehrmanntraut, Trainer vieler Vereine in den vergangenen Jahrzehnten, Aufstiegsheld des SV Meppen, den er über Jahre in der zweiten Liga hielt. »Über die In-Trainer wie Guardiola oder Tuchel brauchen wir nicht zu reden, die kriegen sowieso genug Lob. Von Anfang an beeindruckt hat mich der Weg von Ralf Rangnick. Er hat seinen Job immer mit sehr viel Geistigkeit ausgefüllt, das zeichnet ihn bis heute aus. Ein ganz anderer Typ, der mir aber ebenso gut gefällt, ist Huub Stevens. Er ist unheimlich direkt und authentisch. Bei ihm spürst du als Spieler auch ohne Worte ganz genau, woran du bist.« Und das ist wohl meisterhaft.

Kurzpass

Kommunikation ist alles, weil ich in unserer Gesellschaft selten bis nie allein bin. Ständig kommuniziere ich. Verbal oder auch nonverbal. Das wiederum bedeutet, dass der Mensch mit einer guten Kommunikation, geprägt durch eine gute, sichere Rhetorik und mit einer souverän positiven Ausstrahlung auf nonverbaler Seite in unserer Gesellschaft eine gute Führungskraft sein wird. Also auch ein guter Trainer.

Jörg B.

Wer oder was fällt Ihnen dazu ein?

Eigentlich fällt mir dazu ein, meine Aussage zu korrigieren, die ich eben gemacht habe…
Kommunikation ist nicht alles.
Sondern ein Baustein neben vielen anderen.

Ralf z. L.

Chaos hinter den Kulissen. Die Mannschaft steht noch nicht: keinen Neuner, keinen Dreier, keinen TW! Blutjung, keine große Qualität, Abstiegskampf vom ersten Tag. Arbeite 16 Stunden am Tag. .. Herausforderung oder Mission impossible... Mal gucken … Aber das Team folgt mir. Ach ja, Kommunikation: Alles auf Niederländisch und Englisch.

Peter H.

Und Sie?

Wir müssen uns mal wieder austauschen – fällt mir dazu ein.

Katrin H.

Impulse aus der Coachingzone

»Before you even say a word, the team sees your face,
the look in your eyes, even your walk.
Show the face your team needs to see.«

Mike Krzyzewski

Kommunikation versorgt Menschen mit Sinn – oder sollte es wenigstens. Sie ist der einzige Weg, eine Gruppe dazu zu bringen, sich für die übergeordneten Ziele einer Organisation einzusetzen, Strategien umzusetzen, Visionen durchzusetzen. Es ist die Kunst eines Führenden, die Botschaften klar und bestimmt zu vermitteln – und sich auf jeder Ebene verbal bewegen zu können, verstanden zu werden; in Ansprachen, Moderationen, einzelnen Unterredungen, bei Gruppengesprächen, Konferenzen, im Small Talk zwischen Tür und Angel oder Feedback- und Entwicklungsgesprächen.

All das geht nur durch angemessene Kommunikation. Nur so können Führende ihre Träume, Vorstellungen und Visionen anderen zugänglich machen, andere für etwas begeistern. Überhaupt sollten sich Begeisterung und Kommunikation einander ergänzen. Je verlockender, je greifbarer eine Vision durch Worte, Bilder und Metaphern kommuniziert wird, desto erfolgversprechender. Je sinnhafter, desto besser.

Gute Kommunikation auf allen Ebenen benötigt entsprechendes Handwerkszeug. Denn je größer und komplexer ein Team, eine Organisation, desto überzeugender müssen Sie auftreten – und auf umso mehr Widersacher, Gegenspieler oder Interessengruppen werden Sie stoßen. Prepared heißt hier das Zauberwort. Auf alles vorbereitet sein – im Kleinen wie im Großen. Die Hochform: ein starker Auftritt – inhaltlich wie auch äußerlich.

»Für mich war immer ein Trainer dann ein guter Trainer, wenn er sehr knapp, mit konsequenten Worten und auch in direkter Art die Spieler erreichen konnte. Und wenn sich ein Trainer nicht verliert in Fünf-Minuten-Vorträgen. Das war für mich immer ganz wichtig.«

Jürgen Klinsmann

Präsenz Fußball-Lehrer kennen das Gefühl – und überhaupt alle, die in der Erziehung und Weiterbildung arbeiten oder häufig vor Teams und Publikum präsentieren oder vortragen dürfen: Die Sache mit dem Zuhören: »Spätestens nach zehn Minuten schalten die Jungs ab!«, resignierte schon so mancher Bundesligatrainer achselzuckend. Und das, obwohl alle rhetorischen Mittel der Kunst gezogen wurden. Kleine Geschichten, Motivationsfilme, Kopfkino!

Aber Hand aufs Herz: Haben Sie sich nicht auch schon mal bei einem Vortrag gelangweilt? Oder sich geärgert, weil kostbare Zeit verstreicht? Oder sich gedanklich auf Reise begeben – und wenn es nur bis zum eigenen, mit Arbeit vollgestopften Schreibtisch war? Und wer kennt sie nicht, die berühmten Powerpoint-Orgien von Seite 1 bis x.

Im Profifußball ist das nicht anders. Und die Motivationsreden können noch so groß sein – nicht immer erreichen sie die angepeilte Wirkung, denn nicht immer sind alle über einen längeren Zeitraum gedanklich online. Bis hin zu Langeweile, Unruhe, Rastlosigkeit – und das zeigt sich hinterher auch beim Training oder im schlimmsten Fall im Spiel auf dem Platz. Unkonzentrierte Aktionen, Anweisungen, die nicht ankommen oder nur unzureichend umgesetzt werden oder ein frühes Gegentor. »Wir waren nicht auf dem Platz«, so ein gern zitiertes Argument. Das Ende vom Spiel: geringer Lernzuwachs, zu viele Standzeiten, Übungen, die ins Leere laufen oder eben eine Niederlage. In solchen Momenten gilt es von Anfang an die Oberhand zu bewahren, ruhig und bestimmt aufzutreten, für Konzentration und Aufnahmebereitschaft zu sorgen und kurze Informationen zu vermitteln, die ankommen und zu 100 Prozent umgesetzt werden können – meisterhaft coachen eben.

Energetisch und voller Spannkraft Jedes Training steht und fällt mit dem Coach, jede Schulstunde mit dem Lehrer – und jede Konferenz oder Präsentation mit dem Referenten. Dazu gehört eine optimale Vorbereitung genauso wie Ihre Gestik, Mimik und Körpersprache. Gehen Sie davon aus, dass Ihr Team unbewusst viel wahrnimmt – und schon ein Blick in Ihre Augen kann verraten, wie Sie sich fühlen. Mitarbeiter spüren, ob ein Vorgesetzter energetisch und voller Spannkraft auftritt oder ob er mit anderem beschäftigt ist. Achten Sie also darauf, möglichst im Hier und Jetzt zu sein und mit Körperspannung aufzutreten.

Ruhig und bestimmt Auch wenn es sich für den einen oder anderen Führenden zunächst einmal befremdend anhören mag: Hilfreich kann das imaginäre Bild eines Türstehers sein, der mit beiden Füßen nebeneinander und fest geerdet etwas breiter steht und mit aufrechtem Körper ruhig und bestimmt klare Anweisungen gibt. Seine Arme sind dabei in einem rechten Winkel gebeugt, die Hände geöffnet.

Türstehermentalität – Eine besondere Art der Kommunikation für den besonderen Moment

- Körperspannung
- Stärke, Kraft
- Konzentration
- gute Beobachtungsgabe
- alles im Blick
- fokussiert
- wenige, aber klare Worte

Am Rande größerer Fußballspiele tummelt sich immer eine Vielzahl an Securityleuten. Viele wirken natürlich zunächst schon durch ihre Größe und Breite. Doch bei gut ausgebildetem Sicherheitspersonal kommt auch der Blick und die Wahrnehmung hinzu – sowie die häufig sehr ruhige und bestimmte Art.

»Er stand mit dem Rücken zu Dir, aber wenn einer beim 20-Meter-Sprint schon nach 18 Metern auslief, kam wenig später ein knapper, aber energischer Hinweis; der schien überall seine Augen zu haben.«
Holger Hieronymus über Ernst Happel

Jerry, ehemaliger Marine und einer der festen Begleiter der US-Nationalmannschaft, konnte sich bei Kaffee und Croissant höflich mit uns austauschen, um sich im nächsten Moment wieder punktgenau fokussiert auf eine bekannte oder unbekannte Person, die den Raum betrat, zu fixieren. Näherte sich diese einem Spieler oder dem Trainerteam, stand er in der nächsten Sekunde auf, stellte sich mit fester Körperspannung blitzschnell dazwischen und bat höflich, aber klar um Einhalt. Alert! Wachsam! Gelingt es Ihnen als Führenden mit einem gut strukturierten Konzept und einer starken Körpersprache die nötige Ruhe und Bestimmtheit auszustrahlen, werden Ihre Zuhörer von Anfang an wachsam sein.

Körpersprache, Tonalität, Botschaft Doch wieso beeindrucken uns geradlinige, präsente Menschen so? Das erklärt die Neuropsychologie: Es ist in erster Linie die Körpersprache, die bei Ihrem Gegenüber ankommt und über längere Zeit in Erinnerung bleibt. Gefolgt von der Tonalität Ihrer Stimme (Betonung, Veränderung der Tonlage). Ihre Botschaften, die Sie mit Worten vermitteln möchten, bleiben dagegen am wenigsten hängen und werden meist schnell wieder vergessen. In Zahlen drückt sich das folgendermaßen aus: Nur rund 7 Prozent der gesprochenen Wörter bleiben beim Zuhörer längere Zeit im Gedächtnis, jedoch zu 38 Prozent die Tonalität der Stimme und gar zu 55 Prozent das äußere Auftreten – also Ihre Gestik, Mimik, Körpersprache.

Wie der Führende geht oder steht, wird er von seinem Team auch wahrgenommen. Ein aufrecht gehender Coach, geradlinig in seinem Bewegungsablauf, wird auch klar in seiner verbalen Botschaft sein – und erreicht somit die volle Aufmerksamkeit seiner Spieler. Tritt er dagegen energielos auf und lässt die Schultern hängen, fehlt meist auch die Kraft in der Stimme – und die Spieler schalten ab.

Wie aber verbale Botschaften rüberbringen, wenn sie nur in sehr geringem Maße beim Zuhörer haften bleiben? Meistertrainer haben hier eine Lösung gefunden. Sie lautet: kurz und prägant. Sie ist für alle Übungsleiter sowie Führende in Bildungseinrichtungen besonders wertvoll, lässt sich aber auch auf andere Organisationen übertragen.

Von Experten lernen, strukturiert üben – kurz und prägnant Erfolgreiche Trainer trainieren anders. Das haben langjährige Untersuchungen ergeben. Sie halten selten nur Motivationsreden, sind häufig eher ruhig und bestimmt und denken strategisch. Bei Niederlagen suchen sie nicht die Schuld im Pech oder Unvermögen, sondern hinterfragen ihre Arbeit und nutzen Strategien, mit denen sie korrigieren können. Sie haben einen großen Erfahrungsschatz und sind Experten auf ihrem Gebiet. Sie reden wenig und geben gezielte Anweisungen. Übungen und Abläufe zerlegen sie präzise in einzelne Bestandteile.

Durch präzise Anweisungen Aktivitäten auf dem Platz verbessern Je präziser Trainer bestimmte Übungsformen in kleinere Einheiten – und hier haben sich drei Schritte als besonders effektiv erwiesen – zerlegen, desto mehr lässt sich eine Aktivität/Übung verbessern. Die Anweisung sollte darüber hinaus kurz und prägnant sein. Wissenschaftler sprechen in diesem Zusammenhang von einer »mentalen/emotionalen Konditionierung« oder anders gesagt von Anweisungen, die das Gehirn besonders gut aufnehmen und umsetzen kann. Sagen Sie zunächst, was zu tun ist, erklären Sie in einem zweiten Schritt, wie es zu tun ist, um drittens darauf einzugehen, wie sich die Aktivität verbessern lässt.

Präzise Anweisungen

Präzise Anweisungen sollten immer aus drei Teilen (positiver Input, Fehler, positiver Input) bestehen, beispielsweise:

- Wie etwas zu tun ist.
- Wie es falsch gemacht wurde.
- Wie es richtig gemacht werden kann.

In der Fußballpraxis könnte sich das so anhören:

- Passe den Ball mit der Innenseite deines Fußes. Standbein neben den Ball! Den Ball genau in der Mitte treffen.
- Ball mit der Spitze getroffen! Zu tief! Zu unpräzise!
- Ball in der Mitte treffen! Fußspitze zeigt nach außen! Locker durchschwingen!

Der Großteil einer Anweisung sollte sich auf pure Information und Korrektur beschränken, und zwar kurz und knapp! Auch Lob und Kritik sollten immer zielgerichtet sein. Loben Sie also nicht mit den Worten »Das hast du gut gemacht«, sondern loben Sie immer die Handlung: »Du hast den Ball sauber gepasst.« Und üben Sie auf gleiche Art und Weise Kritik, indem Sie Verbesserungsvorschläge kurz und prägnant äußern: sechs Prozent Lob, sechs Prozent Kritik, mehr als 78 Prozent pure Information.

Erfolgreiche Trainer, Lehrer oder Mentoren schwingen also keine großen Reden. Sie dozieren weder stundenlang vor ihrem Publikum, noch halten sie Vorlesungen oder Predigten. Unmissverständlich und klar sind ihre Anweisungen. Das kommt an. Der schon an anderer Stelle zitierte Basketballcoach John Wooden ließ in den 1970er Jahren eine Saison lang seine Rhetorik aufzeichnen. Das Ergebnis: Seine Anweisungen waren im Durchschnitt nur vier Sekunden lang. Die Schlussfolgerung: Coaching ist kein Rhetorikseminar – weder in der Schule, der Universität noch auf dem Fußballplatz. Stattdessen wird eine Verbindung zum Lernenden aufgebaut, um nützliche Informationen punktgenau weiterzugeben.

Werte, die verblüffen Besonders erfolgreiche Trainer loben und kritisieren wenig. Sie legen ihr Augenmerk auf pure Information. Sie geben Informationen immer kurz, knapp, bestimmt und anschaulich, und sie achten auf eine Abfolge von klaren Anweisungen, um Ihre Spieler in die richtige Richtung zu lenken.

Die Hochform: durch kurze und präzise Informationen (Stakkato-Rhythmus) alle Spieler im Trainingsfluss halten. Nonstop-Training – jeder ist in Bewegung.

Die Hochform: Stakkato-Rhythmus
- »Schnelle Pässe. Präzise spielen. Gut Marco, genau so!«
- »Zügiger abgeben. Jetzt!«
- »Dribbeln und sofort den Abschluss suchen!«
- »Ball erobern, umschalten, angreifen!«
- »Suche den Zweikampf! Behaupte dich! Ja, sehr gut, Marco!«

Kommunikations- und Coachingkompetenz, die so oder in ähnlicher Form in der Elite des deutschen Fußballs umgesetzt wird: Beobachtet man beispielsweise das Training der Nationalmannschaft – und hier insbesondere den Trainer selbst – erlebt man Joachim Löw in seinem Element. Voll bei der Sache. Im Flow. Höchste Konzentration. Meist steht er da, leicht vorgebeugt, die Hände auf dem Rücken verschränkt. Oder er geht auf und ab und beobachtet die einzelnen Übungen seiner Spieler im Detail. Bemerkt er eine Nachlässigkeit, einen Fehler im Spielsystem, unterbricht er die Einheit sofort und erklärt deutlich und präzise, was falsch gemacht wurde und was es zu verbessern gilt. Seine Erklärungen unterstützt er dabei durch kurze, prägnante Bewegungen in Gestik und

Körpersprache. Gleiches kann man auch bei individuellen Trainingseinheiten erkennen. Hier stellt sich der Trainer meist rechts neben den jeweiligen Spieler, um ihm kurze Input zu geben. Teilweise verbunden mit einer leichten Berührung an Rücken oder Schulter zur Verstärkung. Natürlich gibt es auch Momente, in denen gemeinsam gelacht und geflachst wird – doch im Normalfall herrscht höchste Konzentration. Minutenlang. Bis zur nächsten Übung.

Konkrete Formulierungen Wie aber können Trainer, Lehrer, Übungsleiter oder Führende anderer Organisationen dieses Wissen nutzen? Auf den Punkt gebracht: keine schwammigen Ausdrucksweisen! Denn genau das ist ein weit verbreiteter Fehler bei Lehrern, Trainern und Co. Wenn ein Torwarttrainer seinem Torwart beispielsweise sagt, er soll die Hände höher nehmen, ist diese Anweisung unpräzise. Wie hoch soll er denn die Hände nehmen? Bis zu den Schultern? Über den Kopf? Auf Brusthöhe? Besser: »Halte die Hände auf Ohrenhöhe!«

Ein Musiklehrer heizt seinen Flötenspielern ein: »Ihr müsst das Lied schneller spielen!« Konkreter: »Richtet euch nach dem Metronom!« Und auch in der Arbeitswelt anderer Führungsetagen lassen sich durch konkrete Kommunikation Unklarheiten vermeiden. Achten Sie also als Chef Ihrer Organisation ebenfalls auf präzise Vorgaben: »Arbeiten Sie bitte enger mit dem Verkaufsteam zusammen!«, klingt vage. Genauer: »Bitte sprechen Sie sich jeden Morgen zehn Minuten lang mit dem Verkaufsteam ab.« Drücken Sie sich immer konkret aus – durch präzise Begriffe oder auch Zahlen, mit allen Sinnen.

Einen Fahrplan aufstellen – die Macht der goldenen Drei Die Dreier-Regel ist eines der Grundprinzipien in der Literatur wie auch in der Politik, eins der stärksten Konzepte in der Kommunikationstheorie, und sie wird von einer Vielzahl prominenter Persönlichkeiten genutzt. Hintergrund: Es ist allgemein bekannt, dass sich Zuhörer nur kleinere Mengen an Informationen merken können. Um komplexe Themen in schriftlicher oder mündlicher Form zu bündeln, bietet sich die Zahl 3 an. Sie ist nicht zu groß und nicht zu klein. Drei Gesichtspunkte sollen dafür sorgen, dass Zuhörer – beispielsweise bei einem Vortrag – aufmerksam bleiben.

Denn: Zuhörer mögen Aufzählungen. Doch sollten sie immer übersichtlich bleiben. Genau das lässt sich auch auf Teambesprechungen, Unternehmensführung, ein Klassenzimmer übertragen. Mitarbeiter, die sich von einer Situation oder zu vielen Informationen überfordert fühlen, sind eingeschränkt oder unfähig zu handeln. Präzise, numerische Vorgaben helfen komplexe Ideen zu bündeln oder die wesentlichen Punkte herauszufiltern. In den USA ist die magische Drei historisch fest verankert, im Sport, in den Medien, in der Wirtschaft und in der Politik ist.

Die magische Drei in den USA

- Der legendäre Trainer der NFL, Vince Lombardi, erklärte einst seinen Spielern, dass es drei wichtige Dinge im Leben gibt: die Familie, die Religion und die Green Bay Packers.
- In der Unabhängigkeitserklärung der USA steht, dass die Amerikaner das Recht auf »Leben, Freiheit und das Streben nach Glück« haben und nicht nur auf Leben und Freiheit.
- Auch die Marines haben sich dies aus lernpsychologischer Sicht zu Nutze gemacht. So können Soldaten Anweisungen besser befolgen, wenn sie in drei Teile gegliedert sind.
- Die Zeitung »USA Today« ist nach diesem Prinzip aufgebaut. Die Hauptaspekte der meisten Artikel sind in Dreiergruppen aufgeteilt. Journalisten verabreichen ihre Informationen in Portionen, die man bewältigen kann: Überschrift, Einleitung, drei Punkte, Schlussfolgerung.
- Ted Sorensen, der Redenschreiber von John F. Kennedy, war der Überzeugung, dass man Reden für das Ohr und nicht für das Auge schreiben sollte. In seinen Reden wurden Ziele und Erfolge in numerischer Reihenfolge genannt, damit die Zuhörer leichter folgen konnten. »Erstens glaube ich, dass unsere Nation … zweitens … drittens …«
- Barack Obama, ein Fan von Kennedys Reden, hat einiges übernommen: »Ich glaube erstens … Ich glaube zweitens … Ich glaube drittens …« »Heute möchte ich Ihnen drei Geschichten aus meinem Leben erzählen.«
- Steve Jobs: »Ich gebe einen Überblick über drei oder vier Punkte, komme auf den ersten zurück, gehe auf den jeweiligen Punkt ausführlicher ein und fasse jeden Punkt am Schluss noch einmal zusammen.«

Gewinnerbewusstsein trainieren Das Gefühl kennt jeder: Einen Vortrag vor einer unbekannten Gruppe halten, als Neuling in ein Team einsteigen, unbekanntes Terrain in einer großen Firma betreten oder bei einem Vorstellungsgespräch überzeugen müssen – dabei fühlt man sich nicht unbedingt wohl in seiner Haut. Das geht sicherlich jedem von uns einmal so. Und Fußballprofis ganz genauso. Selbst gestandene Nationalspieler suchen nach Tipps und Möglichkeiten, um in jeder Situation und vor allem vor Publikum stark aufzutreten – auf und neben dem Platz.

Zu den Gewinnern zu gehören, ist eine Frage der inneren Einstellung. Gewinner wissen, dass sie sich alles im Leben selbst hart erarbeiten müssen und dass alles, was ihnen im Leben begegnet, ein Gewinn für sie sein kann. Sie sind starke Wettkämpfer und haben viel Selbstvertrauen. Sie schöpfen ihr Potenzial voll aus. Gewinner wollen bei allem, was sie tun, immer besser werden und sich persönlich weiterentwickeln. Sie konzentrieren sich auf ihre Stärken. Gewinner verfügen über einen starken Glauben an sich selbst, sind engagiert und können sich selbst motivieren.

Schätzen Sie sich selbst ein! Wie gut sind Ihre Merkmale entwickelt? Versuchen Sie, sie in eine Reihenfolge zu bringen!

Mögliche Merkmale eines Gewinners						
	1	2	3	4	5	Rang
Überzeugung						
Gelassenheit						
Verantwortungsbereitschaft						
Starke Körpersprache						
Offenheit						
Geradlinigkeit						
Ausstrahlung						
Zielstrebigkeit						
Freude						

Übrigens: Zu den Gewinnern zu gehören heißt nicht, nicht verlieren zu können, sondern sich vielmehr auf den Weg zu machen, es versuchen, sein Bestes geben, aus Fehlern lernen, Verantwortung übernehmen und sich selbst hinterfragen. Solange man nach einem Wettkampf sagen kann »Ich habe alles gegeben!«, gehört man zu den Gewinnern – auch nach einer Niederlage.

Kommunikation als Sozialkompetenz – auf und neben dem Platz Präsenz, Tonalität, Inhalt – das sind die Eckpfeiler guter Kommunikation auf dem Platz – wo auch immer Ihr Platz sich befindet, wo auch immer Sie für klare Kommunikation und präzise Abläufe sorgen müssen. Und sind Sie gut drauf, sind es Ihre Spieler auch. Wie sagte ein Coach einmal so treffend: »Die Spieler sind der Spiegel meiner Energie und meiner Gefühle!« Und da ist durchaus etwas dran. Wer sich dann noch als Führungskraft täglich selbst reflektieren kann, um aus Erfahrungen zu lernen und zu wachsen, ist auf dem besten Weg. Die nötige Selbstreflexion gehört jedenfalls täglich dazu. Ein befreundeter Lehrer drückte es einmal folgendermaßen aus: »Wenn ein Schultag nicht optimal gelaufen ist, hat das auch immer etwas mit mir zu tun, mit meiner Vorbereitung, meinen Abläufen, meiner Planung, meiner Umsetzung, meiner Stimmung.« Ein interessanter Gedanke.

»Kommunikation kann beides – Distanz und Nähe schaffen! Und es ist die Kunst, das Richtige im rechten Moment zu tun. Distanz, wenn eine gewisse Distanz gefordert ist: Durch Gestik, Mimik, Körpersprache sowie die entsprechende Fachsprache. Nähe, wenn ich einen Menschen ganz persönlich berühren möchte. In einem Vier-Augen-Gespräch, einem intimen Kreis, einer vertraulichen Sitzung. Es kommt immer auf den Kontext an.«

Stefan Kuntz

Und Kommunikation neben dem Platz? Kommunikationskompetenz ist Teil der Sozialkompetenz. Nur dort, wo miteinander statt gegeneinander geredet wird, wo auch Kleinigkeiten bei Konflikten schnell angesprochen und geregelt werden, wo ermutigt und in Stärken gedacht wird, fühlen sich Menschen anerkannt und können aufblühen. Es gilt also, Kommunikationskompetenz im Team zu fördern – durch flachere Hierarchien, durch Mitsprache, durch Eigenständigkeit, durch ein mehr an

Verantwortung. So entwickeln Mitarbeiter ihre Kommunikationskompetenzen weiter und auf diese Weise ein gutes Miteinander.

Ähnliches forderte Jürgen Klinsmann auch, als er den Job als Bundestrainer annahm. »Es muss sich eine offene Kommunikation entwickeln«, so seine Worte im Jahr 2004. Ab sofort war ein E-Mail-Anschluss für alle Nationalspieler sowie Mitarbeiter Pflicht, Einladungen zu Länderspielen wurden ab sofort elektronisch versandt, Experten boten zudem Seminare zum Thema Computer und Internet an. Auch wurden die Nationalspieler in Tippkursen und Office-Nutzung geschult. Dieser Gedanke Klinsmanns ging auf seine Erfahrungen als Nationalspieler zurück. Um das oft für ihn sinnlose Warten im Vorfeld von Länderspielen zu nutzen, eignete er sich das Zehn-Finger-Schreiben auf einer Schreibmaschine an – und erledigte fortan wichtige postalische Dinge bei längeren Trainingslageraufenthalten, lernte andere Sprachen, nutzte die Zeit. Diese Selbsterkenntnis übertrug er auf sein junges Team. Medienkompetenz, moderne Kommunikationsmethoden, Präsentationen in der Öffentlichkeit waren in den kommenden Jahren wichtige Meilensteine auf dem Weg hin zum mündigen Spieler.

Was gute Kommunikation bewirken kann
- ein positives Sozialklima
- gegenseitige Wertschätzung
- Erhöhung der Empathie
- schnelle Problem- und Konfliktlösung
- Minimierung von Missverständnissen
- Verbesserung des Umgangs miteinander
- Förderung des Erfolgs von Unternehmen

Auch das Informieren, Moderieren und Argumentieren förderte Klinsmann. So wurden kleine Teams gebildet, deren Aufgabe es war, sich über kommende Gegner und ihre Spielweise zu informieren. Ziel des Ganzen: den Mitspielern zukünftige Gegner durch kleine Inputreferate näherzubringen. Ins-Gespräch-Kommen, miteinander reden, sich besser kennen, mutiger vor einer Gruppe sein Wort machen. Kopfarbeit eben – neben der Fußarbeit.

Kommunikation also als Mittel, um das Ich zu stärken, das Wir zu formen und so das Team näher zusammenrücken zu lassen. Gelingt dies optimal, entsteht eine Kultur des Miteinanders, des gegenseitigen Kümmerns und Verstehens. Der Idealfall: empathische Teammitglieder, die sich kennen und wertschätzen.

Stefan Kuntz berichtete in diesem Zusammenhang von einer seiner ersten großen Herausforderungen als Trainer. Mit dem Karlsruher SC stand er fünf Spieltage vor Schluss mit dem Rücken zur Wand. »Vor der Winterpause waren wir noch über dem Strich, auch danach liefen die ersten Spiele ganz gut. Doch dann: eine Niederlagenserie, ein paar Unentschieden. Und plötzlich standen wir auf einem Abstiegsplatz!« Ein Mittel, dass die Mannschaft nicht auseinanderfiel: Verantwortungsbereitschaft durch gute Kommunikation! So hatte er immer wieder Spielern auch in Trainingseinheiten die Möglichkeit gegeben, selbst kleinere Inhalte vorzubereiten und diese den anderen Spielern näherzubringen. Aufwärmübungen durch kurze Anmoderationen auf dem Platz, aber auch gemeinsame Reflexionsgespräche vor oder nach den Spielen.

»Wir hatten wieder ein wichtiges Match verloren und standen erstmals auf einem Abstiegsplatz. Dabei hatte ich nur drei Dinge gefordert: Aggressives Spiel! Laufbereitschaft! Ordnung halten!« Drei Begriffe, die eine knappe Woche auf dem Flipchart in der Kabine standen – doch anscheinend von vielen übersehen wurden. Zunächst wollte Kuntz am kommenden Tag, nachdem er auf der Heimfahrt im Bus nur wenig bis gar nicht mit den Spielern gesprochen hatte, seinen Emotionen in der Nachbesprechung freien Lauf lassen – so, wie er es auch von seinen früheren Trainern gewohnt war. Doch dann zeigte er nur auf die drei Schlagworte, zeichnete drei Skalen von eins bis zehn hinzu und sagte nur einen Satz: »Schätze dich selbst ein – und sage uns, wie du die drei Grundtugenden im Spiel gestern umgesetzt hast.«

Stille. Fragende Gesichter. Doch sein damaliger Kapitän Bruno Labbadia fasste sich ein Herz und legte los. Weitere Spieler folgten. Nachdem sich Clemens Fritz eingeschätzt hatte, begann plötzlich eine rege Diskussion. Denn: Laut Kapitän der Mannschaft schätzten sich viele Spieler zu schlecht ein. Stefan Kuntz berichtete später von einer einmaligen Sitzung. »Mir ging das Herz auf, wie ältere Spieler jüngeren Spielern ein weiterbringendes Feedback gaben. Mit Ich-Botschaften (›Ich finde, du siehst dich schlechter, als du wirklich gespielt hast‹), berechtigter Kritik und positiven Schlussgedanken.« So oder so: Die Mannschaft hatte eine neue Stufe der Kommunikation erklommen, ging noch offener und empathischer miteinander um und sprach kleinste Konflikte sofort an. Der Karlsruher SC hielt in dieser Saison die Klasse.

Auch Siege reflektieren Wie wenig oder wie einseitig auch heute noch kommuniziert wird, verdeutlicht die Aussage eines Spielers der zweiten Liga mehr als zehn Jahre nach dem oben erwähnten Klassenerhalt des Karlsruher SC. So entgegnete er im Wintertrainingslager 2016 seinem neuen Trainer nach einer Niederlage im Testspiel und vor einer angekündigten anschließenden Mannschaftssitzung, dass ebendiese nur stattfinde, weil man verloren habe. »Hätten wir die vier Chancen in der zweiten Halbzeit gemacht, müssten wir nicht hier sitzen!« Trugschluss! Denn weiterentwickeln kann man sich nur, wenn man sich auch nach gewonnenen Spielen hinterfragt, was gut gelaufen ist – und was noch besser laufen kann.

»Harmonisches Zusammenleben, erfolgreiche Führung und gelingende Zusammenarbeit basieren auf guter Kommunikation.«

Joachim Löw

Denn »gewonnen« heißt noch lang nicht, dass es nichts zu verbessern gibt. Ganz im Gegenteil sogar! So schön auch Siege sein mögen, neigt doch der eine oder andere Spieler dazu, zu schnell zufrieden zu sein, es in der kommenden Trainingswoche etwas lockerer angehen zu lassen oder im schlimmsten Fall sogar komplett die Bodenhaftung zu verlieren. In solchen Momenten kann man bis zur nächsten Niederlage mitzählen. Daraus folgt: dranbleiben, weiter am Team arbeiten und für die nötige Bodenhaftung sorgen. Auch und gerade nach großen Momenten. »Jetzt müssen wir einfach schauen, dass wir hart arbeiten, nicht überheblich werden und Demut zeigen«, sagte Gold-Trainer Dagur Sigurdsson unmittelbar nach dem Gewinn der Handball-Europameisterschaft 2016 in Polen. Ziel: Nachhaltigkeit! Damit der Erfolg für den gesamten deutschen Handball von bleibenden Wert und Nutzen ist. Denn der Erfolg großer Leistungen steckt immer im Detail. Ein Schlüssel: die passende Kommunikation.

Auf die Ebene anderer Organisationen übertragen bedeutet das: Zusammenarbeit funktioniert nur durch gute Kommunikation. Führung funktioniert nur durch gute Kommunikation. Leistungssteigerung funktioniert nur durch gute Kommunikation. Sie führt dazu, dass die Mitarbeiter informiert sind, das Richtige und Wichtige wissen und tun, sich mit dem Betrieb, dem Team, der Organisation identifizieren und es zu einem fruchtbaren Austausch kommt, einer Art »sozialem Kleber«, der alles zusammenhält. Im Mittelpunkt: der Mensch.

Wenn die Augenbraue zuckt – Konflikte lösen Konflikte im Sport sind wie in jedem anderen Lebensbereich unvermeidlich. Stress in der Familie, Streit unter Teammitgliedern, Probleme mit dem Vorgesetzten. Konfliktmanagement ist eine Führungsaufgabe. Trainer sind gefordert, konstruktiv und lösungsorientiert vorzugehen. Autonomie einerseits, klare Führung andererseits – und wenn nötig die Dinge offen kommunizieren. »Er gestand jedem den perfekten Freiraum zu. Ein Mensch, der das Leben genießt und es im erlaubten und professionellen Rahmen auch seine Spieler genießen lässt«, so Clarence Seedorf über die gemeinsame Zeit mit seinem ehemaligen Chef und Trainerkollegen Carlo Ancelotti beim AC Mailand. Konflikte mochte der Startrainer nicht, und er wurde ungern laut, doch wenn seine berühmte Augenbraue zuckte, war Ungemach im Anflug – und Zeit, sich zu verstecken.

Ob Ancelotti nun tatsächlich lauter wurde oder nicht, sei dahingestellt. Und ob man so Konflikte löst ebenfalls. Tatsache aber ist, dass die Spieler anscheinend Respekt vor ihrem Coach hatten. Und dennoch oder vielleicht gerade auch aus diesem Grund leisten und Titel gewinnen wollten und konnten. Denn: Wären Auseinandersetzungen ungelöst geblieben, hätte sich dies auf die sozialen Beziehungen, das individuelle Wohlbefinden und im schlimmsten Fall auf die psychische Gesundheit jedes Einzelnen ausgewirkt – und somit auch auf das gesamte Mannschaftsgefüge und die Leistungsfähigkeit des Teams. Denn Teams sind äußerst fragile Gebilde. Und gerade das Umfeld von Profifußballern ist geprägt von sozialen Interaktionen, die stets die Gefahr von unterschiedlichen Interessen, Einstellungen und Erwartungen beinhalten. Letztlich kann es zu einer Vielzahl an Konflikten kommen – nicht zuletzt auch ferngesteuert durch Berater, Medien oder falsche Freunde. Unstimmigkeiten zwischen Einzelnen sollten also möglichst schon im Vorfeld angesprochen werden, um Konflikte gar nicht erst aufkommen zu lassen.

Leitfaden in den Nachwuchsmannschaften der Profiakademien

- Zeige deine Gefühle.
- Sprich über deine Gefühle in der Ich-Form.
- Höre anderen zu.
- Formuliert gegenseitig Wünsche und Erwartungen (»Ich wünsche mir von dir …«) und trefft Vereinbarungen (»Ich bin bereit, für dich … zu tun«).
- Argumentiere sachlich.
- Weise keine Schuld zu.
- Verletze niemanden persönlich.
- Respektiere den anderen.
- Sei offen und ehrlich.
- Versetze dich in dein Gegenüber.
- Mache den ersten Schritt und finde einen Kompromiss nach dem Win-Win-Prinzip.

Sinne schärfen Doch wie erkenne ich als Führungskraft Konflikte? Und wie löse ich sie? An anderer Stelle haben wir es bereits erwähnt: Beobachten, hinhören, sich in die Situation einfühlen und alle Sinne nutzen, ist die effektivere Methode, als ständig auf die Mitarbeiter einzureden. Es ist wirklich die Kunst großer Führungspersönlichkeiten – ob im Lehrberuf, auf der Trainerbank oder im Führen einer Organisation oder Firma –, ein Gespür für Dinge und Menschen zu entwickeln, hochsensitive Antennen für die Stimmungen und Strömungen ihrer Mitarbeiter auszubilden und am besten schon dann einzugreifen, bevor es überhaupt zu Unstimmigkeiten kommen kann. Die Konflikte sozusagen vorauszuahnen, Antennen für das Feinstoffliche entfalten, es förmlich riechen, wenn ein Konflikt in der Luft liegen könnte oder auf dem Weg ist, sich anzubahnen. Und dann? Sofort handeln! Die Dinge direkt ansprechen.

Sebastian Kehl war lange Jahre Mannschaftskapitän bei Borussia Dortmund. In dieser Rolle übte er Einfluss auf sein Team aus, ohne zu kommandieren, und er stellte eine Atmosphäre der Höchstleistung her. Wie hat er das geschafft? Mit einer neuen Form des Führens, die im Fußball in Spitzenvereinen schon lange gelebt wird und für Führungskräfte in Unternehmen interessant sein kann. Was Sebastian Kehl auszeichnet, ist sein Talent für Kommunikation. »Probleme, die im Raum waren, habe ich sofort offen angesprochen. ›Alles ansprechen, nichts aussitzen‹, war mein Motto, nachdem ich die Mannschaft geführt habe, wenn zum Beispiel die Teamleistung hinter den Erwartungen zurückblieb. Ich habe mich dabei als Sprachrohr, Bindeglied und Motivator verstanden, aber immer auch als normales Mitglied der Mannschaft gesehen.«

Kehl war sich seiner Vorbildfunktion bewusst. Das Team vertraute ihm von Beginn an, auch wenn er nicht mit allen Spielern eine enge Verbindung hatte. »Natürlich hast du als älterer Spieler und Familienvater andere Verpflichtungen als unsere jungen Wilden, aber das Team wusste, dass ich die Interessen aller vertrete.« Dabei spielten sein Charakter und seine ausgeprägte Willenskraft eine große Rolle. »Ich kann auf und neben dem Platz Spieler führen und mitziehen. Zum einen, indem ich durch meine eigene gute Leistung und den Willen, in jedem Spiel alles zu geben, mir die Akzeptanz im Team verschafft habe, zum anderen, indem ich viel Wert auf das zwischenmenschliche Verhalten lege.« Dabei war sich der Kapitän von Borussia Dortmund für nichts zu schade. Offen auf die Mitspieler zugehen, Unstimmigkeiten sofort ansprechen, als Mediator jede Kleinigkeit sachlich lösen, es förmlich riechen, wenn es in der Kabine brennt – auch ein Meilenstein auf dem Weg zum Gewinn des Doubles im Jahr 2012.

Das Zuhören, die Empathie sowie die Fähigkeit, Konflikte zu erkennen und zu lösen, auch im Umfeld der Spieler – diese Mischung aus selbstbewusstem und subtilem Führen machten ihn in seinem Amt so erfolgreich.

Meisterhaft Führungskräfte erkennen Konfliktsituationen frühzeitig und können durch geeignete Maßnahmen die Entladung oder gar die Entstehung einer Konfliktkette vermeiden und gegensteuern. Sie denken immer in Lösungen, sind offen und kommunikativ, nutzen alle ihre Sinne und denken in Wahlmöglichkeiten. Das heißt: Geht's nicht so, probiere ich es anders!

Im Führungscoaching hat sich in den letzten Jahren der lösungsorientierte Ansatz immer mehr behauptet, der vor allem auf den Erkenntnissen von Steve de Shazer beruht. Dieser bekräftigt, dass »Solution Talk«, also das Reden über Lösungen viel eher Energien zur Zielerreichung freisetzt als das Lamentieren über den nicht gewünschten Zustand.

Skills and tools

Practice 1: Ausgeprägte Körpersprache

Ausgeprägte Körpersprache vermittelt Präsenz und Stärke – der erste Eindruck ist entscheidend. Mentale Bilder von Helden Ihrer Kindheit können dabei helfen.

»Beim DFB hatten wir vor der WM 2006 viele intensive Gesprächsrunden und Meetings zu durchstehen – intern wie auch extern. Wusste ich, dass es schwierige Gespräche werden würden, habe ich mir mental eine Ritterrüstung angezogen – oder zumindest einen Helm aufgesetzt. Das half ungemein – neben der strukturierten Vorbereitung auf das Gespräch!«

Jürgen Klinsmann

Stellen Sie sich beispielsweise vor, Sie tragen einen wehenden Superman-Umhang um Ihre Schultern. Bewegen Sie sich mit diesem imaginären Mantel langsam und grazil durch den Raum. Oder: Setzen Sie sich mental eine Krone auf den Kopf. Schon gehen Sie gerader und recken ihr Kinn in die Höhe. Einfache Übungen mit großer Wirkung! Üben Sie jeden Tag, zu Hause genauso wie auf der Straße, im Büro, der Schule, in der Kabine oder beim Betreten des Platzes! Dann können Sie auch allein durch Ihr Auftreten zum Schrecken aller Gegenspieler werden – oder sich einfach stärker und selbstsicherer fühlen.

Practice 2: Schauspielerische Fähigkeiten

Große Schauspieler können allein durch die Bewegung ihrer Gesichtsmuskeln bestimmte emotionale Reaktionen hervorrufen und so Gefühle glaubhaft und überzeugend darstellen. Sie beherrschen es, auf Kommando von ihren wahren Gefühlen auf die im Drehbuch festgelegten Gefühle umzuschalten. Genauso verhält es sich im Sport. Erfolgreiche Fußballer haben gelernt, Gefühle von Energie, Gelassenheit, Kampfgeist, Stärke, Spielfreude und Zuversicht auszustrahlen – egal, wie sie sich wirklich fühlen. Schlechte Schauspieler im Fußballsport leben ihre Gefühle aus, die sie im Moment empfinden. Sie zeigen es, wenn sie wütend, ängstlich oder enttäuscht sind und können so der Herausforderung nicht mehr erfolgreich begegnen, ihr Talent und ihr Leistungspotenzial nicht voll ausschöpfen. Trainieren Sie Ihre schauspielerischen Fähigkeiten!

»Glauben Sie, dass es Regisseure in Hollywood gibt, die es interessiert, ob ihre Darsteller am Drehtag persönliche Probleme haben? Was, wenn Julia Roberts von Kopfschmerzen geplagt wird, erschöpft ist, Eheprobleme hat, überarbeitet oder sonst was ist? Nie und nimmer. Genau wie für einen Spieler/Trainer zählt für sie nur eins: die Leistung. Kann Julia Roberts die Anweisungen des Drehbuchs überzeugend umsetzen? Kann sie ihr Real-Ich beiseite schieben und ihr Wettkampf-Ich aktivieren? Der Grund dafür, dass Julia Roberts so eine brillante Schauspielerin ist, liegt darin, dass sie es beherrscht, auf Kommando von ihren wahren Gefühlen auf Gefühle, die sie darstellen soll, umzuschalten. Sie tut dies so überzeugend, dass die Zuschauer meinen, ihre Gefühle wären echt.«

James E. Loehr

Es ist also wichtig, dass Sie wie ein guter Schauspieler auf Knopfdruck Gefühle aktivieren, die Ihnen Kraft geben. Ihre Mimik, Gestik und die Art, wie Sie Kopf und Schultern halten, Ihr Gang, Ihre Körperhaltung insgesamt sind Ausdruck emotionaler Reaktionen, sind Ihre Körpersprache. Mit Hilfe Ihrer Körpersprache können Sie so agieren, wie Sie sich fühlen wollen, um volle Leistungen zu bringen und Ihr Potenzial zu aktivieren und sich gut zu fühlen. All das kann trainiert werden wie ein Muskel.

Wichtig: Es geht nicht darum, anderen etwas vorzumachen oder sie zu manipulieren. Schauspielerische Fähigkeiten dienen einfach der Unterstützung des eigenen Selbstvertrauens. Glaubwürdigkeit und Authentizität sind oberstes Gebot. Die Rollen, in die man schlüpft, sollten also echt und wahrhaftig sein und zum persönlichen Gesamtbild passen. Entschlossenes Verhalten ist eine mächtige Waffe, um Ängste, Zweifel und Ärger in Schach zu halten.

Practice 3: Die magische Drei

Präzise, numerische Vorgaben helfen, komplexe Ideen zu bündeln oder die wesentlichen Punkte herauszufiltern. Die Zahl 3 hat sich in diesem Zusammenhang in der Lerndidaktik als besonders effektiv herausgestellt.

Die magische Drei kann bei Ansprachen, Reden, Präsentationen oder Teamsitzungen effektiv genutzt werden durch

- eine Liste mit allen wichtigen Kernaussagen für das Team/die Zuhörer,
- einteilen der Punkte in Kategorien, bis nur noch drei Hauptpunkte übrig bleiben,
- ihre Verwendung als »Fahrplan« einer Präsentation/die Kabinenansprache,
- ergänzen mit rhetorischen Mitteln, um die Wirkung des Vortrags zu verstärken: persönliche Geschichten, Fakten, Beispiele, Analogien, Metaphern, Aussagen von Dritten.

Practice 4: Maximum-Denken

»AIM HIGH – if you aim for an A in a class, you may get an A, B, or C. If you aim for C, you will not get an A.«

Taras (»Terry«) Liskevych, Champion-Trainer der US-amerikanischen Volleyballnationalmannschaft der Frauen

Studien haben ergeben, dass Führungspersonen eher im Minimum denken. und damit zufrieden sind. Das allerdings kann für den persönlichen Verhandlungserfolg schädlich sein, da dann das Minimum zur Richtschnur wird. Wenn wir uns aber auf das Wunschziel konzentrieren, nehmen wir alles andere als Verlust wahr. Und wer ist nicht hoch motiviert, Verluste zu vermeiden?

»WIR DENKEN IM MAXIMUM!!!«

Flipchart-Aufschrift – 50 Minuten vor dem Viertelfinalspiel Deutschland–Argentinien, WM 2006. Jedes Teammitglied hatte die Möglichkeit, verbal, schriftlich oder via Zeichnung etwas einzubringen.

Practice 5: Sinne nutzen

Hören, fühlen, sehen, schmecken, riechen sind die fünf Sinneskanäle, über die der Mensch seine Umwelt wahrnimmt. Sprechen Führungskräfte ihre Mitarbeiter über verschiedene Sinneskanäle an, können diese optimal auf eine anstehende Aufgabe vorbereitet werden. Denn: Menschen nehmen mit allen Sinnen wahr. Die Relevanz einzelner Sinne variiert natürlich nach Aufgabe und Information – und hängt zudem vom Zuhörer und seinen bevorzugten Empfangskanälen ab. In der Regel nutzt man höchstens zwei verschiedene Sinneskanäle – das visuelle und das auditive Sinnessystem. Obwohl jeder Mensch fünf Sinne zur Verfügung hat, mit der er Botschaften, Emotionen, Erlebnisse und Eindrücke verarbeitet. Hier kann ein großes, neurobiologisches Potenzial in der klassischen Kommunikation genutzt werden, um Menschen wirklich zu erreichen. Denn je intensiver die Wahrnehmung, desto größer ist der Effekt – dies geschieht bewusst und vor allem unbewusst. Kommunikationsprofis können in allen Sinneskanälen interagieren. Sie sprechen die Sinneskanäle an, die jeder einzelne Mitarbeiter repräsentiert, um jeden zu erreichen.

Fünf Sinnestypen
- Der visuelle Typ braucht Bilder/denkt in Bildern. Nutzen Sie Wörter wie »sehen, im Blick haben, fokussieren, vor Augen führen, schauen, betrachten« usw. sowie bildhafte Darstellungen auf dem Flipchart.
- Der auditive Typ lernt über das Hören. Achten Sie daher auf Ihre Stimme (Tonalität, Betonung, Lautstärke). Nutzen Sie Wörter wie »hören, achten, Aufmerksamkeit schenken, lauschen, horchen, mitbekommen, wahrnehmen, zu Ohren kommen« usw.

- Der kinästhetische Typ lernt über das Gefühl. Wörter wie »Freude, genießen, fühlen, Spaß, Wohlbefinden, Herzblut, Leidenschaft« stehen für das Gefühl.
- Der olfaktorische Typ lernt über das Riechen mit der Nase – »duften, stinken, wittern«.
- Der gustatorische Typ lernt über das Schmecken mit dem Mund – »süß, sauer, salzig, bitter, scharf«.

Teamansprachen, die die Sinne nutzen
- »Es hört sich gut an, wenn ihr in ›Discolautstärke‹ auf dem Platz redet.«
- »Ich habe mir im Training einen Überblick verschafft, dass ihr Tore schießen könnt.«
- »Mir wird warm ums Herz, wenn …«
- »Es ist ein Genuss, wenn …«
- »Es stinkt mir, dass …«

Practice 6: Konfliktlösungsstrategie

Gehen Sie schwierige Gespräche immer ganz strukturiert an und legen Sie diese Struktur direkt zu Beginn auch offen. Achten Sie zudem sehr auf die Einhaltung der Struktur und das Ausredenlassen. Und hören Sie unbedingt auch zu! Entscheidend ist, dass die persönliche Ebene vor der Tür bleibt und die Gesprächsstruktur eingehalten wird. Konfliktparteien merken schnell, wenn man sich nicht aus der Reserve locken lässt.

Leitfaden für ein schwieriges Gespräch
1. Begrüßung
2. Benennung des Gesprächsthemas und Frage, ob der Gesprächsanlass richtig formuliert wurde: »Wir sind heute zusammen gekommen, um …«
3. Bericht/Problem des Gegenübers. Zuhören!
4. Zusammenfassung und Rückfrage, ob das Thema richtig verstanden wurde: »Habe ich richtig verstanden, dass …?«
5. Bericht anderer, die auch am Gespräch teilnehmen/zum Konflikt Stellung beziehen wollen (Gegenpartei, Zeuge …)

6. Zusammenfassung des Gesprächs: »Ich möchte noch einmal alles zusammenfassen«
7. Problemlösung/Zielvereinbarungen

Practice 7: Konstruktives Feedback

Feedback bedeutet Rückmeldung und begegnet uns täglich in Form von Anerkennung und Kritk, von Lob und Tadel. Es dient dazu, sich selbst und andere Menschen realistisch wahrzunehmen. Feedback steuert das Verhalten, ermutigt, erleichtert die Fehlersuche, fördert persönliche Lernprozesse, verbessert die Motivation, hilft bei der Selbsteinschätzung.

Ein gutes Feedback sollte …
- immer Mehrwert schaffen,
- beschreiben (nicht werten oder interpretieren, sondern sachlich und objektiv den Ist-Zustand beschreiben),
- in Ich-Botschaften formuliert sein (»Ich habe beobachtet, dass …«),
- konkret sein (nicht verallgemeinern, klare Worte, genaue Beschreibung),
- subjektiv sein (nur eigene Beobachtungen berichten und nicht Eindrücke anderer),
- möglichst auch etwas Positives beinhalten (zu negative Kritik fördert kein Wachstum),
- konstruktiv sein (immer auch eine Perspektive für die Zukunft geben).

Es gibt viele Arten von Feedback. Evaluationsgespräche mit Möglichkeiten zur Selbsteinschätzung sind ein professionelles Instrument, da hier auch Absprachen für die Zukunft klar formuliert und schriftlich fixiert werden. Möchte man sowohl Lob als auch Kritik äußern, bietet sich die Sandwich-Methode an. Hier wird Kritik zwischen zwei positive Rückmeldungen verpackt – wie der Schinken zwischen zwei Scheiben Brot bei einem Sandwich. Ressourcenorientiert können zudem W-Fragen sein, die den Empfänger selbst auf Lösungen kommen lassen. Ziel: Mehrwert schaffen durch Selbsterkenntnis.

- Was denken Sie darüber?
- Was davon trifft Ihrer Meinung nach zu?
- Wie hätte es besser laufen können?
- Was könnten Sie das nächste Mal anders machen?

Entscheidend is auf'm Platz

Lassen Sie uns die wichtigsten Merksätze von Key 3 noch einmal zusammenfassen:

- Kommunikation ist alles, ohne Kommunikation ist alles nichts.
- Kommunikation umfasst nicht nur das gesprochene Wort, sondern immer auch Gestik, Mimik und Körpersprache.
- Ihr Gegenüber nimmt zunächst Ihre Körpersprache wahr, dann die Tonalität Ihrer Stimme, dann den Inhalt. Verbessern Sie sich in allen Bereichen! Und denken Sie daran: Ein Blick sagt mehr als tausend Worte!
- Energetisch auftreten! Eine Türsteher-Mentalität kann Ihnen dabei helfen. Ruhig und bestimmt!
- Botschaften nutzen, die ankommen! Kurz und präzise! Numerische Aufzählungen wirken unterstützend.
- Sinne aktivieren!
- Wahrnehmung und Beobachtung sind die Basiselemente der Kommunikation.
- Kommunikation ist der Kern sozialer Kompetenz.
- Konflikte immer offen und ehrlich ansprechen. In Lösungen und Möglichkeiten denken.
- Konstruktives Feedback bietet dem Empfänger immer einen Mehrwert.
- In gut geführten Organisationen wird Kommunikation ein angemessener Raum gegeben.
- Das Leben ist eine Bühne. Trainieren Sie Ihre schauspielerischen Fähigkeiten!

Key 4: Selbstführung

»Alle Dinge, die mich interessieren, beinhalten das Wort ›Selbst‹«.

Hod Lipson, Columbia University (New York)

First Touch

Notizen der Weggefährten: Hamburg, 11. Oktober 2005

Oliver Schmidtlein, Physiotherapeut der deutschen Nationalmannschaft, brachte es einst bei einem Länderspiel im Oktober 2005 auf den Punkt. Gemeinsam saßen wir im Vorfeld des Freundschaftskicks gegen China an einer Hotelbar in Hamburg, ließen uns in angenehmer Clubatmosphäre von House Music berieseln, beobachteten an den Wänden virtuelle Fische, die sich in ebensolchen Aquarien zu den Rhythmen des Beats durch das Wasser schlängelten und philosophierten gemeinsam über Deutschlands heutige Fußballstars und all ihre Möglichkeiten. »Jeder Spieler beim FC Bayern ist seine eigene Firma«, so Schmidtlein – und war sich wahrscheinlich gar nicht über die Tragweite seiner These und das, was sie mit uns machte, bewusst.

Glaubten wir doch – vielleicht auch mit Abstrichen – immer noch an echtes Teamlife, bedingungsloses Miteinander, Freund- und Leidenschaft – und zwar auf und neben dem Platz. Doch wie kann ein Team funktionieren, wenn jeder Spieler zunächst einmal seine eigene Firma ist? Und was hatte er überhaupt damit gemeint? Sicherlich zunächst einmal die (Vermarktungs)-Möglichkeiten, die jeder bei einem großen Club spielende Star zweifelsohne hat: Ob großzügige Sponsorengeschenke, Exklusivverträge mit Ausrüstern oder ein vom Verein gestelltes Auto – alles ist möglich, und jeder vermarktet sich halt so gut er kann.

Wir schauten ihn wohl recht enttäuscht an, schließlich hatte er uns nur wenige Monate vor Beginn der Weltmeisterschaft 2006 – die, wenn überhaupt, nur durch Teamgeist zu gewinnen war – ein weiteres Stückchen unserer letzten Illusionen von der schon lange nicht mehr heilen Fußballwelt genommen. Doch genau das war der Trugschluss, wie uns im weiteren Gesprächsverlauf immer klarer wurde, und so eröffnete uns unser Gegenüber, ob bewusst oder unbewusst, eine ganz andere Sichtweise auf die Dinge, sorgte mit seiner These für eine neue Erkenntnis, fast schon für eine Art von Bewusstseinserweiterung. Heureka!

Denn: Die Ich-Firma, wie wir sie im weiteren Verlauf so liebevoll tauften, beschränkte sich keineswegs nur auf die Pflege äußerer Kontakte und individueller Vermarktungsmöglichkeiten. Das hatte sich zweifelsohne derjenige Spieler, der in den größten Clubs Europas zu den Leistungsträgern gehörte oder in der Nationalmannschaft auf einem Topniveau spielte, auch ein Stück weit verdient, hatte er schließlich das Beste aus seinen Ressourcen gemacht, jahrelang die Knochen hingehalten und alles aus sich und seinem Körper herausgeholt.

Von weitaus größerer Bedeutung war die Pflege des inneren Ichs, die Pflege der gesamten Persönlichkeit, um all die genannten Möglichkeiten überhaupt abrufen zu können – und um auf diese Weise zunächst für sich selbst – und dann für das unmittelbare Team da zu sein. Denn: »Geht es dir gut, geht es auch deinem Umfeld gut«, so das gemeinsame Credo unseres Gespräches.

Detailliert berichtete Oliver Schmidtlein in den nächsten Minuten von seiner Arbeit als Physiotherapeut und gab uns Einblick in die Welt der hypersensiblen Profikörper, deren Muskelgruppen, Sehnen und Gelenke mit den hoch technisierten Motoren von Formel-1-Rennwagen vergleichbar sind – stets mit dem Ziel, die Grob- und Feinmotorik auf höchstem Niveau aufeinander abzustimmen – und letztlich auch der inneren Ich-Firma eines jeden Profis auf diese Weise ein Stück weit Gutes zu tun. Überhaupt gab es für alle Bereiche – ob Körper, Geist oder Seele – irgendwelche Mechaniker, genauer gesagt: Spezialisten, die sich rund um die Uhr für die Ich-Firma eines jeden Fußballprofis einsetzten.

Zu später Stunde gesellten sich noch die Trainer zu uns. Besonders Joachim Löw war interessiert an dem Begriff »Ich-Firma« und wollte mehr darüber erfahren. In unserer Diskussionsrunde fühlten wir uns wie in einem »Flow«, und die Ich-Firma nahm inhaltlich immer mehr Fahrt auf. Das Thema ließ uns auch in den darauffolgenden Wochen nicht mehr los und war bei jedem weiteren Treffen immer wieder präsent, und wir füllten es nach und nach mit Leben. Bis Joachim Löw vor der EM 2008 das Motto ausgab: »Jeder ist seine eigene Firma.«

Jeder Spieler sollte fortan einen Plan für seine Karriere und für seine tägliche Arbeit bekommen, um zu wissen, welchen Weg er gehen will. Die Sensibilisierung für die Entwicklung eines passenden Umfeldes sowie eines Unterstützersystems gehörten genauso dazu wie eine gewisse Selbstkontrolle und Eigenverantwortung im täglichen Tun. Kernfragen wie »Wer hilft mir?« und »Was tut mir gut?«

sollten Nationalspieler ab sofort selbst beantworten können. Jeder Spieler wurde dazu angehalten, sich wie eine Firma zu verstehen und einen Vertrag mit sich selbst abzuschließen, denn je mehr Spieler eigenverantwortlich handeln, desto weniger Diskussionsbedarf besteht.

Einwurf

Willy Sagnol, einst ruhmreicher Abwehrspieler des FC Bayern, blickt heute auf eine noch junge Trainerkarriere zurück – und durfte in nur wenigen Monaten schon so ziemlich alles lernen, was man als Coach anscheinend zu lernen hat. Zuvor jedoch kam er zum neuen Traumjob wie die Jungfrau zum Kinde – oder besser gesagt ging es ihm wie so vielen anderen Profis auf der Suche nach einer neuen Bestimmung. Denn zunächst arbeitete er als Sportdirektor beim französischen Fußballverband und verschwendete an den Trainerjob keinen Gedanken.

Und dann? Kam es wie bei so vielen anderen Ex-Profis. Der U21-Coach wurde gefeuert, aber kein neuer gefunden. Der Präsident fragte, Sagnol nickte, und seitdem war er wieder auf dem Platz. Und wollte diesen fortan auch nicht mehr verlassen. »Ich wollte das ein, zwei Jahre machen, mehr nicht. Doch nach drei Monaten dachte ich mir: Das ist mein Leben, das will ich machen.« Nach kurzer Zeit fragte Girondins Bordeaux an – und der junge Coach startete so richtig durch. Mit allen Höhen und Tiefen. Motto: Schnellkurs in Sachen Trainerleben! Abstiegskampf statt Euro League, Ausraster bei Pokalniederlage, drei Spiele Sperre sowie fünf sieglose Spiele am Stück – und Schluss. Sprich: Entlassung nach nur wenigen Monaten. Denn die gehört anscheinend zu jedem Trainerschicksal dazu.

Dabei war Sagnol mit so guten Vorsätzen gestartet. Sein Vorbild: Ottmar Hitzfeld, der in München immer mit mehr als 20 Nationalspielern gleichzeitig arbeitete –, doch laut Sagnol die Kunst beherrschte, einen Oliver Kahn nicht anders zu behandeln als einen Spieler, der nur zwei Spiele pro Saison kickte. Von Magath dagegen lernte er, dass man jeden Tag hart an sich arbeiten muss, und dass Erfolg für Spieler dann auch ein Stück weit planbar ist. Doch die Realität ist anders – und eben nicht planbar. »Hier muss ich mich auf das Jetzt fokussieren, denn was heute gilt, kann morgen anders sein.« Und genau davon wurde Sagnol wohl in kürzester Zeit überrannt.

Willkommen in der Waschmaschine

Oder besser gesagt von links auf rechts gedreht und durchgespült: »Wenn du Spieler bist, denkst du: Ja, Trainer könnte ein guter Job sein. Aber du weißt nicht, wie schwierig es ist. Ein Arbeitstag besteht nicht nur aus zwei Stunden auf dem Platz. Das heißt: Trainingseinheit, Vorbereitung, nächste Trainingseinheit. Danach die Analyse: Was haben wir gesehen, was können wir besser machen, was machen wir morgen? Vorbereitung auf das nächste Spiel. Acht, zehn, zwölf Stunden am Tag. Und wenn ein Trainer am Abend nach Hause geht, dann nimmt er seinen Laptop mit und schaut sich Fußballvideos an. Ein Kollege von mir hier in Frankreich hat einmal gesagt: Du hast das Gefühl, du bist jeden Tag in einer Waschmaschine. Alles dreht sich ständig.« Man darf gespannt sein, wie Sagnols Weg weitergehen wird – und die all der anderen Strategen der Coachingzone!

Wie sagte Ottmar Hitzfeld über seinen Nachfolger Pep Guardiola einige Stunden vor dem Viertelfinalspiel gegen Juventus Turin: »Pep ist zum Siegen verdammt!« Nun mag der FC Bayern München eine Sonderrolle einnehmen – doch gewinnen müssen die anderen Trainer auch. Oder eben fliegen. Und stets ist es ein schmaler Grat, auf dem man wandert. Lucien Favre trat nach wunderbar erfolgreichen Jahren bei Borussia Mönchengladbach und einer plötzlichen Niederlagenserie noch plötzlicher zurück. André Schubert übernahm, gewann mit dem Team am laufenden Band und besiegte sogar Anfang Dezember den FC Bayern – gefolgt von einer erneuten Niederlagenserie von fünf Spielen. Eben noch über Wochen in den Himmel gehoben, kamen nun in den Medien die alten Muster wieder hoch. Vom zu dünnhäutigen Trainer, der manchmal zu belehrend wirkt und vielleicht auch noch zu kumpelhaft daherkommt. Alte Muster, die Schubert aus vorherigen Stationen in Paderborn und auf St. Pauli am Ende das Leben schwer machten – und sich in seine Trainer-Vita tief einbrannten. Denn vergessen wird nichts.

Und noch so häufig kann Coach Schubert wohl darauf hinweisen, dass er gelassener geworden ist, sich Auszeiten nimmt, nicht mehr ganz so perfektionistisch denkt. Aber glaubt man es ihm noch in der nächsten Krisensituation?

Und ist all das in der modernen Führungswelt des Fußballs überhaupt möglich? Nicht umsonst verweist Pep Guardiola darauf, dass er an mindestens sechs von sieben Tagen in der Woche in Fußball denkt, auf fast 330 Arbeitstage, 280 Trainingseinheiten und rund 70 Spiele im Jahr kommt. Fußball rund um die Uhr. Nonstop. Gedanken abschalten unmöglich! So redet der Meistertrainer angeblich sogar im Schlaf vom Fußball. Seinen Verteidiger Éric Abidal packte er einst in Barcelona am Hemd und schrie ihn an, nur weil diesem im Training eine Nuance missraten war. Die Mitspieler mussten Abidal beruhigen. »Keine Angst, der meint es nicht böse. Der ist immer so.« Voller Anspannung, dass die eigene Intensität ihn am Ende selbst erschöpfte. Fast schon krankhaft, möchte man als Außenstehender meinen, wenn denn der Profifußball nicht eine solche Anziehungskraft hätte. Auf der anderen Seite die Folgen: Entlassungen, Ausraster, Burnout.

Klar, der Job des Profitrainers ist meist gut bezahlt. Doch der Preis kann hoch sein. Ständiger Stress, immer im Rampenlicht, Medien und Presse, die nach jeder Niederlage oder jedem schlechten Spiel nachbohren und nach Fehlern suchen und dann noch das Umfeld. Fans, Vereinsvertreter, Aufsichtsräte, Mitglieder. Jeder möchte ernst genommen, jeder gewürdigt werden, jeder mitreden. Und am Ende ist der Trainer schuld. Die falsche Aufstellung, die falsche Taktik, die falschen Einwechselspieler.

Einer, der wissen muss, wie hoch der Preis sein kann, ist Ralf Rangnick – trotz oder vielleicht gerade wegen vergangener Erfolge mit dem FC Schalke 04 und einem einhergehenden zu großen Perfektionismus. Zuvor hatte er Felix Magath bei »Königsblau« beerbt, obwohl er sich eigentlich eine längere Pause nach seiner Zeit bei 1899 Hoffenheim gönnen wollte. Denn er hatte in den letzten Monaten bei Hoffenheim Veränderungen an sich bemerkt. »Ich war öfter gereizt und habe nicht immer mit kühlem Kopf reagiert«, so Rangnick in einem Talk. Dann kam das Angebot während der Saison aus Gelsenkirchen – und alle Bedenken wurden über Bord geworfen.

Laut Umfeld war Rangnick rund um die Uhr mit Fußball beschäftigt, manchmal ungehalten und so schonungslos zu sich selbst wie zu anderen. Angeblich hätte er sogar am liebsten den Mannschaftsbus gesteuert. Dann die Notbremse im September 2011. Selbst zwei Urlaube im vorangegangenen Sommer mit seiner Frau hatten nicht zur gewünschten Erholung geführt. Im Trainingslager ging dann alles nur noch über Willen und Disziplin. Saisonstart. Aus. Auszeit.

Völlig entkräftet, erschöpft und energielos fühlte er sich. Es schien ihm unmöglich, noch eine Profimannschaft zu trainieren. »Wenn ich drei Treppen hoch gelaufen bin, war ich platt.« Sein Ausweg aus dem Burnout: der ganzheitliche Weg. Statt Psychopharmaka entschied er sich, seine Blut- und Hormonwerte durch Ernährungsumstellung wieder in die Balance zu bringen. Denn laut Experten hätten seine körpereigenen Kraftwerke, auch Mitochondrien genannt, nur noch 70 Prozent der nötigen Energie geliefert. Laut Experten ein extrem niedriger Wert. Fortan verzichtete er komplett auf Kohlenhydrate, Zucker und fettes Essen zur falschen Zeit. Hatte sich Rangnick zu Stress-Hochzeiten noch Brezel, Weißwurst und Weißbier spät abends gegönnt – denn oft gibt es im unregelmäßigen Profibetrieb keine regelmäßigen Essenszeiten –, nahm er sich nun ganz bewusst Zeit für die Dinge.

Stresshöhepunkt

Ein Expertenteam der Ruhr-Universität Bochum und der Medizinischen Hochschule Hannover fand heraus, dass die psychische Belastung eines Trainers kurz vor der Halbzeit am höchsten ist – und zwar vollkommen unabhängig vom Ergebnis. Grund hierfür ist das zu diesem Zeitpunkt um mehr als das Doppelte erhöhte Stresshormon Kortisol. Denn: Die bald folgende Pause bietet dem Trainer die letzte Chance, noch einmal Einfluss auf das Spiel zu nehmen. Und das führt zu Stress!

Die Beispiele zeigen, dass der richtige Umgang mit sich selbst sogar überlebensnotwenig ist. Ein guter Trainer kennt sich selbst, er lebt mit sich in Harmonie. Mit den Wesenszügen seiner Persönlichkeit ist er bestens vertraut, und er kennt seine Stärken und Schwächen, Fähigkeiten und Vorzüge ebenso wie seine Unzulänglichkeiten, Fehler und Grenzen.

Immer bereit, sich selbst zu reflektieren und Warnsignale seines Körpers ernst zu nehmen, ohne zum Hypochonder zu mutieren.

Trainer durchleben Extremsituationen. Haben sie solche Erfahrungen gemacht, wissen sie, wie es sich anfühlt, wenn die Grenze erreicht ist oder überschritten wird, wenn Versagensängste, Fehlverhalten, Grübeln oder Selbstzweifel ihr »Ich« im Würgegriff haben und jegliche Handlungen lahmlegen. Andererseits sind sie so vorbereitet und haben ein Stück weit mehr Verständnis für die Probleme anderer, reagieren gelassener oder können helfend eingreifen, unterstützen und Energie geben.

»Nur wenige Menschen sehen ein, dass sie letztendlich nur eine einzige Person führen können und auch müssen. Diese Person sind sie selbst.«

Peter F. Drucker

Man kann nur jedem Trainer, jedem Führenden die Erkenntnis wünschen, dass es der größte Fehler ist, sich selbst zu zerreißen. Lebensqualität ist heute ein wichtiger Hygienefaktor. Sich kaputtzumachen bringt auch im persönlichen Umfeld oft keine Anerkennung mehr. Glücklich der, der gefunden hat, was er wirklich gern tut. Oder, um es mit Joachim Löws Worten zu sagen: »Der Sport ist ein wichtiger Teil in meinem Leben, aber das ist nicht das Wichtigste. Meine Familie und meine Freunde sind am Ende entscheidender als jeder Sieg und jede Niederlage. So sehr mir mein Beruf gefällt. Denn Bundestrainer zu sein, ist einer der schönsten Jobs der Welt.«

Und Ralf Rangnick? Heute sagt er über sich, dass er sich gut fühlt. Wie vor 20 Jahren. Entschleunigt. Doch eine Garantie zur lebenslangen Entschleunigung gibt es im Führungsbereich Profifußball nie. Die Waschmaschine wird sich weiter drehen. Und das Hamsterrad auch.

Kurzpass

SMS an alle,
die in Führung sind

»Der richtige Umgang
mit sich selbst!«

Finde deinen Weg. Bleibe mit dir im Einklang.
Vertraue auf dein Gefühl und dein Know-how.
Nur wenn du im Gleichgewicht bist, strahlst du
Souveränität und Ruhe aus.

Alexander P.

Tu Gutes, nicht nur für andere, auch für dich
selbst!

Stefan K.

Wer oder was fällt Ihnen
dazu ein?

Dir sollte stets bewusst sein, dass du nicht
mehr, aber auch nicht weniger wert bist als
jeder andere Mensch auf dieser Welt. Das sorgt
für die nötige Demut, gleichzeitig für Selbstbewusstsein und eröffnet dir einen großen Blickwinkel. So empfinde ich es zumindest.

Jörn W.

1. Dass ich mich spüre, also achtsam mir
   gegenüber bin.
2. Dass ich das, was mir gut tut, für mich
   erkenne.
3. Dass ich die Energie und Disziplin aufbringe,
   um mit mir richtig umzugehen.

All das gelingt mir aber nur dann, wenn ich mich
selbst mag, weiß, was ich wert bin. Meist hapert
es daran, dass man sich selbst akzeptiert. Das ist
die schwierigste Aufgabe im Leben. Einige Stich-
worte dazu: eigene Stärken und Schwächen
erkennen, sich immer fordern, aber nicht über-
fordern, Balance zwischen Anspannung und
Entspannung. So, genug geschwafelt.

Klaus K.

Und Sie?

Impulse aus der Coachingzone

»Nur die Harten komm' in' Garten!«

Hermann Pickenäcker, Zeugwart von Rot-Weiß Essen

Jeden Morgen gut gelaunt und positiv denkend aufstehen, sich topfit, gesund und voller Energie durch den Tag bewegen und ebendiesen täglich exzellent meistern – wer möchte das nicht können? Seit Menschengedenken ist das Streben nach innerer und äußerer Wohlbefindlichkeit eines der höchsten Güter überhaupt. Doch selbst wenn sich das gut gelaunte Aufstehen im Alltag nicht immer realisieren lässt, so ist es doch auf jeden Fall erstrebenswert, mit einer positiven Grundeinstellung im Hier und Jetzt zu leben.

Dazu möchten allerdings täglich eine Vielzahl verschiedener Bereiche der Ich-Firma gelebt werden – nur dann läuft es so richtig rund. Gesunde Ernährung, genügend trinken, ausreichend Entspannung und Bewegung sowie eine ganzheitliche Lern- und Lebensphilosophie sind nur einige der vielen Zauberwörter, die dafür sorgen, dass bei der Ich-Firma ein Rädchen ins andere greift.

Spitzentrainern oder Profisportlern geht das nicht anders. Und nur wenn sich Führungskräfte stark fühlen, mit voller Energie und Freude dabei sind, können sie ihre Mitarbeiter auch motivieren und inspirieren – und mit gutem Beispiel vorangehen. Fühlen sie sich dagegen ausgebrannt, leer oder energielos, wird es ihnen schwerlich gelingen, andere mitzureißen. Der Weg zum Ziel führt über die Ich-Firma und die Resilienz – diese psychische Widerstandskraft ist die Fähigkeit der wirklich Erfolgreichen.

Konzentration auf das Wesentliche Sebastian Kehl hat als Profifußballer und Mannschaftskapitän so ziemlich alles erlebt, was man erleben kann. Mehrfach wurde er mit Borussia Dortmund Deutscher Meister, einmal Pokalsieger und bei Welt- und Europameisterschaften war er auch dabei – inklusive Sommermärchen 2006. Fast 18 Jahre hielt er professionell seine Knochen hin – und steckte so manche Verletzung ein. Adduktorenbeschwerden, Kapselverletzungen, Bänderriss, Sehnenriss, Muskelfaserriss, Knochenstauchung – um nur einige Verletzungen zu nennen. Die meisten Probleme machte ihm eine Adduktorenverletzung in der

Saison 2009/2010. Ganze 207 Tage musste er pausieren, bis er wieder auf dem Platz stand.

Wie schwierig eine solche Situation zu handeln ist, kann man sich wahrscheinlich als Nichtprofi kaum vorstellen. Die ewige Angst, dass man vielleicht nie wieder auflaufen kann oder einfach nicht mehr das Potenzial erreicht, was der Körper einst abrufen konnte, genauso wie die Furcht, sich möglicherweise wieder neu zu verletzen. Nur zum Vergleich: Für eine pflichtbewusste Führungskraft ist es oft schon ein Desaster, wenn sie mal aufgrund einer Krankheit für eine Woche das Bett hüten muss. Aber gleich mehr als 200 Tage fehlen? Mit der Furcht, dass in kürzester Zeit ein anderer, womöglich jüngerer Kicker den begehrten Platz in der Startelf einnehmen würde? Schwer verdaulich!

Fragt man Kehl nach den Ursachen seiner Verletzungen, so nennt er einerseits Überlastung im Beruf. Durch die WM 2006 fehlte einfach die Kraft zum Regenerieren und vor allem die Zeit, sich wieder exzellent auf die neue Saison vorzubereiten. Die Folge: 141 Tage Ausfall aufgrund einer Knochenstauchung. Andererseits berichtete er auch immer wieder von anderen Baustellen. Familie, Kinder, das neue Haus – es gab viel zu tun und nicht immer war alles unter einen Hut zu bringen. Die Folge: Der Körper klinkte sich aus. Umso erstaunlicher, dass Kehl in die Spur zurück fand, dazu lernte, Baustellen schließen konnte, sich auf das Wesentliche konzentrierte und Borussia Dortmund durchtrainiert und topfit und bis ins ehrwürdige Fußballalter von 35 auf höchstem Niveau begleitete – bis zu einer letzten Verbeugung vor der Südtribüne. Ein Vollprofi eben.

»Nach einer meiner vielen Verletzungen habe ich mir ein großes Ich-Firma-Schild erstellt, dies über meinen Computer gehängt und immer mal wieder angeschaut. Es dient als Erinnerung, sich auf das Wesentliche zu konzentrieren, auch mal ›nein‹ zu sagen, und sich Zeit für sich selbst und die Familie zu nehmen und auch nicht in allem so perfektionistisch zu sein. Die Zahl 70 hat mir dabei ebenso geholfen. Als Hinweis an mich selbst. Ich neigte teilweise zu großem Perfektionismus. In allem. Mein Architekt kann davon ein Lied singen. Jedenfalls versuchte ich einfach, nur 70 Prozent an Perfektion umzusetzen. Abgesehen von 100 Prozent Leidenschaft und Einsatz für Borussia!«

Energiemanagement Mentale und emotionale Kompetenzen sind für Profisportler wie Profitrainer von mindestens so großer Bedeutung wie das Wissen über Konditionstraining, Strategie oder Taktik. Erwartungs- und Leistungsdruck lasten tagtäglich auf den Schultern der Führenden – des Vereins, der Fans, des Umfelds und der Medien. Und nicht zu vergessen: der Anspruch an sich selbst! So oder so: Ein heutiger Trainer muss – um im Fachjargon zu bleiben – ein harter Hund sein. Allerdings nicht nur gegenüber den Spielern, sondern vor allem gegenüber sich selbst. Also einstecken können, um gleich wieder aufzustehen. Wie äußerte sich der neue Aufsichtsratsvorsitzende Wolfgang Steubing gegenüber dem ehemaligen Trainer Thomas Schaaf, der Eintracht Frankfurt nach nur einem Jahr wieder verließ? »Zu empfindsam« sei er gewesen. Und: »Wer in Frankfurt ist, der muss was aushalten.« Das ist in der Tat so, ohne die Aussage werten zu wollen. In Frankfurt genauso wie bei all den anderen Traditionsvereinen von Liga 1 bis 4 – und letztlich wohl in jedem Club.

Aber wie wird man ein harter Hund, auch und vor allem in Sachen »Selbstführung« und »Widerstandsfähigkeit«? Was machen, wenn die Presse schon wieder Unwahrheiten verzapft? »Was wird über mich geschrieben und was über das gestrige Spiel?«, so die ersten Gedanken vieler Trainer nach einer schlaflosen Nacht. »Wie lange halten die Vereinsoberen zu mir? Wie viele Niederlagen kann ich mir leisten?« Unberechenbar. Und knallhart.

Ich bin dann mal weg Groß war der Aufruhr, als Jürgen Klinsmann 100 Tage vor der WM in Deutschland und nach einer deftigen 4:1-Niederlage in Italien seine sieben Sachen packte und zur Familie nach Kalifornien flog. Und – laut Medien – den WM-Workshop schwänzte. Denn der fand tags darauf in Düsseldorf statt. Immerhin: 24 der 32 Nationen waren vertreten. Und Deutschland natürlich auch, durch Joachim Löw. Aber eben nicht durch Klinsmann. Der Blätterwald rauschte, und Marcello Lippi, späterer Weltmeistertrainer, witzelte: »Jürgen hat es gut. Er ist in der Sonne, und ich muss mir nach dem Workshop noch zwei Champions-League-Spiele anschauen.« In der Tat sorgte die eine oder andere Aktion Klinsmanns für heftige Reaktionen. Vom Kopfschütteln bis hin zu einem riesigen medialen Aufschrei im Boulevard – und seine

Gegner rieben sich die Hände. Doch war es wirklich die Sonne, die Klinsmann nach Kalifornien trieb?

Zum einen war es ihm von Anfang an wichtig, die Verantwortung auf mehrere Schultern zu legen. Und Joachim Löw vertrat ihn sicherlich mindestens gleichwertig beim Düsseldorfer Workshop. Zum anderen – und das war der entscheidende Punkt – brauchte Klinsmann sein familiäres Umfeld, um Energie zu tanken. Eine Auszeit vom Medienhype, eine Ruheoase vor dem Sturm.

Distanz und Abstand zum Job sind essenziell, möchte man auf lange Sicht als Energiegeber auftreten. Und gerade Profitrainer in den höchsten europäischen Ligen sind fast rund um die Uhr mit ihrem Job beschäftigt. Sicher, Nationaltrainern bieten sich andere und auf den ersten Blick mehr Möglichkeiten des Luftholens, sind sie doch nicht in einen so festen wöchentlichen Rhythmus gepresst wie ihre Ligakollegen, doch kommt die Elite zusammen, zu Workshops, Camps oder internationalen Vergleichen, geht es nur um den Job – und um sonst nichts. »Alle drei Tage ein Spiel in der Gruppenphase, dann die Ausscheidungsspiele bis hin zum möglichen Finale«, bemerkte Joachim Löw vor seiner ersten WM, »bedeuten für mich, fünf Wochen lang Energiegeber zu sein«.

Eine große Herausforderung und Verantwortung einer ganzen Nation gegenüber. Sein Ziel: auch über einen längeren Zeitraum keine Substanz verlieren, denn das führt zu Misserfolg und Niederlagen. Oder positiv ausgedrückt: volle Konzentration auf das Wesentliche, Kräfte und Energien bewusst und gekonnt einteilen und bündeln. Sein Rezept: kleine Auszeiten und Pausen. Angefangen bei einem kurzen Mittagsschlaf vor dem nachmittäglichen Training, Spaziergängen rund um die Hotelanlagen und hin und wieder sogar einen Espresso mit Freunden, die möglichst gar nichts mit Fußball zu tun haben. Und wenn möglich: Handy aus! Zumindest in der Nacht.

Natürlich gehört zu einem solchen Selbstmanagement Disziplin und die Reduzierung auf das Wesentliche. Bruno Labbadia berichtet immer von seinen geliebten Waldläufen oder Jogging an der Alster. Hier kann er Ruhe tanken, abschalten, den Kopf klar kriegen. Eine feste Rhythmisierung zwischen Anspannung und Entspannung tut jeder Führungskraft gut. Einerseits auftanken durch ein kurzes Power-Napping, andererseits Bewegung. Es ist erwiesen, dass regelmäßige Spaziergänge in der Natur den Kopf frei machen und die Kreativität beflügeln. Indoor ist das sicher auch möglich. Joachim Löw kam schon so manche gute Idee auf dem Hometrainer. Ziel: Abstand gewinnen, reflektieren, gesund bleiben, in Stresssituationen belastbarer werden. Und natürlich muss es nicht immer die Westküste der USA sein.

Inseln suchen! Es ist also anscheinend möglich, eine innere Distanz durch eine äußere Distanz zu schaffen, und sicherlich gehört Kalifornien zu den extremeren Beispielen. Aber ganz gleich, ob Ihre Insel ganz nah oder eben weiter weg liegt – innere Distanz schaffen hilft, um Kritik aushalten zu können, in Wahlmöglichkeiten zu denken, kreativ zu bleiben oder einfach abschalten zu können. Ganz wichtig: die eigene Insel möglichst nicht nur alle paar Monate aufsuchen, sondern am besten mehrmals in der Woche. Oder sich kleinere Wohlfühl-Oasen schaffen, um Energie zu tanken. »Eine meiner Inseln im doppelten Sinne ist Mallorca«, erzählt Stefan Kuntz. Dann setzt er sich einfach hin und wieder in den Flieger und taucht für ein paar Tage ab – zum Auftanken und Kraft sammeln. Mindestens genauso gut tut ihm aber seine kleine Insel im eigenen Garten. Abschalten durch Umgraben. Auch das ist möglich.

Joachim Löw dagegen schwingt sich am liebsten aufs Fahrrad und fährt durch den Schwarzwald. Oder geht nach drei Stunden intensiver Arbeit am Morgen auf einen Cappuccino in sein Stehcafé. Wobei wir wieder bei Ernst Happel wären, der sich am liebsten im Café Ritter im Arbeiterbezirk Ottakring niederließ, um sich mit Freunden oder Pensionisten am Kartenspiel Schwarze Katze zu erfreuen. Nun, ob seine Casinobesuche ebenfalls zur Regeneration und Erholung beitrugen, bleibt dahingestellt. Aber: Kleine Inseln oder Nischen, in die man hin und wieder flüchten kann, sind viel Wert, möchte man dauerhaft belastbar sein oder sich von Anstrengungen erholen. Ziel: Energie tanken, Kräfte sammeln, neu durchstarten. Dagegen ist im Leben rund um die Uhr und nur für den Job – sechs bis sieben Tage in der Woche, 330 Tage lang – siehe Pep Guardiola – Burnout keine Seltenheit. Auch der spanische Spitzentrainer fühlte sich nach vier Jahren Barcelona reif für die Insel. In diesem Fall New York City – und zwar ein ganzes Jahr.

Networking und Umfeldmanagement Der Aufbau von beruflichen und persönlichen Kontakten wird in der heutigen Hochgeschwindigkeitsgesellschaft immer wichtiger. Und im Fußball sowieso. Wer über ein umfangreiches Netzwerk verfügt, gilt in der Szene als anerkannt, kann er doch eine Vielzahl an Kontakten zu wichtigen Menschen im Profibusiness nachweisen. Ein gutes Netzwerk trägt dazu bei, in zu sein – die Folge sind gut dotierte Jobs im Bereich des Vorstandes, Marketings, der Manager- oder Trainerposition.

Mindestens genauso wichtig ist ein professionelles Networking auch im persönlichen Bereich, und zwar sowohl auf beruflicher als auch privater Ebene. Eben ein entsprechendes Unterstützersystem, angefangen bei Co-Trainern, Physiotherapeuten, Ärzten oder anderen wichtigen Partnern im Beruf, die auch bei diskreten Themen zuhören können, bis hin zu einem privaten Unterstützer-Umfeld von Familie, Partnern oder Freunden. Ihre Aufgaben können vielfältig sein: helfen, zuhören, kooperieren und in allem ein adäquater Sparringspartner sein, um sich noch besser zu reflektieren, Inputs und Impulse zu geben oder Möglichkeiten der Bodenhaftung zu bieten.

Auffallend sicherlich, dass Trainer dann besonders gut leisten können, wenn sie sich eben ihre Auszeiten nehmen, Inseln aufsuchen und zudem über ein intaktes Umfeld verfügen. Wer auch im Umfeld ständig und permanent Stress ausgesetzt ist, verbraucht wertvolle Energie, die an anderer Stelle dann fehlt. Ein Grund, der zum Scheitern führen kann.

Stefan Kuntz erzählte einmal von einem wichtigen Spieler seines Teams. Das Problem: Der Spitzenkicker zählte nicht mehr zur Spitze, hatte seine Kreativität innerhalb weniger Monate verloren, neigte zu Verletzungen und zog sich immer mehr zurück. Nach einem vertrauensvollen Gespräch zwischen Trainingsgelände und Umkleidekabine lud der Kicker seinen Trainer nach Hause zum Kaffee ein, stellte Frau und Kind vor, und sie kamen ins Plaudern. Über Fußball, seine ferne Heimat Ungarn, über die Familie, Heimweh und über die Angst des eigenen Sohnes vor der Schule und überhaupt allem Neuen. Das wiederum zeigte sich besonders in den Nächten, die der Schulanfänger nur noch zwischen den Eltern im Bett verbrachte – Stress pur für alle Beteiligten. Zum Glück konnte der Fall durch ein gut funktionierendes Unterstützersystem gelöst werden. Und die Kreativität kehrte zurück!

Fakt ist: Ob Profifußballer, Trainer oder eine gute Führungskraft – das private Umfeld sollte Kraft spenden und zum Auftanken dienen. Und nicht umsonst zitiert so mancher erfolgreiche Coach, von Jupp Heynckes bis Otto Rehhagel, gern: »Hinter jedem erfolgreichen Mann steht eine starke Frau.« Oder zumindest ein intaktes Umfeld, das als Kraftquelle dient, für Stabilität und somit Belastbarkeit sorgt. Ähnlich sieht es auch der ehemalige Hockeytrainer Bernhard Peters, der zum engen Beraterstab von Klinsmann und Löw rund um die WM 2006 gehörte und heute für den HSV als Sportdirektor im Jugendbereich arbeitet. »Meine emotionale Ausstrahlungskraft, meine Überzeugungskraft als Trainer und Führungsfigur hängt ganz entscheidend von der emotionalen Lage zu Hause ab. Meine Spieler haben mir das immer wieder bestätigt.«

An anderer Stelle haben wir bereits darauf hingewiesen: Spitzentrainer sollten und müssen heutzutage mit leichtem Gepäck reisen können, ihre Coaching-Werkzeugkiste immer erweitern und flexibel bleiben. Was aber bei aller Flexibilität unbedingt gegeben sein sollte: Die Frage, ob das eigene und hoffentlich intakte Umfeld nicht zu weit weg ist – und die Frage, ob das neue Umfeld überhaupt passt. So erzählte einmal ein Trainer eines Zweitligisten, dass er einige Jahre zuvor einen Vertrag bei Energie Cottbus unterschrieben habe, ohne jemals vor Ort gewesen zu sein. Als er dann am ersten Tag anreiste, stellte er fest, dass Cottbus nicht zum ihm passte – oder umgekehrt. Ein anderer Coach war nie ein Freund des Karnevals – eher sachlich und zurückhaltend und nur wenig spontan und begeisterungsfähig. Und somit eigentlich kein Fall für das Rheinland. Außerdem wohnte die Freundin fortan weit weg. Und als Feuerwehrmann hatte er in den kommenden fünf Monaten kaum Zeit für Urlaub mit ihr. Fragen, die man unbedingt im Vorfeld mit sich selbst klären sollte.

Die Wege und Möglichkeiten für ein gelungenes Selbstmanagement sind so zahlreich und unterschiedlich wie die Führungskräfte selbst. Und Erfolg im Job sowie ein positives Management des persönlichen Umfelds bedingen sich sicherlich gegenseitig – und in der Zukunft noch mehr. Denn je größer der Stress, desto wichtiger die Balance und positive Energie auf der anderen Seite.

Emotionale und mentale Fähigkeiten sind gefragt, möchte man als Führender dauerhaft gesund, leistungsstark und belastbar bleiben.

Spitzentrainer sind Energiemanager Höchstleistungen erfordern in entscheidenden Situationen ein Höchstmaß an Energie. Um Höchstleistungen zu erbringen, muss man in entscheidenden Situationen Energie zur Verfügung haben, die freigesetzt werden kann; denn Leistung ist abhängig von der Energie, die uns zur Verfügung steht.

Dabei geht es einerseits darum, aus seinen Energiequellen zu schöpfen und andererseits immer für ein ausgeglichenes Energiekonto zu sorgen; besser noch mehr Energie zu gewinnen, als Energie zu verbrauchen. Ein unausgeglichenes Energiekonto führt zu schlechten Leistungen, Muskelbeschwerden, Verletzungen, Erschöpfung, Konzentrationsschwächen, wenig Selbstvertrauen. Man fühlt sich ausgebrannt und leer. Der Körper versucht sich Erholung zu erzwingen, um den Akku wieder aufzuladen. Findet er keine neuen Energiequellen, schaltet er viele seiner Leistungssysteme einfach ab.

Um auf den Punkt gezielt Höchstleistungen bringen zu können, ist ein steter Wechsel von Entspannung und Anspannung ungemein wichtig. Und das ist keineswegs nur auf den Körper bezogen »Wir machen unseren Profis immer klar, dass es drei verschiedene Arten von Energien gibt, die in der Balance sein müssen: körperliche Energie, geistige/mentale Energie und emotionale Energie«, so Jürgen Klinsmann, der auf die Erfahrung ganzheitlich orientierter Spezialisten setzt.

	Energieverbrauch	Energiequelle
Körperliche Energie – oder An- und Entspannung der Muskulatur	Bewegung von Muskeln	Reduzierung von Muskelstimulation
	Angespannte Muskeln	Entspannte Muskeln
	Unerfüllte Bedürfnisse wie: Hunger, Durst, Müdigkeit Laufen, Bewegung Training, Wettkampf	Erfüllte Bedürfnisse wie: Kein Hunger, kein Durst, keine Müdigkeit Erholung, Entspannung Meditation, Massage, Yoga, Atemübungen

Geistige/mentale Energie – oder An- und Entspannung des Geistes	Denken	Abschalten
	Konzentration	Beruhigung der Hirn-aktivitäten; im Kopf entspannen
	Probleme lösen	Gelassenheit
	Analysieren	
	Pessimismus	Optimismus
	Negative Einstellung	Positive Einstellung
	Sich auf Ziele konzentrieren	Gedanken wandern lassen
	Nachdenken	Längere Zeit nicht an den Sport denken
Emotionale Energie – oder An- und Entspannung des Gefühlslebens	Angst, Ärger, Wut, Zweifel	Freude, Spaß, Vergnügen
	Negative Gefühle	Positive Gefühle
	Druck (Erfolgsdruck)	Gelassenheit
	Frustration	Selbstvertrauen
	Depression	Geborgenheit, Freundschaft
	Sorgen, Grübeln, Unsicherheit	Sicherheit, Rituale
	Stress	Erholung
	Hektik/Langeweile	Entspannung
	Streit, Krisen, Nervosität	Ruhe, sich ausruhen

Um das eigene Energiekonto zu managen, muss jeder Profi genau wissen, wann er Energie verbraucht und wie er diese Energie wieder auftanken kann. Der Energiehaushalt sollte stets ausgeglichen sein.

Gedankendisziplin Nur mit Gedankendisziplin ist es möglich, einen negativen Lauf auch zu stoppen. Da mag die Saison in der Liga noch so gut angefangen haben – spätestens nach der dritten Niederlage in Folge beginnen die üblichen Mechanismen zu greifen. Unruhe im Vereinsumfeld, kritische Fragen von Fans und Medien. Und dennoch ist es die

Pflicht und Aufgabe von Führungspersönlichkeiten, gerade in solchen Situationen den Kopf oben zu behalten. Denn es zeigt sich schnell, wer sich versteckt, wer wegbricht oder die Schuld anderen zuschiebt, wer mit dem Druck nicht klarkommt und negativ denkt – und wer weiterhin nach vorn marschiert, die Ruhe bewahrt, mit Freude und Zuversicht bei der Sache ist.

»Bin mit der U-23 gerade in Kolumbien unterwegs. Wer das Verhältnis zwischen den USA und den Ländern Mittelamerikas kennt, weiß, wie man hier empfangen wird. Nicht gerade herzlich … Und auch sonst ist es für unsere Jungs nicht immer leicht. Die Hitze, die schlechten Plätze, das Essen. Alles etwas gewöhnungsbedürftig! Die Jungs haben mächtig Druck hier! Aber es hilft nichts. Wir müssen die Gedanken umdrehen, uns regelrecht programmieren, wenn wir denn bestehen wollen! Täglich hämmere ich den Jungs ein paar Grundsätze ein:

- Ich liebe die Hitze!
- Ich liebe das schwüle Wetter!
- Ich liebe den holprigen Platz!
- Ich liebe das zu hohe Gras!
- Ich liebe das Pfeifen der Zuschauer!
- Was? Das soll schon alles sein? Mehr davon!

Auf diese Weise werden die widrigsten Umstände bald zur Gewohnheit!«

Andreas Herzog, U-23-Trainer der USA

Große Sportler schreiten in jeder Situation voran – auch wenn sie noch so aussichtslos scheint. Ob bei einem Rückstand zur Pause oder nach der fünften Niederlage in Folge – nur wer positiv denkt und weiterhin an sich und seine Fähigkeiten glaubt, kann sein Energielevel aufrechterhalten – und seine Leistung voll abrufen. Viele Fußballfans mögen da anders denken und schneller in negative Muster verfallen. Doch spätestens nach einem Anschlusstreffer ist auch hier die Hoffnung und Energie ein Stück weit wieder zurück. Denn wie heißt es so schön: »Fußballfans sind ewig Hoffende!« Genauso mögen das auch die Fans des FC Liverpool gedacht haben, als ihr Team und in diesem Fall ihr Kapitän und Vorbild Steven Gerrard im Atatürk-Stadion in Istanbul im Finale der Champions League in der Saison 2004/05 den Anschlusstreffer zum 1:3 erzielte.

Zur Erinnerung: Bereits zur Pause führte der FC Mailand mit 3:0. Und das im Endspiel der Champions League. Wer hätte da noch auf Liverpool gewettet? Doch innerhalb von nur 15 Minuten drehten die Reds vom Mercey River das Spiel. Und nach einem 3:3 und der folgenden torlosen Verlängerung gewann Liverpool im Elfmeterschießen. Schlüpfen Sie in die Haut des Trainers! Was hätten Sie Ihrem Team in der Halbzeit mit auf den Weg gegeben? Es immer weiter versuchen? Oder sich mit Anstand zu verabschieden? Oder wie hätten Sie als Spieler in solchen Momenten gedacht? In der Tat wäre es interessant zu wissen, was der spanische Startrainer Rafael Benitez seinen Kickern in der Halbzeit gesagt haben muss. Zumal gerade italienische Mannschaften für ihre Abwehrkünste bekannt sind – Catenaccio eben. Zu Deutsch: die Tür verriegeln – und nichts geht mehr. Doch bei Liverpool ging doch noch was. Und was mag der frühere deutsche Nationalspieler Dietmar Hamann gedacht haben, als er erst zur zweiten Halbzeit eingewechselt wurde? Hat er aus der Fülle oder aus dem Mangel gedacht? Anscheinend hat Hamann in seiner langen Spielerkarriere gelernt, den Druck zu lieben. Und das muss täglich trainiert werden!

Gedankendisziplin

- Ein hohes Maß positiver Energie ist wichtig, um jede Situation erfolgreich zu meistern. Lernen Sie, jeder Situation etwas Gutes abzugewinnen. Fragen Sie sich nach Enttäuschungen/negativen Erlebnissen: Was ist gut am Gegebenen? Wozu ist das eine Gelegenheit?
- Lernen Sie, jede Situation mit Humor zu nehmen. Auch wenn die Situation noch so ärgerlich ist – übermannen Sie negative Gefühle, stellen Sie sich etwas Lustiges vor, machen Sie sich passende Bilder in Ihrem Kopfkino. So nimmt die innere Spannung wieder ab – und Sie sind ausgeglichener. Nur so stoppen Sie negative Emotionen.
- Denken Sie in jeder Situation »Es macht Spaß« – allein dieser Gedanke beflügelt Sie und löst einen positiven Energiefluss im Körper aus. Im Alltag, beim Training, im Spiel.
- Denken Sie laut »Ich liebe es« – auch in schwierigen Situationen. Lernen Sie, den Druck zu lieben. »Ich liebe den Druck – gebt mir mehr davon.« So oder ähnlich sollten Sie täglich laut mit sich sprechen.
- Aus der Fülle denken! Das Glas ist immer halb voll, aber nie halb leer. Versuchen Sie in jedem Problem auch die Chance zu sehen. Für einen Trainer heißt das: »Was kann der Spieler?« statt »Was kann der Spieler nicht?«

Denn: Wir sind das, was wir den ganzen Tag denken! Alles, jeder positive oder negative Gedanke, geht in das Unterbewusstsein. Wir programmieren das Unterbewusstsein über das bewusste Denken. Das Unterbewusstsein kann leider nicht filtern, ob positive oder negative Botschaften ankommen. Je positiver diese aber sind, desto positiver ist auch die gesamte Ausstrahlung auf Ihr Umfeld.

Was gut oder schlecht ist, bestimmen ausschließlich wir – und werden dabei von unserer Herangehensweise, unserer Voreinstellung bzw. unseren Vorurteilen beeinflusst. Somit sieht die positiv denkende Führungskraft in jedem Problem auch eine Chance, eine Aufgabe zu wachsen: Was mich fordert, fördert mich. Wie an anderer Stelle schon erwähnt: Zu einer positiven Grundhaltung gehören auch Gestik, Mimik, Körpersprache. Sich nicht hängen lassen, diszipliniert denken – zumindest in der Außendarstellung.

Cape-Walk und Lächeln

Achten Sie auf eine starke Körpersprache! Hängen Sie sich mental einen Superman-Umhang um – und Sie bewegen sich automatisch beschwingter. Achten Sie genauso auf klare Gesten sowie ein Lächeln auf den Lippen. Klemmen Sie sich mental einen Bleistift zwischen die Zähne – und Sie lächeln automatisch. Denn: Das Gehirn setzt auf diese Weise positive Botenstoffe frei. Üben, üben, üben!

Nach einer negativen Serie, verlorenen Spielen und schlechten Ergebnissen sollte nun die Wende her! Und so zog Stefan Kuntz kurz vor dem Anpfiff eines wichtigen Matches auf seine Art die Notbremse. Direkt neben dem Ausgang der Kabine stellte er einen großen Mülleimer auf. Bevor die Profis den Platz zum Aufwärmen betraten, ließ er sie sämtliche Selbstzweifel, negativen Emotionen und Glaubenssätze sowie schlechten Gefühle auf Zettel aufschreiben oder aufmalen. Auch mental war das möglich. Wichtig: Der Zettel musste anschließend zerknüllt und in den Mülleimer geschmissen werden. Erst dann ging es auf den Platz. Erhobenen Hauptes!

Kosta Runjaic ließ zu Beginn einer erfolgreichen Saison direkt vor der Kabinentür und in den Katakomben des Fritz-Walter-Stadions in Kaiserslautern einen mannsgroßen Spiegel montieren. Vor wichtigen Spielen oder situationsgegeben nahm er den einen oder anderen Kicker zur Seite, ging mit ihm zum Spiegel und machte dem Spieler so dessen körperliche Stärke bewusst.

Starkes Nervenkostüm Wer ein starkes Nervenkostüm hat, ist besonders gut in der Lage, im Stress eines Gefechts Informationen korrekt zu verarbeiten. Wer eher emotional geprägt ist, hält dem Druck nicht stand. Stellen Sie sich vor, Sie halten einen Schwamm in der Hand – einen ganz normalen Schwamm aus der Schule beispielsweise. Knautschen Sie ihn, falten Sie ihn, werfen Sie ihn an die Wand. Versuchen Sie, ihn so klein wie möglich werden zu lassen – und dann lassen Sie ihn wieder los. Was stellen Sie fest? Der Schwamm wird immer wieder und in kürzester Zeit in seine ursprüngliche Form zurückkehren. Genau das nennt man Resilienz oder auch Widerstandskraft. Der aus der Physik stammende Begriff beschreibt die Fähigkeit eines Körpers, auch nach dem größten Druck wieder in seine alte Form zurück zu kehren. Und genau das kann man auch vom Profisport lernen. Die Fähigkeit, in Drucksituationen, nach Rückschlägen und in Situationen der Ungewissheit schnell wieder aufzustehen, fokussiert zu bleiben und optimistisch zu sein sowie positiv mit negativen Gefühlen umzugehen. Das heißt: auch bei Angst, Schuld oder Zweifeln in Wahlmöglichkeiten zu denken und Wege zu finden, um möglichst schnell wieder positive Gefühle aufbauen zu können.

Das macht Führungskräfte aus. Immer weiterzumachen, auch wenn die Situation noch so ausweglos ist. Nicht meckern, nicht lamentieren, immer klar in der Gestik, Mimik und Körpersprache auftreten. Ohne Frage verfügt Nationalspieler Thomas Müller über ein solch starkes Nervenkostüm – bis zur letzten Sekunde: »Meine größte Stärke ist, dass ich nicht aufhöre, wenn es nicht geklappt hat. Ich versuche es immer weiter. Und wenn ich es 15 Mal machen muss, damit es einmal klappt – aber dann steht es halt 1:0. Ich lamentiere nicht, ich mache einfach weiter!« Disziplinierte Denker haben Ihre Gedanken im Griff! In jeder Situation. Sie können ihre Emotionen steuern und Impulse kontrollieren. Das ist mentale, innere Stärke, die trainiert werden kann! Bayern München achtet verstärkt darauf, mental starke Spieler zu verpflichten, weil solche

Profis auch in kritischen Situationen der öffentlichen Wirkung standhalten. Das gilt für Trainer genauso.

Üben, üben, üben

Disziplin: Arbeiten Sie konzentriert und achtsam an Ihrer Aufgabe, die Sie gerade bewältigen müssen. Heute ist heute, jetzt ist jetzt! Lassen Sie sich nicht permanent von anderen Aufgaben, Ideen oder Menschen ablenken.

Gelassenheit: Bleiben Sie in jeder Stresssituation gelassen, lassen Sie sich nicht von ihren Emotionen überwältigen. Denken Sie immer in Wahlmöglichkeiten! Geht's nicht so, probieren Sie es anders.

Selbstwirksamkeitsüberzeugung: Treten Sie mit der Überzeugung auf, dass man durch das eigene Verhalten sich und die Dinge, die uns umgeben, zum Besseren ändern kann. Sie sind nicht Opfer, sondern Regisseur ihrer Welt.

Grübeln verboten, Fehler sofort abhaken Es gibt sie, die Trainingsweltmeister, also Spieler, die im Training weltmeisterlich auftreten, hier voll belastbar sind, sich blitzschnell in ihren Entscheidungen zeigen und Tore schießen, im Spiel am Wochenende dann aber zu Fehlern neigen und das Geübte nur begrenzt abrufen können. Sie verkrampfen, beginnen zu grübeln, versagen. Ein Phänomen, das es natürlich nicht nur im Fußball gibt, sondern überall dort, wo sich Menschen auf der Bühne präsentieren müssen. Führungspersönlichkeiten geht das nicht anders. Auch sie müssen über Präsentationstechniken verfügen und lernen, den Hebel umzulegen wenn nötig. Eben bloß nicht ins Grübeln kommen! Denn das führt zu Energieverlust.

Gut erklären konnte das ein junger Mittelfeldspezialist vom Karlsruher SC. Bei ihm waren es immer die ersten zehn Minuten eines Spiels, die darüber entschieden, wie die weiteren 80 Minuten laufen würden. Kam er in die Zweikämpfe, gewann er diese, lief das Spiel. »Dann konnte ich meinem Gegenüber Knoten in die Beine spielen!« Doch blieb er in den ersten Minuten in einer Eins-gegen-Eins-Situation hängen, begann das Nachdenken, und die Beine wurden schwer. Ähnlich ging es ihm nach einer vergebenen Chance oder einem Fehlpass. »Ich grübelte über Situationen, die ich nicht mehr ändern konnte. Das war im Spiel tödlich und blockierte mich total. Manchmal kriegte ich einen regelrechten Tunnelblick und war dann nicht mehr offen für neue Situationen – und konnte Vergangenes nicht abschalten. Oder ich dachte an den kommenden Tag und was wohl über meine Leistung in der Zeitung stehen würde. Ich war dann einfach nicht im Hier und Jetzt.«

Drucksituationen trainieren und bewältigen Häufig verkrampfen Sportler in Drucksituationen, weil sie ihren Fokus zu sehr nach innen richten. Das bedeutet: Sie grübeln, hängen in einer Spielsituation fest, denken über nicht optimal verlaufene Aktionen nach. Es sind negative Situationen, die dazu führen, dass man mit seinen Gedanken abschweift, unkonzentriert spielt, nicht im Jetzt ist, seine Aufmerksamkeit auf das falsche Ziel lenkt. Die Folge: Negative Emotionen werden frei und führen dazu, dass der Körper nicht in Schwung kommt – oder verkrampft. Je mehr ein Spieler dagegen von den Aktionen des Spiels vereinnahmt wird, also absolut im Handeln/in der Jetztzeit ist, desto besser!

Joachim Löw machte sich mit seinem Expertenteam im Vorfeld der WM 2014 in Brasilien lange darüber Gedanken, wie und ob man den Umgang mit Druck überhaupt trainieren könne. Angefangen bei den ohrenbetäubenden Geräuschen im Stadion bis hin zum richtigen Umgang mit negativen Zwischenergebnissen und der daraus resultierenden Frage, wie man einen Rückstand noch in einen Sieg verwandeln könne. Grund hierfür waren unter anderem die Erlebnisse aus dem Halbfinale gegen Italien zwei Jahre zuvor bei der Europameisterschaft in Warschau. Schon zur Halbzeit hatte die deutsche Nationalmannschaft durch zwei Tore von Mario Balotelli hinten gelegen, ehe Mesut Özil in der Nachspielzeit durch einen Elfmeter den Anschlusstreffer für Deutschland erzielen konnte. Doch der Treffer kam zu spät.

»Es war wahnsinnig schwierig, gegen Italien zurückzukommen. Und irgendwann schaltet sich auch im Kopf der Hebel um, dass es kaum zu schaffen ist. Immer wieder muss man anrennen gegen dichte Abwehrreihen. Da haben wir uns gefragt, wie wir eine solche Drucksituation üben können. Eben den Umgang mit negativen Zwischenresultaten. Ist das überhaupt trainierbar?« Die Antwort des Expertenteams: An Grenzen führen durch mentale Provokation – Training durch methodischen Zwang. Das bedeutet: Drucksituationen trainieren lassen, um in entscheidenden Situationen die Kapazitäten im Kopf zu haben – in der Fachsprache auch »Selbstpriming« genannt, also die Lenkung oder Einstimmung des Unbewussten auf bestimmte emotionale und mentale Zustände. So simulierte das Trainerteam verschiedene Drucksituationen. Auf engstem Raum mussten die Spieler den Ball möglichst lange in den eigenen Reihen halten – der Gegner war zudem in der Überzahl, stellte das Tor zu, attackierte. Außer unter Raum- und Gegendruck wurden die Spieler unter Zeitdruck gesetzt: Aufgabe des offensiven Mittelfelds und der Sturmreihen war es, innerhalb von nur zehn Minuten mindestens ein Tor zu schießen – unter Gegenwehr der Abwehrspieler.

Von ähnlich provokativen Übungen berichtete Ex-Hockey-Trainer Bernhard Peters: »Wir simulierten die letzten Minuten eines Spiels. Schossen die Sturmreihen kein Tor, waren für sie 10 Extrarunden um den Platz angesagt. Schossen sie ein Tor, mussten die Abwehrspieler laufen gehen. Das Tempo wurde ständig erhöht. Es ging mächtig zur Sache!« Verlieren wollte keiner!

Viele Menschen haben heute ebenso wie Hochleistungssportler und Trainer eine hohe Arbeitsbelastung und viele Drucksituationen zu bewältigen. Sie fühlen sich oft vom Druck, der auf ihnen lastet, überfordert. Sie wirken nervös und gereizt, klagen über Magenbeschwerden, Rücken- oder Kopfschmerzen, haben Schlafstörungen und können dauerndes Grübeln und negative Gedanken nicht abstellen. Sich dem Druck mit einem gewissen inneren Abstand zu stellen, ist hierbei die beste Lösung.

Dabei gilt es, die Gründe für Erfolg und Misserfolg gründlich zu analysieren (Kausalanalyse) und daraufhin zu Schlussfolgerungen zu kommen. Weiterhin ist es wichtig, für sich selbst zu klären, ob es sich um einen selbst auferlegten Druck handelt, oder ob man die von außen geforderten Erwartungen und Ansprüche erfüllen möchte. Kommt der Druck von außen, kann er krank machen: Er kann die Freude an der Arbeit nehmen, die Leistung hemmen, Angst auslösen, lähmen, demotivieren und sämtliche Energien rauben, und er macht vom Urteil anderer abhängig. Hier braucht es Mut, den fremden Erwartungen zu widersprechen und sich ihnen nicht so einfach zu beugen.

Selbst auferlegter Druck kann von einem zu geringen Selbstwertgefühl kommen, von einer inneren Unsicherheit und Selbstzweifeln, den Anforderungen nicht gewachsen zu sein. Trainer hören auf, etwas zu versuchen, weil sie ernsthaft bezweifeln, dass sie das Erforderliche leisten können und stellen ihre eigenen Kompetenzen in Frage. Das Selbstwertgefühl hängt also von der Beurteilung und der Einstellung zu den eigenen Fähigkeiten und Möglichkeiten ab. Den eigenen inneren Zustand unter Kontrolle zu haben, ihn selbst wählen, beeinflussen und beibehalten zu können, gehört zur Selbstkompetenz. Es sind die Prozesse, mit denen man sich selbst führt oder, anders gesagt, wie sich eine Führungskraft in einer speziellen Situation verhält.

Führende mit positivem Selbstwertgefühl müssen selten oder nie zu Kritik oder negativen Sanktionen greifen. Ein positives Selbstwertgefühl in Bezug auf ein gewünschtes Resultat muss vorhanden sein, um erfolgreich zu führen. Entscheidend ist der richtige Umgang mit sich selbst und der Umgang mit Druck oder Stress – eine zutiefst persönliche Angelegenheit. Führungspersonen mit einem positiven Selbstwertgefühl kennen ihren Wert. Sie vertrauen auf ihre eigenen Stärken und können ihre Schwächen kompensieren – Selbstachtung ohne egoistische Ich-Bezogenheit, ohne Selbstbeweihräucherung und Überheblichkeit. Sie haben ein gutes Gefühl zu sich selbst. Sie arbeiten beharrlich an der Entwicklung ihrer Fähigkeiten und Stärken und fühlen sich für sich selbst verantwortlich. Man kann sie auch zu Recht als »Selbstentwickler« bezeichnen. Sie können die Übereinstimmung zwischen den eigenen Qualifikationen und den Erfordernissen ihres Berufes richtig beurteilen. Reflektieren Sie selbst: Woher kommt der Druck bei Ihnen? Von innen oder von außen?

Skills and tools

»Im Kohlebergwerk zu schuften, ist Druck. Arbeitslos zu sein, ist Druck. Bei einem Lohn von 50 Shilling pro Woche gegen den drohenden Abstieg zu kämpfen, ist Druck. Der Europapokal oder das Pokalfinale sind kein Druck. Das ist der Lohn.«

Bill Shankly, Trainer des FC Liverpool

Practice 1: Ich-Firma leben

Geht es der Ich-Firma gut, geht es der Führungskraft und dem Umfeld gut. Das ist bei Top-Performern aus der Bundesliga nicht anders als bei guten Führungskräften, die ein Team alltäglich zu Höchstleistungen inspirieren dürfen. Dabei liegt es an jedem selbst, sich über seine eigene Firma Gedanken zu machen. Was tun für das eigene Ich? Für Körper, Geist und Seele?

Was tun für das eigene Ich?

- Ich-Firma visualisieren! Ein Blatt Papier in der Lieblingsfarbe reicht bereits aus. Und dann: Einfach beschriften! »Ich lebe meine Ich-Firma!« Eine Mindmap zum Thema bietet sich ebenfalls an. Wichtig: Sie sollte täglich ins Auge fallen!
- Inseln schaffen! Eine Insel ist dort, wo man am besten abtauchen, zur Ruhe kommen und auftanken kann. Jeder Mensch hat ein eigenes Bild von seiner Insel, wo sie liegt und wie sie sich anfühlt. Jeder Mensch braucht mindestens eine Insel.
- Netzwerk erweitern – beruflich wie privat! Auf Augenhöhe diskutieren, gefördert und gefordert werden; kompetente Unterstützer und Vertraute geben Sicherheit. Ein professionelles Netzwerk öffnet zudem Türen. Energieräuber sollten allerdings keinen Zutritt haben!
- Umfeld managen! Ein Kraft spendendes und positives Umfeld schaffen. Es dient zum Auftanken und Rücken stärken. Nur dann sind Spitzenleistungen möglich.

Practice 2: Innere Balance

Das vernünftige Haushalten mit den eigenen Kräften entspricht der antiken philosophischen Lehre der Selbstsorge, cura sui. Wer nicht genügend für sich selbst, das heißt für die eigene Gesundheit, das eigene Wohlbefinden, die eigene Leistungsfähigkeit sorgt, kann auch nicht für andere sorgen. Selbstsorge ist also keineswegs egoistisch, sondern dient der Erhaltung der eigenen Lebenskraft. Jeder ist gern mit Menschen zusammen, die vor Energie strotzen. Doch durch Präsenz, Gestik, Mimik und Körpersprache auf andere wirken zu können, bedarf es einer ausgefeilten Selbstregulation. Und der richtigen Selbstsorge, um in der Balance zu bleiben. Mental, emotional, spirituell und körperlich.

Selbstsorge durch …
- Nachdenken über Lebensweisen,
- Wahl der Lebensform,
- Regulierung des eigenen Verhaltens,
- Selbstzuweisung von Zielen und Mitteln.

Körper
- Ich laufe (schwimme oder fahre Rad) zweimal pro Woche mindestens 30 Minuten lang.
- Ich betreibe mindestens einmal pro Woche Sport.
- Ich atme täglich fünf Minuten bewusst und tief.
- Ich trinke täglich eineinhalb bis zwei Liter Wasser.
- Mein Bodymaßindex (BMI) liegt unter 25.

Mentaler Bereich
- Ich denke aus der Fülle.
- Ich lobe mehr als ich kritisiere (auch mich).
- Ich praktiziere tägliche An- und Entspannung.
- Ich stelle mir meinen Erfolg, meine Ziele im Vorhinein vor, arbeite daran und vertraue darauf, dass ich diese inneren Bilder erreichen werde.
- Wenn ich etwas beginne, dann bleibe ich dran, solange ich an den Erfolg glauben kann, konsequent und über alle Schwierigkeiten hinweg.
- Ich denke in Wahlmöglichkeiten. Geht's nicht so, versuche ich es anders.

Emotionalität

- Ich bin offen und gehe auf anderen Menschen zu.
- Ich nehme Rücksicht auf die Gefühle meiner Mitmenschen und gehe damit respektvoll um.
- Die gute persönliche Beziehung zu meinem Umfeld ist mir besonders wichtig.
- Ich nehme Kritik als Feedback wahr und nutze diese als Chance, um mich zu verbessern.
- In Konfliktsituationen denke ich immer in Lösungen.

Spiritualität

- Ich meditiere.
- Ich suche in Dingen, die mir widerfahren, den höheren Sinn.
- Ich nutze ruhige Zeiten zur inneren Reflexion und Kraftsammlung und bin dabei auch mal gern mit mir allein.
- Ich achte auf Botschaften in meinem Leben und berücksichtige sie in meinem Handeln.
- Ich fühle mich für mich selbst verantwortlich.

Yoga und Fußball? Vor Jahren noch undenkbar, heute in so ziemlich jeder Bundesligamannschaft fest im Trainingsplan verankert. Ziel: Zur Ruhe kommen, sich auf den Punkt konzentrieren können, in der Jetztzeit sein, entspannen. Natürlich, Beckenbauer, Pele und Co. sind auch ohne Yoga Weltmeister geworden. Doch die Zeit ist eine andere. Und Konzentrationsübungen schaden niemandem.

Practice 3: Abschalten

Nicht immer kann man sich im Job physisch tatsächlich auch zurückziehen – selbst wenn man das gern möchte oder dringend eine Pause zum Abschalten braucht. Eine Möglichkeit aber: mit dem Kopfkino auf Reisen gehen! Auch während der Arbeitszeit! Ein Bild von einer solchen Ruheoase kann dabei helfen und gehört als Grundausrüstung in jedes Trainer-, Spieler- oder Führungshandbuch. Es dient als Anker, um für den Fall der Fälle gerüstet zu sein.

Jeder hat Erinnerungen an einen schönen Ort, an dem er sich entspannen kann und wohlfühlt. Auf der grünen Sommerwiese im Garten, beim Wandern in den Bergen oder beim Relaxen am Meer. Profitrainer sammeln sich in ihrer Kabine, bevor sie mit klaren und kurzen Inputs ihr Team auf den Rasen schicken. Sie rufen sich diese Bilder immer wieder vor Augen, beispielsweise kurz vor dem Anpfiff oder in den Pausen eines Spiels. So können Sie auch im größten Trubel total abschalten.

Einfach abtauchen!
- Ein persönliches Ruhebild im Kopfkino ablaufen zu lassen, dient der geistigen Entspannung. Es beruhigt und führt zu innerer Lockerheit.
- Langsames Einatmen durch die Nase und Ausatmen durch den Mund entspannt die Gesichts- und Körpermuskulatur. Das Aufsagen eines Schlüsselsatzes wie »Ich bin ruhig und gelassen« wirkt unterstützend.
- Der Farbausdruck des eigenen Ruhebildes sollte im persönlichen Handbuch vorhanden sein – als Erinnerer, um sich in entscheidenden Situationen mental dorthin zu versetzen.
- Schon wenige Minuten können reichen, um abzuschalten und neue Kräfte zu bündeln.

Practice 4: Selbstbild

Das eigene Selbstbild ist entscheidend für die Entwicklung eines Menschen, nicht das Talent – und der Schlüssel zu einem starken Selbstbewusstsein. Durch die Kraft der Gedanken und das Fördern der eigenen Fähigkeiten kann dies gestärkt werden. Auf eigene Kenntnisse und eigenes Know-how kann man in Krisen bauen. Viele Profis führen sich Ihre Erfolge ständig vor Augen, um Körper, Geist und Emotionen immer flexibler, widerstandsfähiger und belastbarer werden zu lassen.

Vergewissern Sie sich Ihrer selbst
- Ich-Wand anlegen: Hängen Sie persönliche Bilder direkt neben Zettel, auf die Sie Ihre eigenen Stärken, Wünschen, Träumen oder Zielen notiert haben. Auch Bilder vergangener Erfolge, starke Sprüche und Vorbilder schärfen das persönliche Wand-Profil.

- Erfolgstagebuch führen: Schreiben Sie täglich drei Erfolge auf – positive Feedbacks, Komplimente von Freunden, Herausforderungen, die Sie gemeistert haben. Auf diese Weise entstehen in einem Jahr fast 1.100 Erfolgsmeldungen – das schärft den Blick für die eigenen Stärken und hebt das Selbstvertrauen.

Practice 5: Toughness-Training

Das Spiel ist erst zu Ende, wenn abgepfiffen wird! Es gilt, bis zur letzten Sekunde zu fighten, egal, wie hart der Kampf auch sein mag. Zielgerichtet voranschreiten, willensstark auftreten, unerschütterlich und bis zur letzten Sekunde Glauben vermitteln und auch so auftreten – und dann das Unmögliche möglich machen. Das zeichnet große Trainer und große Profisportler gleichermaßen aus. Durch Hartnäckigkeit und eine unbändige Willenskraft Schwierigkeiten und Störfaktoren überwinden. Und immer an das Unmögliche glauben. Denn es ist niemals vorbei, bevor es vorbei ist! Top-Performer in Sport und Führung arbeiten täglich an ihrer Widerstandsfähigkeit.

Das Ziel von Top-Performern ist es, …
- mentale und emotionale Stärke aufzubauen,
- Widerstandsfähigkeit und Belastbarkeit zu erhöhen,
- sich fokussiert durchzusetzen,
- auf jedes Ereignis vorbereitet zu sein,
- immer besser zu werden.

Tägliches Gedankentraining: Visualisierungstechniken können dabei helfen, negative Emotionen durch Humor zu stoppen und immer energetisch zu denken – je größer der Druck auch wird! So werden Körper, Geist und Emotionen immer flexibler, widerstandsfähiger und belastbarer. Denn: Positive Energie ist der Schlüssel zum Erfolg. Ein Energiefluss wird in Gang gesetzt, indem man energetischer denkt! Der Gedanke »Ich bin mit Freude bei der Sache« löst auf der Stelle einen positiven Energiefluss aus.

Tägliches Gedankentraining

- Ich stelle mich täglich meiner Aufgabe.
- Ich liebe die Herausforderung.
- Ich gebe täglich mein Bestes.
- Ich werde mich, auch wenn der Druck noch so groß scheint, nicht gegen mich selbst richten.
- Ich werde mich auf jede neue Aufgabe optimal vorbereiten.
- Ich zeige Stärke.
- Je verrückter es wird, desto mehr Freude werde ich haben.
- Ich habe gewonnen, wenn ich mein Bestes gegeben habe.
- Ich bin mit Freude bei der Sache.
- Ich liebe den Druck.

Practice 6: Angst bewältigen

Auch das gehört zum Toughness-Training: Sich mit den eigenen Ängsten auseinandersetzen und sie bewältigen. Wer selbstbewusst und stark in einen Wettkampf geht, wird wesentlich erfolgreicher sein, als ein Profi, der zu viel grübelt. Es gilt emotionale Schwächen in Stärken umzuwandeln, möchte man beruflichen Erfolg haben.

Ein Blick über den Tellerrand zu Ausbildungen von Sondereinsatzkommandos der Polizei oder Spezialeinheiten der Bundeswehr ist interessant. Emotionale Stärke, selbstbewusstes Auftreten und absolute Gedankendisziplin werden hier von Anfang an trainiert. Wer jedoch zu leicht die Nerven verliert, hat später keine Chancen, einen Job zu bekommen. Nicht umsonst wird bereits in ersten Eignungsprüfungen emotionale Belastbarkeit getestet, der Bewerber an seine Grenzen geführt. Die wesentliche Komponente heißt: Angstbewältigung. Doch Angstbewältigung ist trainierbar. Dabei ist es durchaus interessant zu verfolgen, welchen Entwicklungsprozess junge Auszubildende in nur wenigen Monaten nehmen, um emotional stärker zu werden. Und es sind meist ganz einfache Module, die junge Menschen Ängste überwinden lassen.

Alemannia zog ins Manöver

Eine 24-Stunden-Schicht war für die Kicker von Alemannia Aachen angesagt. Und das mitten in der Saisonvorbereitung. Allerdings diesmal ohne Fußbälle und Fußballschuhe, sondern in voller Montur, mit Marschgepäck und zwei Paar Stiefeln. Neben einem Orientierungslauf über 15,75 Kilometer mussten die Kicker in Teams gegen die Soldaten antreten. Neben der Ausrüstung, bei der lediglich die Gewehre fehlten, mussten auch Medizinbälle über eine lange Distanz geschleppt werden. Berührte nur ein Ball den Boden, musste die ganze Gruppe zehn Liegestützen machen. »Teamgeist und körperliche Arbeit wurden geschult sowie das Gefühl, die eigenen Grenzen zu überwinden, hart gegen sich selbst zu sein«, bilanzierte Oberst Bremke später. Für Trainer Peter Hyballa außerdem interessant zu sehen, wer in den Teams vorwegmarschierte, durchhielt, die Führung übernahm.

Natürlich: Man kann den Drill von Bundeswehr, einem Sondereinsatzkommando oder anderen Spezialeinheiten weder auf den Leistungssportler noch auf deren Führungskräfte übertragen. Außerdem ist die zu bewältigende Angst eine andere: Während Spitzenprofis Angst vor dem Versagen haben oder die Furcht, den (eigenen) Erwartungen nicht zu entsprechen und im schlimmsten Fall das Spiel verlieren, geht es in den erwähnten Berufsgruppen nicht selten um Leben oder Tod. Und dennoch: Einige Elemente liefern wertvolle Einblicke, wie man mentale, emotionale und physische Kraft entwickeln kann, denn das ist der Schlüssel zum Erfolg, um zum mutigen Kämpfer zu werden.

Ängste überwinden durch ...

- feste Regeln, Rhythmen, Rituale,
- starke Gestik, Mimik, Körpersprache,
- keine sichtbaren Zeichen von emotionaler Schwäche oder negativer Emotionen,
- hoher emotionaler und mentaler Stress im Training,
- feste Erholungszeiten,
- gründliche Fitnessprogramme,
- Erholungstraining.

Practice 7: Energiegeber

Die Top-Performer der Bundesliga müssen immer und in jeder Sekunde Energiegeber sein. Teilweise sogar über einen langen und kräftezehrenden Zeitraum von fünf oder sechs Wochen ohne Unterlass. Die Herausforderungen sind groß und je vielfältiger der Energiegeber-Koffer, desto besser. Jede Führungskraft kann sich hier ihr ganz eigenes Trainingsprogramm zusammenstellen, um äußerlich stark aufzutreten.

Energiegeber

- Cape Walk, der dynamische Schritt! Dynamik ist Jugend: Jeder kennt Superman mit seinem waagerecht im Wind wehenden Cape. Die Vorstellung, ein solches Cape zu tragen, aufrecht zu stehen und mit forschen Schritten voranzuschreiten, signalisiert Dynamik!
- Durch die Erbse zur Energie! Die Muskeln anzuspannen ist immer ein guter Kniff, um sich selbst zu motivieren, Energie im Körper zu erzeugen. Den gleichen Effekt erreicht man, wenn man sich eine imaginäre Erbse zwischen die Pobacken klemmt. Die Wirkung: aufrechter Gang, Stärke und Energie!
- Glücksgefühle durch Bleistift! Ein Stift oder Kugelschreiber zwischen den Zähnen kann für Energie sorgen – und zwar dann, wenn die Lippen den Stift nicht berühren. Und schon lächelt man. Eine Minute halten, bis der Körper das Gehirn mit Endorphinen, also Glückshormonen verwöhnt.
- Ängste abschütteln! Die Vorstellung, eine Rede vor 100 Leuten zu halten, flößt vielen Menschen Angst ein. Das kurze Anspannen sämtlicher Körpermuskeln, um dann loszulassen und kräftig durchzuatmen lässt nach mehrmaliger Wiederholung die Angst deutlich schwinden.
- Das ist die Krönung! Die Vorstellung, eine Krone auf dem Kopf zu tragen, sorgt für eine gerade Körperhaltung. Neigt man sich dagegen mit dem Oberkörper zu weit nach vorn, wirkt man unsicher (die Krone rutscht herunter). Eine zu hohe Kopfhaltung strahlt Arroganz aus (die Krone rutscht nach hinten). Um Selbstsicherheit auszustrahlen, sollte man außerdem flexibel in den Knien bleiben. Wer die Knie durchstreckt, ist nicht nur körperlich unflexibel, sondern angeblich auch gedanklich. Lächeln! Übrigens: Christoph Metzelder liebt die Krone – kein Wunder, spielte er doch bei den Königlichen in Real Madrid.

- Die Kraft des Wassers! Ein Glas lauwarmes Wasser am Morgen wirkt wie eine Energiedusche von innen, macht wach und regt nicht nur die Verdauung, sondern den gesamten Organismus an. Angeblich schwört auch der Bundestrainer darauf.
- Gedankenstopp! Störende Gedanken kann man durch ein klar formuliertes »Stopp« ausschalten, innerlich oder bei Bedarf auch laut, um den Blick dann wieder auf die anstehende Aufgabe zu konzentrieren oder die negativen Gedanken wieder in unterstützende, positive Gedanken zu drehen.

Entscheidend is auf'm Platz

Lassen Sie uns die wichtigsten Merksätze von Key 4 noch einmal zusammenfassen:

- Ich-Firma leben!
- Ich achte auf ein gutes Umfeldmanagement!
- Geht es mir gut, geht es meinem Umfeld gut.
- Nur wer über ein gut funktionierendes Umfeld verfügt, kann Spitzenleistungen abrufen – im Sport genauso wie als Führungskraft.
- Ein »Nein« zu anderen ist ein »Ja« zu sich selbst.
- Schaffen Sie sich Inseln!
- Achten Sie auf die richtige Balance zwischen Anspannung und Entspannung. Ein fester Rhythmus ist alles.
- Gute Führungskräfte sind immer auch gute Energiemanager!
- Lernen Sie, den Druck zu lieben!
- Versuchen Sie jeder noch so schwierigen Situation etwas Positives abzugewinnen.
- Disziplinierte Denker sind immer in der Jetztzeit!
- Gedankendisziplin!
- Lebensqualität ist ein wichtiger Hygienefaktor.

Key 5: Beziehung

»Ob es eine große oder eine kleine Rolle war – er hat mit jedem von uns so gearbeitet, als ob er die Hauptrolle gespielt hätte.«

Jürgen Prochnow über Regisseur Wolfgang Petersen (»Das Boot«)

First Touch

Notizen der Weggefährten: Petržalka-Stadion, 11. Oktober 2006, 20.30 Uhr
Nur noch wenige Minuten – dann war es endlich so weit. Anpfiff in Bratislava. Auswärtsspiel in der Slowakei. Ein ganz wichtiges Spiel stand auf dem Plan von Jogi Löw und der deutschen Nationalmannschaft. Noch immer war die WM in den Köpfen der Menschen, doch der Blick in die Vergangenheit half nicht weiter. Punkte mussten her. Punkte sammeln für die EM-Qualifikation. Sicher, die Slowaken waren auf den ersten Blick keine echte Fußballnation. Ein kleines Land mit unzähligen, für den ehemaligen Ostblock typischen Problemen – und längst nicht so vielen gut ausgebildeten Fußballern. Trotz alledem sah die Begegnung auf dem Papier leichter aus, als sie in Wirklichkeit war.

Die Slowaken hatten in den vergangenen Spielen durchaus beeindruckt. Sie waren technisch versiert, standen sicher in der Defensive und spielten blitzschnell über die Flügel nach vorn. Nicht zu vergessen das brandgefährliche Sturmduo um Marek Mintal und Robert Vittek – allen Bundesligafans bestens bekannt von ihrem Engagement beim 1. FC Nürnberg. Und genau das beunruhigte. Die slowakischen Spieler wussten um ihre Chance. Spielten sie heute gut, konnte man sie bald schon in der Bundesliga sehen – oder in der Premier League in England, der Seria A in Italien oder der Primera División in Spanien. Dementsprechend motiviert würden sie auch auftreten.

Aber wie auch immer – es galt wohl, nur auf die eigenen Stärken zu schauen. Wenngleich dieser Blick etwas beunruhigend war. Der eiskalte Ostseewind hatte der Mannschaft im Trainingscamp in Rostock übel mitgespielt. Bastian Schwein-

steiger und ein paar andere der damals noch jungen Garde klagten über starke Ohren- und Halsschmerzen und ausgerechnet Lukas Podolski steckte – so wollten es die Medien zumindest gern sehen – seit seinem Wechsel zum FC Bayern in einer tiefen Krise.

Wir hatten uns bereits einen Tag zuvor am Vormittag vom altehrwürdigen Südbahnhof Wiens auf den Weg nach Bratislava gemacht – nicht etwa, um am kommenden Abend das Spiel zu sehen, sondern lediglich für einen kurzen One Touch – eine Berührung oder auch Inspiration zwischen Tür und Angel mit Jogi Löw. Zwei Stunden später war es dann so weit: Gemeinsam saßen wir im fünften Stockwerk des hoteleigenen Clubs – mit einem beeindruckenden Ausblick über die bezaubernde und sonnenüberflutete Altstadt Bratislavas. Jogi Löw nippte derweil öfter an einem Glas, gefüllt mit heißem Wasser – auch ihn hatte die kalte Ostseebrise anscheinend nicht unberührt gelassen.

Nach einem kurzen Warm-up landeten wir wie immer beim Fußball und den Stärken und Schwächen des kommenden Gegners, bevor es um Wesentlicheres ging. Natürlich hatte die Kritik an Lukas Podolski als absolutem WM-Shootingstar auch Löw nicht kaltgelassen, sorgte Poldi doch beim Training stets für gute Stimmung. Doch diesmal war ihm nicht zum Lachen zumute. Er wirkte in sich gekehrt und ruhig – zu ruhig. Nun war Lukas kein Mann der großen Worte, und so versuchte Löw ihm so einfach wie möglich so viel wie nötig mit auf den Weg zu geben – ihn aufzubauen, den Rücken zu stärken, seine Fähigkeiten bewusst zu machen. Und über diesen Schlüssel machten wir uns Gedanken. Schließlich war er ein Spieler, der den Unterschied ausmachen konnte.

Eine Initialzündung für den Stürmerstar musste her, ein One Touch. »Torabschluss, Zielstrebigkeit, Schusskraft und Technik« hielten wir als Poldis vier größten Talente auf vier Karteikarten fest. Diese sollten – möglichst unter seinem Kopfkissen – deponiert werden, um über Nacht für reichlich Energie zu sorgen, so scherzten wir. Eine komplette Lösung für Poldi hatten wir aber nicht, zumal die Zeit mal wieder vorbeiflog und die Mannschaft zum Training musste. Aber immerhin: Ein Anker war gesetzt und der Rest konnte gegebenenfalls via SMS geregelt werden. So war nach 45 Minuten für heute in Bratislava alles gesagt. Wir drückten uns kurz, verabschiedeten uns zudem von Jogi Löw mit der inspirierenden happelschen Stirnberührung, trafen am Bus der Nationalmannschaft noch Clemens Fritz, mit dem wir seit der Zeit beim KSC befreundet waren, und fuhren wieder gen Wien, um den Abend beim Heurigen unaufgeregt und philosophierend über die Themen des Tages ausklingen zu lassen.

Zwei Tage später titelte die Wiener Kronenzeitung: »Podolski explodiert auf dem Spielfeld.« 4:1 gewann die deutsche Nationalmannschaft, Lukas trug mit einem Tor-Doppelpack erheblich dazu bei. Ob es an einer kurzen Berührung Jogi Löws einige Minuten vor Spielbeginn lag, an der Bewusstmachung der vier größten Stärken mittels Karteikarten, die er Poldi am Abend zuvor zugesteckt hatte oder einfach nur ein Stück Glück oder Zufall war, sei dahingestellt. So oder so: Der Glaube an sich und andere versetzt bekanntlich Berge!

Einwurf

Eine Erzieherin aus dem Kindergarten berichtete von einem ihrer auffälligsten »Pflegefälle«, ein schwieriger Charakter, ein Kind, das schwer zu lenken war – übrigens und nur am Rande erwähnt heute in der Pädagogik nicht mehr als verhaltensauffällig tituliert, sondern als verhaltenskreativ. Der Junge konnte hin und wieder auch lieb und nett sein, doch meist kam eine andere Seite zum Vorschein. Dann wurden Kinder geboxt, gebissen, oder er ging über Tische und Bänke – und manchmal sogar über den Kindergartenzaun hinweg. Ohne Abmeldung.

Doch während die Erzieherinnen im Normalfall das Gespräch mit den Eltern suchten und hier in Lösungen dachten, war das in diesem speziellen Fall nicht möglich. Denn: Die Eltern zeigten sich beratungsresistent. Klarer Fall: Alle anderen sind Schuld. Die Folge – und ganz egal, ob berechtigt oder unberechtigt: Der Junge hatte seinen Stempel weg. Ein Lichtblick immerhin: Beim Lehrerinnen-Erzieherinnen-Gespräch kurz vor der Einschulung wurde der Verhaltenskreative als großer Fußballfreund vorgestellt. Und so nahm sich die ebenfalls fußballbegeisterte Lehrerin vor, aus dem rohen Diamanten einen Teamplayer zu formen – auf und neben dem Platz. Denn fest stand: Die kommenden Jahre würden sie gemeinsam verbringen. Da half nur eins: An der Beziehung arbeiten!

Von »faulen Äpfeln«

Ganz anders ist das im wirklichen Profileben: Hier wird schnell von den »faulen Äpfeln« berichtet, die möglichst noch schneller entsorgt werden müssen. Denn was mit einem faulen Apfel geschieht, der seine Zeit mit anderen Äpfeln in einem Korb verbringt, dürfte jedem klar sein. Er steckt die anderen Äpfel an. Im Profifußball bedeutet das: Er überträgt seine negativen Energien, sein schlechtes Verhalten auf die Mannschaft – und zieht alle ihm nahe stehenden Kicker mit in den Abgrund.

Es ist eine ganz spezielle Kompetenz vieler Trainer, vom ersten Augenblick an zu erkennen, wer denn ein solcher fauler Apfel sein könnte, um dann sehr schnell Maßnahmen zu ergreifen. Und nicht selten werden solche faulen Äpfel ganz bewusst gesucht, um ein Exempel zu statuieren – und zwar von Anfang an. Motto: »Nur wer mitzieht, hat eine Chance!« Aussortieren statt integrieren.

Jürgen Klinsmann weiß in diesem Zusammenhang von einer »unglücklichen Entscheidung« zu berichten, als Stefan Effenberg nach seiner Stinkefinger-Aktion von Dallas, mit der er auf die Unmutsäußerungen von Fans reagierte, von DFB-Präsident Egidius Braun nach Hause geschickt wurde. »Vielen hat der Schuss Gelassenheit gefehlt, mit dem Problem umzugehen. Stefan war ein absoluter Ausnahmespieler 1994. Ich habe noch versucht, die Leute umzustimmen und habe zu ihnen gesagt: ›Es reicht, wenn der Kerl sich entschuldigt. Ist es wichtig, ihn jetzt anzuklagen, weil er den Mittelfinger gezeigt hat, oder dass wir Weltmeister werden? Das könnt ihr auch nach der WM noch machen.‹ Berti Vogts wollte auch nicht, dass alles übers Knie gebrochen wird. Aber er musste sich der DFB-Führung beugen«, erzählte Klinsmann. Genau das sollte ihm als Bundestrainer auf keinen Fall passieren.

Natürlich, Jungs sind Jungs, die kleinen wie die großen. Und es gibt Regeln, an die man sich halten sollte und Dinge, die einen Tag vor einem wichtigen Spiel zu vermeiden sind. Discobesuche und Trinkgelage gehören definitiv dazu. Auch die zu lange Kneipennacht nach einer deftigen Niederlage kommt bei vielen Fans und Vertretern des Vereins nicht immer gut an. Doch mitunter ist es schon interessant zu sehen, wie schnell nach Fehlverhalten gesucht und dann gehandelt wird.

So soll es tatsächlich Trainer großer Traditionsvereine gegeben haben, die nach Niederlagen ihren Spielern das Lachen und Kartenspielen im Bus verbaten. Und sich in der Woche vor wichtigen Spielen – oder auch am Abend danach – mit Klappstuhl vor die Haustür eines faulen Apfels setzten, um ihn früh am Morgen beim Rückmarsch aus der Disco zu überführen. Dumm nur, dass so mancher Profi dann die Balkontür benutzte. Doch ob das die passende Beziehungsarbeit ist, mag stark bezweifelt werden.

Natürlich, die meisten Führungskräfte merken sehr schnell, wer im Team ohne Wenn und Aber mitzieht, wem man eine Brücke bauen muss, wer gern mal aneckt – oder einfach nur Blödsinn im Kopf hat. Doch letztlich schadet man mit den ewigen und häufig zu harten Disziplinarmaßnahmen nur sich selbst, der Mannschaft und meist auch dem Verein. Denn jede Aktion führt zur Reaktion, jede Maßnahme zu Verlusten – von Gesichtsverlusten bis hin zu Schädigungen des Marktwertes. Das kann niemand wollen.

Sicher – es ist nicht ausgeschlossen, dass sich in einem Team von 20 bis 30 Mitgliedern und ganz egal, ob in Schule, dem Profisport oder dem Büro der eine oder andere Stinkstiefel befindet – oder vielleicht sogar eher die Regel. Und so sollte man wohl oder übel versuchen, diesen einerseits zu zähmen und andererseits seine einmaligen Fähigkeiten in einem anderen Kontext nutzen. Sprich: Seine Eigenart in eine Stärke zu verwandeln, die dem Team nützlich sein kann.

Wie also allen Teammitgliedern von Anfang an und ohne Vorurteile begegnen? Die Antwort darauf gibt Carlo Ancelotti, Startrainer und Wanderer innerhalb der Topligen Europas – vom AC Mailand über Paris St. Germain, den FC Chelsea und Real Madrid bis hin zum FC Bayern München. »Das Wichtigste ist, eine gute Trainer-Spieler-Beziehung herzustellen und darüber die eigenen Ideen vermitteln zu können«, so Ancelotti. Er sieht sich als demokratischen Trainer, für den ein guter Umgang mit allen Spielern grundlegend sei. Denn nur dann könne man auch Erfolg haben. Ancelotti weiter: »Man muss erreichen, dass die Spieler von den Ideen des Coaches überzeugt sind. Sachen einfach durchzudrücken, ist nie gut.«

Also: Überzeugen durch Beziehung. Das Mittel zum Zweck: Ein demokratischer Führungsstil. Vielleicht wurde er auch deshalb von Madrids Ausnahmekönner Christiano Ronaldo so liebevoll und wie folgt beschrieben: »Er ist wie ein großer Bär. Ein niedlicher Typ, was für eine einfühlsame Person.«

Jürgen Klinsmann und Joachim Löw teilten sich beim Sommermärchen 2006 gemeinsam mit ihrem Inner Circle die Aufgaben bzw. die Beziehungsarbeit. Es lag auf der Hand, dass Andy Köpke als Torwarttrainer ein enges Verhältnis zu seinen Keepern hatte, Klinsmann dagegen einen besonderen Draht zu seinen Stürmern und Löw zu den kreativen Köpfen des Teams. So entwickelte jeder einzelne im Trainerstab seine Fähigkeiten und Eignung in Menschenführung. »Du hilfst den jungen Kerlen, sehr wichtige Grundbotschaften mit auf den Weg zu nehmen. Das Konzept ist klar: Du bist da, um die Burschen auf das nächst höhere Level zu bringen.« Damit rückte Klinsmann die Persönlichkeitsbildung von Spielern in den Fokus. »Ein Spieler auf dem Platz kann nur wachsen, wenn er als Person wächst.« Genau diesem Thema widmeten sich Klinsmann, Löw und Co. von der ersten Minute an.

Von Teamarbeit in Sachen »Beziehung« berichtet auch Peter Hyballa, der sich als Co-Trainer in Leverkusen beim Sturm auf die Plätze zur Champions League im Mai 2014 unter anderem und vortrefflich um die Straßenfußballer des Clubs kümmerte. In diesem Fall vor allem um hoch talentierte Kicker mit ausländischen Wurzeln, die eben weniger die Fachsprache der Leistungszentren gewohnt waren, sondern eine andere Art von Berührung und Führung brauchten. Der passende Knopf, den er in solchen Fällen drückte: Heimat und die damit verbundenen Gefühle und Gespräche über die Familie und Traditionen.

Während sein Trainerkollege vor allem durch Fachwissen bei geschulten Leistungszentren-Kickern punktete, stand bei Hyballa die menschliche Komponente im Vordergrund. Maßgeschneidert und individuell. Jeder Spieler wurde dort abgeholt, wo er stand – und mit den richtigen Worten berührt. Fünf Siege hintereinander und ein Champions-League-Platz am Ende der Saison für Bayer Leverkusen inklusive.

»Jeder Spieler hat seine eigene Geschichte, auf jeden muss spezifisch eingegangen werden. Dazu lasse ich mir aus ihrer Vergangenheit erzählen, tauche ein in ihr persönliches Umfeld, um sie besser zu verstehen. Man muss sich für die Leute interessieren. Je mehr ich als Coach von den Spielern weiß, umso besser kann ich sie an ihre Grenzen führen. Hier wird Methodenvielfalt und Flexibilität von mir gefordert, um sie zu Höchstleistungen anzuregen«, berichtet Peter Hyballa. Auch von Team- und Coachkillern kann er berichten. »Als Coach wurde ich mit einigen egozentriert denkenden Spielern konfrontiert. Wir hatten große Ziele, aber kein Budget und konnten es uns nicht leisten, Spieler auszusortieren. Er war einer der Besten mit dem ausgeprägten ›Bahn-frei-jetzt-komm-ich-Verhalten‹. Sein Ex-Trainer warnte mich davor, ihn in die Mannschaft zu nehmen. Er galt als Problemspieler. Unsere Aufgabe: ihn aufnehmen und in einen talentierten Teamspieler umwandeln. Was auch gelang.«

Doch zurück zum eingangs erwähnten Kindergartenschreck: Hier war es das Trikot des HSV, das eine positive Beziehung zum neuen Coach, in diesem Fall die Lehrerin, entstehen ließ. Tägliche »Fußballer-Expertengespräche« gehörten dazu genauso wie intensive Tipprunden zu Welt- und Europameisterschaften. Sie schöpfte jede Möglichkeit aus, um zu einer für alle idealen Lösung zu kommen. Oder anders gesagt: Größeres Verständnis und Bewusstsein für die emotionale Seite der Menschen zu entwickeln, mit denen wir zusammen ein Team bilden. Durch gegenseitiges Interesse aneinander und offene Kommunikation aus dem Herzen. Das Gefühl zu vermitteln, wichtig zu sein. Das Teamnetz so engmaschig zu weben, dass auch nicht ein einziges Individuum durchfallen kann. Eine gute, tragfähige Beziehung aufbauen ist Entwicklungsarbeit und braucht viel Zeit, Geduld, Ausdauer und Einfühlungsvermögen – Persönlichkeitsentwicklung braucht eben emotionale Berührung.

Wer nun noch meint, der Vergleich von Beziehungsarbeit in Schule und Profifußball sei zu weit her geholt, möge die Worte von Pep Guardiola auf sich wirken lassen: »Ich habe einmal im Artikel einer amerikanischen Pädagogin gelesen, dass ein Kind nicht lernt, wenn es keine Empathie mit dem Lehrenden spürt. Das versuche ich in meiner Arbeit anzuwenden. Oft fühlt sich ein Spieler schlecht, weil er denkt, dass der Trainer ihn nicht mag, und nicht, weil er nicht spielt.« Noch Fragen?

Kurzpass

SMS an alle,
die in Führung sind

Führung ist Beziehung!

Ganz gleich, wer man ist – früher oder später findet man sich in der Rolle des Lehrers, Trainers oder Mentors wieder. Ob zu Hause, bei der Arbeit oder auf dem Sportplatz. Grundsatz Nummer 1 für mich: eine emotionale Verbindung herstellen! Gute Lehrer, Chefs oder andere Vorbilder haben mich immer zuerst berührt!

Kosta R.

Das beste Beispiel ist doch wohl meine Chefin, die immer zur rechten Zeit das passende Kompliment für jeden hat, sodass sich jeder als Mensch, Frau, Mann, Kollege (je nach Situation) gewürdigt fühlt ;-).

Kerstin S.

Trainer denken heute, Fußball funktioniert wie Schach. Aber auch Fußballer sind nur Menschen. Wenn die Oma gestorben ist, funktioniert keine »hängende Sechs«.

Peter H.

Die Basis einer Beziehung ist grundsätzliche Wertschätzung. Die musst du aussprechen, bevor du führen oder dich kritisch mit jemandem auseinandersetzen kannst.

Jörn W.

Wer oder was fällt Ihnen dazu ein?

Schwierig. Distanz ist irgendwie auch eine Beziehung.

Stefan K.

Und Sie?

Impulse aus der Coachingzone

> »Mein Ziel ist es immer gewesen, menschlichen Kontakt herzustellen, ohne meine Autorität einzusetzen. Ein Musiker ist schließlich kein Armeeoffizier. Das wichtigste ist der menschliche Kontakt. Das große Mysterium des Musizierens setzt echte Freundschaft unter den Ensemblemitgliedern voraus. Jedes Mitglied des Orchesters weiß, dass ich ihm aus ganzem Herzen zugetan bin.«

> *Carlo Maria Giulini, Dirigent*

»Jede Reise mit einem Team ist eine andere«, weiß Jürgen Klinsmann aus eigener Erfahrung als Spieler und Global Player zu berichten, und er leitete daraus wichtige Erkenntnisse für seinen eigenen Führungsstil als Coach ab. Was er damit meinte? Jedes Team ist anders, jeder einzelne Spieler ist anders, jede Teamzusammensetzung eine andere. Immer wieder hat man als Führungskraft die Chance, neu hinzuzulernen, passende Schlüssel zum Mitarbeiter oder zum Gesamtteam zu entwickeln – eben Beziehungen zu knüpfen. Und alle, die in Führung sind und bereits über eine gewisse Erfahrung verfügen, werden ihm wohl beipflichten. In der Tat kann jedes Team anders sein, von homogen bis heterogen, vom Mittelmaß bis zur Elite, von leicht zu führen bis zur Chaostruppe.

Natürlich wird man nicht zu jedem Teammitglied die innigste Beziehung aufbauen. Auch für Toptrainer ist es menschlich, zu bestimmten Profis einen engeren Draht zu haben als zu anderen. Und manchmal passt es halt einfach von Anfang an – selbst, wenn man gegen seine eigenen Prinzipien verstößt. So wies Löw vor der Weltmeisterschaft 2014 häufiger darauf hin, nur fitte Spieler mit zur WM zu nehmen. Trotzdem berief er Sami Khedira in den Kader, der durch einen zuvor erlittenen Kreuzbandriss nur über wenig Spielpraxis verfügte. Aber: Löw brauchte einen emotionalen Leader. Den sah er in Khedira. »Sami ist eine Persönlichkeit, auf und neben dem Platz«, so Löw, der zudem an ihm schätzte, dass er als Spieler konsequent seine eigene Meinung vertrat. Überhaupt ein wichtiges Kriterium für Joachim Löw: Spieler, die miteinander kommunizieren. Mit ihren Mitspielern genauso wie mit ihm selbst. Kommunikation also als Mittel, um eine Verbindung herzustellen und diese auch aufrechtzuerhalten. Denn je besser man sein Gegenüber kennt, desto besser kann man ihn auch berühren. Genau nach dem Grundsatz: Gute Kommunikation ist das Herzblut einer gesunden Mannschaft (Kabinenspruch).

Der Trainer als Profiler Damit ein Topcoach von Anfang an das Beste aus seiner Mannschaft herausholen kann, sollte er auf jedes Teammitglied individuell eingehen können. Das setzt voraus, dass er seine Spieler möglichst schnell kennenlernt. Sicherlich auch ein Grund für Trainingslager und gemeinsame Mannschaftsaktivitäten, auch wenn das eine oder andere Kennenlernspiel am Abend bei Fußballern selten auf große Gegenliebe stößt. So bietet sich neben einer Vielzahl gemeinsamer Mannschaftsaktivitäten und Gespräche das Ausfüllen eines Fragebogens an, der sich sowohl mit persönlichen als auch mit fußballerischen Vorlieben ihres Spielers befasst. Oder: einfach gut zuhören, Profile erstellen, Notizen machen über Umfeld und Familie, Werte und Glaubenssätze, Stärken und Schwächen, Vorlieben und Abneigungen, Motto und Philosophie, Charakter und Persönlichkeit, Lebensgeschichte und Biografie. Schenkt man als Führungskraft dem individuellen, persönlichen Kontakt besondere Bedeutung, trägt das zum Erfolg bei. Und häufig sind es die Kleinigkeiten, die einen Mitarbeiter über sich hinaus wachsen lassen.

Monatelang kämpfte Christoph Metzelder mit sich und seiner lädierten Achillesferse, um an der WM 2006 tatsächlich auch teilnehmen zu können. Der Innenverteidiger von Borussia Dortmund war wegen seiner reifen Persönlichkeit im Nationalteam hoch angesehen und außerdem in der Lage, die Defensive zu führen, den Organisator zu spielen. Das Trainerteam Klinsmann/Löw hatte fest auf ihn gesetzt – und er wollte das Vertrauen zurückgeben. Am Ende sollte sich das Vertrauen auszahlen, und schließlich spielte er sechs von sieben Spielen beim Sommermärchen, getragen auch durch ein Bild, das er sich immer wieder vor Augen führte oder vom Trainerteam vor Augen geführt bekam: so aufzutreten wie einer der 300 loyalen Elitekämpfer des Königs Leonidas von Sparta, der 480 Jahre vor Christus in den Krieg gezogen war.

Auch der Loyalitätsbegriff passte zum unermüdlichen Kämpfer Metzelder, hatte es doch im Vorfeld des Sommermärchens heftige Diskussionen rund um die Abwehr der deutschen Nationalmannschaft sowie die Abwesenheit von Klinsmann bei Trainergipfeln und anderen Treffen gegeben. Zudem wurde eben Metzelder seinem Clubkameraden Christian Wörns vorgezogen – trotz nicht auskurierter Achillesferse. Im Nachhinein eine mutige und gute Entscheidung, die durch Loyalität und Einsatz bis zum Äußersten gedankt wurde. Beziehung eben. Oder in anderen Worten: Nur wer seine Mitarbeiter richtig kennt, kennt auch sein Team.

Fragen wie »Wie kann ich meine Spieler berühren?«, »Wie kann ich aus meinem Team das Beste herausholen?« oder »Warum haben wir das Spiel hergeschenkt?« können individuell besser beantwortet werden. Kennen Trainer ihre Spieler sowohl als einzelne Persönlichkeiten wie auch als Teamspieler, können sie mit deren Stärken, Ängsten, Zweifeln, Wünschen usw. viel gezielter umgehen, weil sie wissen, welcher Spieler wie reagiert – und tragen so zur Entwicklung der einzelnen Spieler wie auch des Teams bei.

Beispiel für einen Fragebogen für ein neues Team-Mitglied

Mein neues Team: Persönlichkeitsprofil	
Name	
Lieblingssendungen	
Lieblingsbücher	
Drei Lieblingsvereine und was ich an ihnen schätze	
Drei Lieblingsspieler und was ich an ihnen schätze	
Stärken	

Optimierungen	
Glaubenssätze	
Werte	
…	

Aufmerksam zuhören Gut zuhören ist eine der besten Möglichkeiten, Vertrauen aufzubauen. Spürt ein Mensch, dass ihm aufmerksam zugehört wird, dann entsteht die ergiebigste menschliche Interaktion. Das bedeutet nicht, dass man mit dem Sprecher einer Meinung ist, zeigt aber, dass man sich in den anderen einfühlen kann und ihn versteht.

Das Kind will geschaukelt werden

Die einzige aktive Sozialkompetenz, mit der wir geboren werden, ist das Schreien, wenn etwas nicht in Ordnung ist. Alles andere, selbst Lächeln, Gesten, Lautbildung usw. kommen später hinzu. Und die erste Reaktion von Eltern auf das Schreien ihres Kindes ist, es wissen zu lassen, dass es gehört wird. Anscheinend schlummert in jedem von uns das Kind, das geschaukelt werden möchte. Dazu eine interessante Studie aus Holland: In einem Restaurant wiederholte die Hälfte der Bedienungen die Bestellungen der Gäste wörtlich. Die anderen Kellner sagten lediglich etwas Positives wie »Kommt sofort«. Die Kellner, die die Worte wiederholten, bekamen im Schnitt beinahe doppelt so viel Trinkgeld, wenn sie den Wortlaut ihrer Gäste wiederholten.

Vielleicht haben Sie auch schon folgende Erfahrung gemacht: Sie sitzen im Zug, stehen an der Bushaltestelle oder am Tresen in einer Gaststätte. Ein kurzer Blick genügt – und schon erzählt Ihnen Ihr Gegenüber seine Geschichte – was ihn bewegt, was ihn traurig oder glücklich macht oder was er schon alles erreicht hat. Menschen erzählen gern ihre Geschichte, ob ungefragt oder gefragt. Oder von Ihren Problemen. Dabei geht es oft gar nicht darum, sofort ein Patentrezept zu bekommen. Sie möchten einfach ernst genommen werden. Und sie genießen es, wenn ihnen zugehört wird. Nicht anders geht es Mitarbeitern in einem Team. Jeder möchte gewürdigt werden, jeder gemocht werden. Und oft ist es gar nicht nötig, dass Sie mit schnellen Lösungen oder Antworten parat stehen. Hören Sie stattdessen einfach nur zu! Denn es handelt sich um ein absolutes Grundbedürfnis gehört zu werden – bevor nach Lösungen gesucht wird. Ähnliche Erfahrungen machte Kommunikations- und Motivationstrainer Dale Carnegie schon vor fast 100 Jahren: »Das Geheimnis, Menschen zu beeinflussen, liegt weniger darin, ein guter Redner zu sein, als darin, ein guter Zuhörer zu sein.« Oder nach den beiden Prinzipien: Zuhören ist der beste Weg, etwas zu lernen. Die Menschen gehen auf diejenigen zu, die ihnen zuhören.

»In Eins-zu-Eins-Gesprächen ist es mir wichtig, meinen Spielern in erster Linie zuzuhören.«

Joachim Löw

Die richtige Dosis Gefühl – individuell vermittelt An dieser Stelle soll einmal ein Trainer aus einer anderen Sportart als Beispiel dienen. Brian Orser, Weltmeister im Eiskunstlauf 1987, wollte nie Eislauflehrer werden. Inzwischen jedoch zählt er zu den besten Eiskunstlauf-Trainern weltweit. Und da die größten Talente am liebsten von den besten Coaches lernen und profitieren möchten, trainiert der gebürtige Kanadier gleich mehrere von ihnen. Ein nicht einfacher Prozess, bedenkt man, dass alle seine Schützlingen Einzelkämpfer sind – also letztlich Konkurrenten um die Medaillen bei Weltmeisterschaften oder olympischen Spielen, die einerseits den gleichen Coach haben, sich andererseits aber später auf dem Eis duellieren. Dennoch gelingt es ihm, und das ist wohl die große Kunst, sowohl das Maximale aus jedem Einzelnen herauszuholen als auch so feinfühlig zu moderieren, dass die Einzelkämpfer gemeinsam wachsen.

So führte er den damals 19-jährigen Japaner Yuzuru Hanyū bei den Spielen von Sotschi 2014 zum Olympiasieg und machte aus dem ebenfalls 19-jährigen Javier Fernández im folgenden Jahr den ersten spanischen Weltmeister. »Wenn wir beide sauber laufen, wird er mich immer besiegen«, so Fernandez über seinen Kollegen und Widersacher. Und doch schafft es Orser, der teilweise nur via E-Mail einmal in der Woche mit seinen Ausnahmeathleten kommuniziert, einen ritterlichen Wettbewerb, geprägt durch Respekt und Anstand und ohne negative Energien und Missgunst, zu vermitteln, sobald sie alle im eleganten Toronto Cricket Skating and Curling Club zusammenkommen. Sein Rezept: Es gibt eigentlich keines! »Es gibt keine Patentrezepte. Ich tue das, was für die Athleten am besten ist. Man muss mit jedem individuell arbeiten.« So arbeitet er mit dem Perfektionisten Hanyū anders als mit dem lebensfrohen Fernández, der sich gern auch mal lockerer gibt, nicht alles so genau nimmt.

Bescheiden kommt Orser daher, nie besserwisserisch oder von oben herab. Und: Er verzettelt sich nicht in zu tiefen Gefühlen. Oder er versucht es zumindest. Spuren hinterließ sicherlich die Südkoreanerin Kim Yuna, die er 2010 in Vancouver zur ersten Olympiasiegerin ihres Landes machte, die ihn aber ein halbes Jahr später als Trainer im Siegesrausch rausschmiss. Die Lehre daraus: keine Überdosis an Gefühlen zulassen bzw. das richtige Verhältnis von Distanz und Nähe wahren. »Ich muss in meinem Job immer wachsam sein und aufpassen, denn nichts ist garantiert.« Das ist natürlich einfacher gesagt als getan, wenn man Tage, Wochen und Monate viel Zeit miteinander verbringt, emotionale Höhen und Tiefen gemeinsam durchlebt. Da können die Emotionen durchaus mal mit einem durchgehen. Sein Ziel: individuelle und gleichmäßige Zuwendung – eben so, wie es jeder braucht. Maßgeschneidert.

»Wir saßen beim Boss im Büro. Dr. Steilmann, einer der letzten ganz großen Ruhrgebiets-Unternehmer und großer Unterstützer der Kohlenpottkicker von Wattenscheid 09. Auf jeden Fall ein Mann, von dem man viel lernen konnte. Diesmal kein angenehmer Termin. Ich war Trainer der B-Jugend. Dirk Helmig Coach der A-Jugend. Und beide Teams standen weit abgeschlagen am Tabellenende.

Was dann folgte, war ein inspirierendes Gespräch über Menschenführung, Wahlmöglichkeiten und in Lösungen zu denken. Und wieder mehr auf seinen Bauch, die Intuition zu hören. Der Boss zog – wie eigentlich immer – langsam und genüsslich an seiner Zigarette. Und nickte dann nachdenklich. Auch er hatte in seiner jahrzehntelangen Führung nicht immer nur kopfgesteuert entschieden, sondern auch gelernt, vermehrt auf seine Intuition zu hören. Das inspirierte mich ungemein, zumal ich dauernd gegrübelt hatte, einen Spieler auf der Bank zu lassen, der bis dato immer gespielt hatte.

Also hörte ich auf mein Bauchgefühl, stieg beim ersten Auswärtsspiel der Rückrunde aus dem Bus, ging über den Platz ... Bingo! Ich ließ den Dauerspieler draußen und brachte einen Kicker, der bisher kaum zum Zuge kam. Er machte ein super Spiel, wir gewannen und spielten eine erfolgreiche Rückrunde!«

Jörg Behnert, Jugendtrainer in der Bundesliga

Empathie entwickeln Lange Zeit galten Menschen mit empathischen Fähigkeiten im Beruf und im harten Geschäftsleben als »ungeschäftlich« und wurden für ihre Fähigkeiten weder gelobt noch gefördert. Heute weiß man, dass Empathie die beziehungsrelevante Seite der Führung ist und beim Führen eine besondere Schlüsselrolle spielt. Es sind Vorgesetzte gefragt, die empathisch auf Mitarbeiter eingehen können und über einen Fundus an Wissen über den anderen und Erleben mit dem anderen zurückgreifen können.

Und im Fußball? Vor zehn Jahren hätte man wohl noch gestutzt, diesen Begriff im Zusammenhang mit Fußballprofis und Teamsport zu lesen. Doch 2016 löst das »in den Schuhen des anderen laufen« keinerlei Kopfschütteln oder Aufschrei in der Presse aus, ganz im Gegenteil sogar. Soziale Kompetenzen und die Dinge aus der Sicht des anderen zu sehen und zu verstehen, sind auch bei Trainertagungen mittlerweile zu standardisierten Termini geworden und werden auch in der Fachpresse immer wieder gern genutzt. »Die Empathie spielt heute eine noch größere Rolle, es wird zwar Fußball gespielt, aber man muss auf die Menschen eingehen, und die, die es am besten machen, haben den größten Erfolg«, so Niko Kovac, langjähriger Profi, kroatischer Nationalspieler und heutiger Trainer. Natürlich, Menschlichkeit gab es auch schon früher. Und Trainer wie Trapattoni oder auch Ottmar Hitzfeld waren zumindest für

Niko Kovac, der unter ihnen bei Bayern München spielten durfte, nicht nur fachlich kompetent, sondern eben auch menschlich.

Schaut man zurück, basieren große Erfolge letztlich immer auch auf Einfühlungsvermögen und menschlicher Größe, eben Beziehung. Heiko Ernst schreibt dazu: »Empathie hat absolut nichts mit einer seichten ›Ich bin ok – du bist ok‹-Psychofolklore zu tun. Für eine starke Führungspersönlichkeit bedeutet Empathie beispielsweise nie, die Gefühle anderer einfach anzunehmen oder jedem gefallen zu wollen – das wäre ein betriebswirtschaftlicher Albtraum, der jede Handlungsfähigkeit untergraben würde. Empathie bedeutet, die Gefühle der Mitarbeiter zu respektieren und sie – mit anderen Faktoren – in den Prozess intelligenter Entscheidungsfindung einzubauen.« (Psychologie heute, 4/1999).

Für Sepp Herberger waren es einschneidende Erlebnisse im Alter von 24 Jahren, die ihn sein Leben lang prägten und intuitiver für die Belange anderer werden ließen. So wechselte er 1921 vom Lokalrivalen SV Waldhof zum VfR Mannheim, erhielt zudem vom Förderer des Clubs eine Anstellung bei der Dresdener Bank und verstieß somit gegen den damaligen Amateurparagrafen des DFB. Das »Recht auf Amateur« wurde ihm abgesprochen, er wurde zum Berufsfußballer erklärt und für ein Jahr gesperrt. Die Folge: Herberger fühlte sich ausgegrenzt und spürte den sozialen Abstieg. Genau das trieb ihn später als Trainer an, in die Köpfe und Herzen der jungen Spieler hineinzuhorchen und sie persönlich und zwischenmenschlich zu erziehen und zu fördern. Durch eigene Erfahrungen hatte er reichlich soziale und emotionale Kompetenzen entwickeln können, die es ihm später ermöglichten, sich in schwierige Spielerpersönlichkeiten, ihre Denk- und Gefühlswelt hineinzuversetzen und ihnen Wege und Wahlmöglichkeiten zu bieten. Er galt als einfühlsame Vaterfigur und sah in der Mannschaft immer auch die eigene Familie. Viele Spieler betonten am Ende ihrer Karriere, dass sie Herberger alles zu verdanken hätten – menschlich wie sportlich. Letztlich gelang ihm dies durch die Tatsache, dass er schon als junger Mann und Sportler selbst schwierige Situationen durchlebt hatte, die sich bei seinen Schützlingen wiederholten. Er kannte die Situation und konnte sich einfühlen, Tipps geben, beratend zur Seite stehen, da er wusste, wie schnell man abrutschen konnte.

Vielleicht auch ein Grund für Sebastian Kehl, der sich nach Karriereende ernsthaft darüber Gedanken macht, gemeinsam mit einem Club eine Art Rundumbetreuung für Profis anzubieten, ganzheitlich – Körper, Geist und Seele. Er selbst weiß durch leidvolle Erfahrung, wie schwierig es sein kann, nach Verletzungen immer wieder zurückzukommen, mit Rückschlägen umzugehen und den Glauben nicht zu verlieren. Manche Trainer gehen sogar so weit, dass verletzte Spieler aus dem Team ausgeschlossen werden – und bei wichtigen Spielen keinen Zutritt zum Mannschaftshotel haben. Überhaupt Verletzungen: Genau in diesen Momenten kümmern sich nur wenige im Club, kaum einer ruft an oder interessiert sich für die Belange des verletzten Spielers. Diese Lücke gilt es zu schließen – mit Menschen, die in den Schuhen des anderen gehen können. Eine Kompetenz, die Kehl sicherlich vielfältig nutzen kann – ob als Mentor für junge Spieler, als Trainer oder Manager. Denn er kennt das Geschäft mit all seinen Höhen und Tiefen.

Distanz oder Nähe? Bei aller Empathie für andere besteht durchaus die berechtigte Frage, wie sehr man sich als Führender einfühlen kann und darf und wo die Grenzen liegen. In anderen Worten: Wie viel Nähe zulassen und wie viel Distanz wahren?

Wichtig auf jeden Fall: authentisch auftreten und berechenbar sein, ob nah oder distanziert, ob Kumpeltyp, Vaterfigur oder harter Hund! Hauptsache, das Team weiß, wie der Leader tickt! So war für Neuzugang Henrique Sereno vom FSV Mainz 05 schon nach 24 Minuten das Spiel zu Ende – nicht erst nach anderthalb Stunden. »Warum ich ihn raus genommen habe, hat jeder gesehen … Er hat nicht das gemacht, was ich wollte!«, so Trainer Martin Schmidt in einer späteren Erklärung. Klare Ansage! Doch nach einem Gespräch beim nächsten Training war alles wieder geklärt, inklusive Tätscheln der Spielerschulter. Kommunikation und Berührung als Beziehungswerkzeug und eine interessante Mischung zwischen Distanz und Nähe. Auf jeden Fall das klare Signal an den Spieler: Wenn ich auf dem Platz stehen möchte, muss ich Gas geben! Eben das richtige Zeichen zur rechten Zeit. Innenverteidiger Niko Bungert über Schmidt: »Kumpel ist nicht das richtige Wort, aber in der Kabine kann er schon locker sein, ja. Auf dem Trainingsplatz oder im Spiel fordert er aber immer hundert Prozent von uns – und das muss einfach auch so sein!«

»Er war damals einfach der richtige Trainer zum richtigen Zeitpunkt. Und er wusste uns zu nehmen. Ich erinnere mich, wie er in einem Spiel mit meinem Einsatz nicht zufrieden war. Da hat er einfach den Stuhl genommen, auf dem er saß und ihn ins Spielfeld reingestellt. Da war das Gelächter groß. Seine Art, die Leute zu provozieren, würde heute nicht mehr gehen. Aber ich habe solche Dinge schon gebraucht. Ich weiß noch, wie er mich in einem Spiel im Winter mal an die Seitenlinie rief. Ich lief hin, und da wollte er mir seinen Schal geben, so als ob mir wegen des vielen Stehens zu kalt wäre.«

Fredy Heiß, TSV 1860 München, über Trainer Max Merkel

In jeder Führungsposition, die Menschen mit Macht und Autorität ausstattet, ist es wichtig, klare Beziehungsangebote, was Nähe und Distanz betrifft, zu machen. So müssen Führende, die mit ihren Mitarbeitern in Beziehung treten, in jeder Situation immer neu entscheiden, wie nah sie sich kommen wollen oder welche Intimität des Kontaktes geduldet oder gewünscht wird. Und sicherlich muss der eine Mitarbeiter anders angesprochen oder berührt werden als der andere. Jedenfalls ist das Gespür für die richtige Berührung zur rechten Zeit Gold wert.

Auch so ein Freund klarer Ansagen muss Trainer André Breitenreiter sein. Als Jahrhunderttalent Leroy Sané über eine Übung beim Training meckerte, meckerte er prompt zurück. Und bot ihm an, dass er nach Hause gehen könne. Die Folge: »Er ist danach abgegangen wie ein Pfeil.« Natürlich, so eine Aufforderung ist nicht für jeden gemacht und ein hochsensibler Kreativspieler braucht in der Tat eine andere Ansprache oder Art der Kommunikation als ein gestandener Abwehrspieler oder stürmender Kollege und Draufgänger.

So oder so: Je respektvoller man bei anderen mit dem geforderten Abstand umgeht, desto leichter gestaltet sich die Kommunikation und die Akzeptanz der Bedürfnisse nach Distanz und Nähe. Nicht jeder fühlt sich mit der gleichen Nähe gleich wohl, da gibt es eindeutig Unterschiede – zwischen den einzelnen Menschen genauso wie zwischen Kulturen und Völkern. Ideal auf jeden Fall, wenn sich eine Führungskraft im sozialen Kontext und je nach den Erfordernissen der Situation flexibel zwischen Nähe und Distanz bewegen kann und ein feines Gespür für zwischenmenschliche Grenzverletzungen und persönliche Schutzzonen entwickelt, um eine vertrauensvolle Zusammenarbeit möglich zu machen. Hier ist Fingerspitzengefühl gefordert, ein Teil der sozialen Kompetenz. »Mit allen Spielern muss man sehr sensibel arbeiten, mit jedem auf die für ihn passende Weise, und die muss ich jeweils herausfinden. Manche reagieren besonders auf Nähe und Vertrauen, andere auf klare, rationale Ansprache. Der eine braucht Freiraum, der andere starke Anweisungen«, so Joachim Löw. Rationale Ansprache heißt in diesem Fall: auf der Sachebene in Beziehung treten, sachlich und sicherlich distanzierter auftreten sowie durch Expertenwissen überzeugen. Eine Kunst und Gratwanderung zugleich: jeden da abholen, wo man ihn antrifft!

Unterschiede zwischen Distanz-Typ und Nähe-Typ

Distanz-Typ	Nähe-Typ
• Wirkt eher kühl und zurückhaltend • Kritischer und scharfer Beobachter mit klarer unsentimentaler Haltung • Das Leben im Kollektiv der Gruppe kostet viel Kraft • Liebt seine Eigenständigkeit und Unabhängigkeit • Begegnung über Sachinhalte	• Ist herzlich und offen • Zugewandt, hilfsbereit • Vertrauensvoll • Trägt zu gutem Gruppenklima bei • Wunsch nach Nähe und Zugehörigkeit • Arbeitet gern im Team mit, hohe Bereitschaft mitzumachen • Begegnung über persönliche Inhalte

Vom Einzelnen zum Ganzen – erfolgreiche Teams kreieren, Einzelne stärken Jedes Jahr aufs Neue fliegen sie laut kreischend über uns hinweg – Kraniche, die im Oktober oder November über Tausende von Kilometer in den Süden ziehen, um spätestens im März wieder gen Russland zu schweben. Und immer wieder fasziniert ihr Anblick. Oft sind es Hunderte Vögel gleichzeitig, die wie eine perfekte Flugstaffel formvollendend über uns hinwegsegeln. Eine 1 am Himmel, angeführt vom stärksten Vogel, der sich zugleich mit kraftvollen Artgenossen abwechselt, während andere im Windschatten ihre Energien schonen können. Kommt es zu einer kurzen Rast, ist es spektakulär anzusehen, wie schnell sich die Formation nach wildem Durcheinander wieder zu einer perfekten Kette zusammenschließt und weiterzieht.

Das ist ein wahrhaftes Team, in dem doch jeder eine feste Aufgabe zu erfüllen hat. Und in dem man nur gemeinsam das Ziel erreichen kann – ein Kranich allein würde jedenfalls nicht weit kommen. In V-Formation zu fliegen lässt den Kranichschwarm um bis zu 71 Prozent weiter kommen als einen einzelnen Vogel, denn jeder Flügelschlag erzeugt auch Auftrieb für den nachkommenden Vogel. Eben ein typisches Teamphänomen oder Schwarmverhalten, auf den auch ein Satz von Aristoteles aus der Metaphysik zu passen scheint. »Das Ganze ist mehr als die Summe seiner Teile«, so der griechische Philosoph, der damit sagen wollte, dass bestimmte Eigenschaften eines Ganzen sich nicht aus seinen Teilen erklären lässt – in der Psychologie auch Emergenz genannt.

Viel einfacher drückt es Georg Margreitter aus. Der Abwehrchef des 1. FC Nürnberg musste mit seinem Team in den ersten Pflichtspielen zunächst mindestens zwei Gegentore pro Kick hinnehmen – Grund waren zu große Lücken zwischen den Mannschaftsteilen. Doch dann verbesserte sich jeder im Einzelnen und die Organisation im Ganzen Stück für Stück. Und das Team wuchs zusammen und über sich hinaus. »Kompaktheit klingt einfach – sie aber über 90 Minuten hinzubekommen, basiert auf akribischer, harter Arbeit. Wenn der Gegner zum Beispiel den Ball quer- oder zurückspielt und wir automatisch alle sofort drei Meter nach vorn verschieben, könnte man dies als Kleinigkeit abtun. Ist es aber nicht. Drei Meter sind ein gewaltiger Unterschied. Wir sind nunmehr so eine kompakte Einheit, dass es jedem schwerfällt, ein Tor gegen uns zu schießen. Es reichte nicht, dass zuvor nur der Stürmer voll drauf ging, andere aber zu passiv blieben. Jetzt macht jeder einen Schritt mehr in die richtige Richtung.« Das Resultat: 18 Spiele am Stück ohne Niederlage. »Die Einheit ist es, die uns stark macht, nicht der Einzelne!«, so Margreitter. Oder eben frei nach Aristoteles: »Das Ganze ist mehr als die Summe seiner Teile.«

Ein Phänomen, das im Alltag viele Teams zeigen – sie meistern eine Aufgabe, eine Hürde, ein Problem oder Projekt, obwohl die Vorzeichen schlecht stehen oder zumindest besser sein könnten: zu wenig Mittel, fehlende Mitarbeiter sowie zu knapp bemessene Zeit. Doch dann kommt alles anders als gedacht: Der kränkelnde Kollege zeigt sich robuster als angenommen, der notorische Nörgler kreativer und handzahmer als erwartet, die jungen Wilden teamfähiger und offener für die Erfahrungen der alten Hasen als bisher und selbst der Individualist und Einzelgänger überwindet sich und bringt sich ein.

Und am Ende hat das zusammengewürfelte Team etwas erreicht, worauf alle stolz sein können, ein Ergebnis geschaffen, wovon die Organisation noch lange zehren kann. Wider jede Erwartung. Wenn alles zusammenkommt und passt, erzeugt ein Team eine nicht messbare Energie, mit der sich die Möglichkeiten um ein Vielfaches erhöhen. So kann ein Fußballzwerg gegen einen Fußballriesen gewinnen, vorausgesetzt, das Team bildet eine Einheit, wächst über sich hinaus. Die Grenzen werden gesprengt. Das ist Synergie!

Selten sind die Bedingungen optimal, in denen Teams sich bewegen und Potenziale sich wie von selbst entfalten können. Doch es gibt sie, die magischen Momente, in denen Menschen durch gemeinsames Tun über sich hinauswachsen und etwas Neues entsteht. Im Nachhinein ist es immer einfach, die Umstände zu analysieren und auf andere Teams und Gruppen zu übertragen. Doch letztlich ist es die Emergenz, die dafür sorgt, dass das Ergebnis, das »Ganze«, in letzter Konsequenz nicht vorhersagbar ist.

Was man als Führungskraft daraus lernen kann? Am Einzelnen ansetzen, die Ressourcen eines jeden stärken, die Ich-Firma unterstützen und seinem Mitarbeiter Flügel verleihen, damit er über sich hinauswachsen kann. Wird der Einzelne gestärkt, wirkt sich das immer auch auf das Ganze aus. Und letztlich geht es nur zusammen. So wie die Kraniche Tausende von Kilometer formvollendet am Himmel zurücklegen. Zusammen und als Team. Und doch wird jeder gebraucht. Als starkes, souveränes Ich.

Jeder im Team ist wichtig für den Erfolg. Wer nicht für seinen Nebenmann läuft und ihn unterstützt, gefährdet den Erfolg des gesamten Teams. Jeder noch so talentierte Einzelspieler hat sich bedingungslos unterzuordnen. Denn langfristiger Erfolg braucht ein starkes verlässliches Miteinander.

Vom starken Ich zum starken Wir Joachim Löw, absoluter Ästhet und Feingeist des Fußballs, würde wahrscheinlich auch als Dirigent eines Sinfonieorchesters für gehobene Ansprüche durchgehen – sowohl optisch als auch sein Gespür für Mensch und Gruppe betreffend. Anders gesagt: Man kann durchaus Parallelen ziehen zwischen einem Orchester und einer Mannschaft, zwischen einzelnen Fußballprofis und Instrumentalisten. Beide brauchen jemanden, der einen klaren Takt vorgibt.

Wenngleich es eben die Hochform ist, die feinfühligen Individualisten, die doch nur gemeinsam als Team Erfolg haben können, nicht zu bloßen Befehlsempfängern zu degradieren, sondern ihnen den nötigen Freiraum zu geben, damit sie sich entfalten und groß aufspielen können.

»On the first day of practice, Coach Wooden told us, ›Don't worry about whether you're doing better than the next guy. Just give me your best. That's all I ask.‹ I knew I could do that. He had given me a new definition of success.«

Dave Meyers, US-amerikanischer Basketballspieler

Vielleicht deshalb auch die Aufgabe der Zukunft, Teams sowohl individuell als auch ganzheitlich zu stärken. Vom starken Ich zum starken Wir. Denn: Eine positive Beziehung zum eigenen Selbst lässt auch das Wir wachsen.

Kosta Runjaic, Trainer-Spezialist für Traditionsvereine in der zweiten Liga, setzt ähnlich wie Joachim Löw seine Beziehungsarbeit beim Individuum an. Das heißt: zuhören, hinschauen, klar kommunizieren, Notizen machen. Schaut man ihm bei der Arbeit zu, so fällt auf, dass er sehr variabel mit seinem Team arbeitet. Häufig steht er am Spielfeldrand und beobachtet. Immer wieder macht er sich kurze Notizen. Hin und wieder ein Pfiff, gefolgt von kurzen und knappen Anweisungen. Nach einer abgeschlossenen Übungseinheit holt er nach einigen Minuten die Mannschaft wieder im Kreis zusammen und reflektiert kurz über das Geübte. Er lässt die Spieler zu Wort kommen, redet selbst nur wenig, gibt eher Inputs, gefolgt von der nächsten Übungseinheit, basierend auf anderen Schwerpunkten. Möchte er etwas automatisieren, wiederholt er eine eingangs geübte Trainingssituation am Ende des Trainings. So schleift sich alles ein – Teamarbeit eben. Hin und wieder nimmt er sich einen Einzelspieler zur Seite, macht Verbesserungsvorschläge oder gibt gezielt weiter, was genau wie positiv umgesetzt wurde. Beziehung durch konstruktive und sachliche Feedbacks während der Trainingseinheiten. Auf dem Weg in Richtung Kabine dann ein anderes Bild. Der eine oder andere wird in den Arm genommen, die Nähe gesucht, eine abschließende positive Botschaft gegeben, einfach nur vertrauensvoll zugehört oder ein Eis am Eiswagen gekauft.

Schaut man Runjaic über die Schulter und auf seinen Notizblock, so fällt auf den ersten Blick auf: Alles ist bunt! Die Namen der einzelnen Spieler versieht er mit kleinen Notizen und mit vielen Farben. Sie stehen für Rollen und Positionen, für Leistung, Führung, eine spezielle Rolle im Team und Konfliktpotenzial. Vor allem Letztgenanntes kann vielfältig sein und umfasst Konflikte mit sich selbst wie auch mit anderen. Von negativer Sichtweise über Selbstzweifel, Selbstüberschätzung oder Egoismus bis hin zu Spielern, die auf ihrer Position zu große Konkurrenz haben, mit anderen anecken oder nur widerwillig die Reservistenrolle einnehmen. Gerade die Konfliktpotenziale können sehr unterschiedlich in einem Team sein. Der Vorteil des Vielfarb-Modells: Jeder Spieler ist im Blickfeld und täglich und aufs Neue kann der Coach durch einen kurzen Input einwirken – Beziehungsarbeit im Einzelnen eben. Denn alle wollen spielen, doch nur elf dürfen auflaufen.

Teams entwickeln – Beziehungen wachsen lassen Jedes Team, dass sich neu bildet, durchläuft einen Entwicklungsprozess – immer ein gemeinsames Ziel oder eine gemeinsame Aufgabe im Fokus. Veränderungen und Wachstum tragen dazu bei, dass aus einer Gruppe, einem Zusammenschluss verschiedener Personen eine gemeinsame Identität erwächst. Handelt es sich zunächst um einen zusammengewürfelten Haufen an Individualisten ohne gemeinsames Ziel, werden im Idealfall die Kräfte gebündelt und Ressourcen freigesetzt. Das Team entwickelt sich. Dieser Prozess erfolgt jedoch nicht von selbst, sondern nur durch feste Regeln, Rhythmen und Rituale genauso wie durch klare Rahmenbedingungen und Impulse durch die Führungskraft. Gefragt sind Kommunikation, Zeit, Energie und Verantwortung sowie die richtigen Impulse zur rechten Zeit.

Erfolgreiche Trainer fördern daher die Teamentwicklung und die damit einhergehende Beziehung zur Mannschaft und innerhalb des Teams mindestens genauso wie die vorgesehenen Arbeitsinhalte. Gerade zu Beginn jeder Saison sogar noch mehr, denn nur wo man menschlich miteinander umgeht, wo angstfrei gearbeitet werden kann, Konflikte sofort angesprochen und geklärt werden, wo niemand gemobbt wird und jeder gern zur Arbeit kommt, kann auch Höchstleistung erzielt werden. Doch genau das fällt vielen Führenden schwer, denn inhaltlich-fachliche Kompetenzen, also Leistung, Profit und Resultate, gehen vor. Von Anfang an – sei es durch Druck, den man sich selbst macht oder durch Druck von außen. Doch Beziehungsarbeit in Teams zahlt sich auf lange Sicht aus und schafft Mehrwert. Bis hin zum Aufstieg.

Der Schlüssel zu erfolgreicher Gruppenführung liegt also zunächst im Gestalten der Beziehungsarbeit sowie der Teamentwicklung mit dem Ziel, unterschiedlichste Menschen zusammenzuführen, Ressourcen zu erkennen, Energien freizusetzen, Synergien zu bündeln, fachliches Know-how zu vernetzen, Komplexität zu fördern sowie Teammitglieder zu motivieren und zu inspirieren – im Einzelnen wie im Ganzen. Und das Niveau ständig zu erhöhen.

Unschlagbare Beziehungen – von Geschichten, Bildern und Symbolen Kosta Runjaic liebt Geschichten, Bilder und Symbole. So kam es schon einmal vor, dass er den oberen Teil der Wände der Umkleidekabine bildnerisch wie eine Rennbahn gestaltete. Von Spieltag zu Spieltag fuhr das Team sein Rennen, 34 Spieltage lang. Und bei jedem Match kam ein anderes Symbol ins Blickfeld, ein Spruch, ein Bild, ein Gegenstand, wozu er eine Geschichte erzählte. Das trieb das Team voran, machte auch mal nachdenklich, ließ es schmunzeln oder berührte die Mannschaft. Ein Bild auf der Reise durch die Saison: die Hand als Symbol für Teamidentität, in diesem Fall über den Tellerrand Richtung US-Basketball geguckt.

So sind es für Basketball-Coach Mike Krzyzewski fünf fundamentale Werte, die ein Team ausmachen: Kommunikation, Vertrauen, Verantwortungsbereitschaft, Sorgfalt und Stolz: »There are five fundamental qualities that make every team great: communication, trust, collective responsibility, caring, and pride. I like to think of each as a separate finger on the fist. Any one individually is important. But all of them together are unbeatable.«

Natürlich bietet sich gerade im Basketball die Hand als Symbolträger an – fünf Spieler pro Team, Sport mit der Hand! Und wohl auch deshalb wird sie von Coach K als Bild in seinen Geschichten genutzt. Jeder Finger steht dabei für einen Wert, den das Team ausmacht – und alle fünf Werte für die gesamte Mannschaft. Je stärker sie das Idealbild umsetzen, desto mehr wird aus der Hand eine Faust, die nur schwer zu öffnen ist.

Und das bedeutet: Teampower. In anderen Worten: fünf weniger talentierte Spieler können fünf Individualisten schlagen, wenn sie eine Einheit bilden.

Fünf ähnliche Werte, die für Joachim Löw wichtig sind. »Kommunikation ist elementar, und zwar auf und neben dem Platz«, so der Bundestrainer. Effektive Kommunikation, die er in mehrfacher Hinsicht trainieren lässt. Kurze, klare Informationen während des Trainings, um den Mitspieler über Bewegungen im Rücken aufmerksam zu machen oder um Offensiven einzuleiten. In der Theorie machbar, doch in der Praxis meist ein schwieriges Unterfangen, denn in einem mit euphorisierten Fans gefüllten Stadion kann man in der Regel kaum sein eigenes Wort verstehen. Daher oberstes Trainingsgebot bei Zurufen: Discolautstärke! Immer wieder wird das Senden kurzer, lauter und prägnanter Botschaften geübt, um sie im Spiel selbst voll automatisiert abrufen zu können. Kommunikation nach einer Ruhephase während der Pause gehört ebenfalls zum Trainingsprogramm, denn Spieleraugen sehen andere Dinge als Traineraugen.

»Als Botschafter Deutschlands sollte man absolut vorbildlich auftreten. Teamgeist und Respekt, Fairplay und Toleranz gehören unbedingt dazu. Außerdem Disziplin und Leidenschaft. Die Mannschaft sollte ethisch und moralisch auf höchstem Niveau miteinander umgehen. Charakterschwache Spieler oder Fußballer, die gerne mal anecken, erhalten keine Berufung zur Nationalmannschaft – auch, wenn sie über herausragende Fähigkeiten verfügen. Es muss einfach zwischenmenschlich passen. Nichts geht über ein gutes Betriebsklima und eine gewisse Harmonie. Aus diesem Grund ergreifen wir als Trainerteam auch alle erdenklichen Maßnahmen zur Förderung einer positiven Grundstimmung. Ein gewisser Luxus im Hotel gehört ebenso dazu wie Kulturangebote, gemeinsame Freizeitaktivitäten oder Teambuilding-Maßnahmen. Schritt für Schritt die Persönlichkeit stärken und wachsen lassen. Das ist das Ziel!«

Joachim Löw

Eine weitere Schlüsselkompetenz des Löw-Teams: Unberechenbarkeit
»Entscheidend für mich sind Variabilität und Flexibilität. Ich bin kein Freund der traditionellen Denk- und Spielweise, wo alles eindimensional und statisch auf einen Spieler ausgerichtet ist. Es muss auch immer darum gehen, unberechenbar zu sein.« Ein Spieler muss sich also höchst

flexibel zeigen – als Profi wie auch als Mensch. Dazu gehört in seinen Augen auch eine gewisse Intelligenz. »Ein intelligenter Spieler geht besser mit Niederlagen um, anders mit Verletzungen, anders mit Erfolgen – und ist vielleicht auch in der Lage, sich in entscheidenden Momenten besser zu konzentrieren.«

Disziplin steht im Team-Werte-Ranking der Nationalelf ebenfalls ganz oben: sich auf dem Platz an klare Absprachen im System halten, sich punktgenau fokussieren, von nichts ablenken lassen, die Konzentration 90 Minuten lang plus x aufrechterhalten – mentale Stärke in Höchstform – die Gedanken im Griff haben, einen Fehler sofort abhaken, um den Kopf wieder freizubekommen.

Ästhetik und Präzision Ästhetik heißt: Überall dort, wo man auftritt, ein gewisses Niveau zu verkörpern. Eben eine Visitenkarte zu hinterlassen, die durch ein besonderes Erscheinungsbild geprägt ist, steht man schließlich für die Fußballelite Deutschlands und somit für eine ganze Nation. Das sollte man sehen, hören und spüren können. Bei Präsentationen, in der Freizeit wie auch auf dem Fußballfeld. Ästhetik bedeutet hier: Fairplay. Möglichst kein zu harter Körpereinsatz, sondern diesen durch intelligente Spielweise umgehen. Womit die Präzision ins Spiel kommt: Saubere und präzise Ballbehandlung ist gefragt, schnelle Kombinationen, flache Bälle, blitzartige Angriffe mit schnellstmöglichem Torabschluss sowie sofortiger Rückwärtsbewegung. Alles muss geordnet funktionieren – wie bei einem Schweizer Uhrwerk. Präzise, funktional, ästhetisch. Ein Bild, das Löw seinen Spielern gern vor Augen hält.

»Albert Camus sagte einmal: ›Alles, was ich weiß, verdanke ich dem Fußball.‹ Der Fußball hat mir auch viel beigebracht – über Freundschaft, Disziplin, Gemeinschaft, Solidarität. Man kann es so sagen: Meine Eltern bildeten mich, Fußball lehrte mich. Ab dem ersten Mal, als ich einen Fußballplatz in Sarajevo betrat.«

Predrag Pašić

Teamgeist symbolisiert die Nationalmannschaft zudem gern auch nach außen hin. Durch Aufschriften auf dem Mannschaftsbus (»Die Mannschaft«), durch Gemeinschaftswohngruppen während des WM-Trainingslagers am Strand von Brasilien oder durch kleine Glücksbringer wie Armbänder oder Ketten. So schenkte das Trainerteam jedem seiner Spieler zu Beginn der Euro 2012 in Polen und in der Ukraine ein Shamballa-Armband. Das tibetische Armband sollte für besseren Zusammenhalt und ganz viel Energie sorgen. Bis zum Halbfinale zumindest gegen Italien funktionierte das.

Jürgen Klopp ist ebenfalls ein Freund meisterhafter Worte, Bilder und Symbole. Mit altbekannten Teambildungsmaßnahmen wie Kegelabenden oder Trinkgelagen hielt er sich aber schon als junger Coach bei Mainz 05 nicht lange auf. »Das machte ich zwar alles mit, doch der Erfolg ist nicht allzu anhaltend.« Initialzündung für ihn war eine Reportage über die neuseeländische Rugby-Nationalmannschaft »All Blacks«, die 75 Prozent ihrer Spiele gewannen. Grund war ein extrem ausgeprägtes Mannschaftsgefühl. Nach einem gemeinsamen Videoabend beschlossen die FSV-Spieler, dass sie das auch erreichen wollten, und nannten sich ab sofort die »All Reds«. Dabei arbeitete Klopp mit den verschiedensten Schlüsselreizen, mit Armbändern oder »Jetzt-erst-recht«-Kappen, Plakaten im Umkleideraum oder Briefen, die sich die Spieler im strömenden Regen in einem Survival-Camp selbst geschrieben hatten.

Teamentwicklung ist Beziehungsentwicklung Gute Führungskräfte beobachten ihr Team sehr genau. Sie achten auf den Umgang miteinander, sprechen Konflikte offen an und haben im Blick, wie und ob jeder Einzelne konstruktiv und problemlösend an den Zielen arbeitet. Gute Führungskräfte sind über den Entwicklungsstand ihrer Teams informiert und können genau einschätzen, was als nächstes zu tun ist, welche Impulse oder Inputs zu setzen sind und in welcher Teamentwicklungsphase sich die Mitarbeiter befinden. Übernimmt man als Teamleiter ein bereits bestehendes Team, macht es Sinn, zunächst genau zu schauen, in welcher Entwicklungsphase sich die Gruppe befindet, um dann gezielt zu handeln.

1965 entwarf der Psychologe Bruce W. Tuckman eine Theorie der Gruppenentwicklung in fünf Phasen. Er stellte sich die Frage: Was brauchen Teams, damit jeder weiß, was er wann wie zu tun hat, und auch bereit ist, es zu tun und dabei mit den anderen zu kooperieren? Eine Frage, mit der sich Führungskräfte fast täglich beschäftigen; denn sie haben es mit einem sozialen System und den zugehörigen Menschen gleichzeitig zu tun. Das setzt zusätzliches Wissen und Techniken voraus. Deshalb ist es sinnvoll, die entsprechenden Entwicklungsphasen einer Gruppe im Blick zu haben, um im rechten Moment das Richtige tun zu können.

Phase 1: Forming

Das ist die Anfangsphase, in der eine Gruppe erstmals zusammenkommt, um mit den neuen Aufgaben konfrontiert zu werden. Es gibt noch keine feste Struktur im Team. Der eigene Platz in der Gruppe sowie Kommunikationsformen sind noch nicht klar. Der Einzelne fühlt sich eher noch unsicher, möchte sein Bestes geben bzw. konzentriert sich darauf, eine gute Figur zu machen. Klare Führung der Teamleitung gibt Sicherheit – die Menschen haben jemanden, der weiß, wo es langgeht. Erste Regeln, Rituale und Abläufe werden festgelegt, erste Arbeitsmethoden definiert. Die Abhängigkeit von einer formellen Führungskraft, die entscheidet, strukturiert und initiiert, ist groß.

Impulse
- Beziehungsarbeit geht zunächst vor Zielerreichung.
- Gerade zu Beginn einer neuen Aufgabe ist es wichtig, sich Zeit zu nehmen für alles und jeden – zuhören, moderieren, einfühlen und Verständnis zeigen.
- In der Ruhe liegt die Kraft!

Phase 2: Storming

Hat sich die Gruppe an die Abläufe gewöhnt und erste Unsicherheiten abgelegt, kann es zu ersten Spannungen innerhalb des Teams kommen. Jetzt geht es darum, die eigene Rolle im Team zu etablieren. Der eine oder andere testet seine Grenzen aus oder gerät mit anderen aneinander. Gründe gibt es viele: Konkurrenzkampf, Meinungsverschiedenheiten, Konflikte zwischen Untergruppen, Macht- und Statuskämpfe. Außenseiter suchen ihre Nischen, Führungsfiguren greifen den Teamleiter an, um die Führungsrolle zu klären. Jeder kämpft um seine Position. Die anfänglich akzeptierte Kontrolle der Führungskraft wird abgelehnt. Teammitglieder gehen in die Opposition, widersprechen oder begehren emotional auf. Jetzt ist es die Aufgabe der Gruppe, die Machtverhältnisse zu klären und emotionale Bindungen herzustellen. Die Stimmung ist emotional und dramatisch. In dieser Phase ist das Konfliktpotenzial am größten.

Impulse

- Konflikte und Probleme gehören zur Teamfindung unbedingt dazu. Das ist ganz normal und sogar ein Zeichen dafür, dass Leben in der Truppe ist. Unbedingt zulassen!
- Jeder ist anders. Kontroversen sind ebenfalls willkommen. Alles sollte auf den Tisch gebracht werden, offen und ehrlich und ohne die Dinge schönzureden. Die Klärung von Störungen und Beziehungsproblemen haben unbedingten Vorrang vor Arbeitsprozessen.
- Bei schwerwiegenden Beziehungsproblemen innerhalb des Teams können Streitschlichtungsgespräche helfen.
- Sind in einem Team keinerlei Storming-Tendenzen zu verzeichnen, umso besser. Aber: Augen auf und wachsam bleiben!

Phase 3: Norming

Die Gruppe einigt sich auf ihre Spielregeln. Teamnormen und eine eigene Organisation nehmen Form an, das Wir-Gefühl wächst, der Zusammenhalt wird stärker. Konflikte innerhalb der Gruppe werden bereinigt und die Führungskraft als solche auch anerkannt, Konflikte offen vorgebracht und gelöst. Die Gruppe lernt, über Meinungen zu diskutieren und Gefühle offen anzusprechen. Kooperation entsteht. Aus Chaos wird Ordnung. Die Teamrollen werden verteilt und ausgefüllt.

Impulse

- Klare Aufgaben, Aufträge und Verabredungen mit dem Blick auf realistische Ziele treffen. Wurden diese auch von allen Teammitgliedern verstanden?
- Knackpunkte in den Abläufen der bisherigen Zusammenarbeit unbedingt ansprechen und lösen.

- Feste Kommunikationsregeln etablieren und offen, ehrlich und fair kommunizieren.
- Persönliche Probleme einzelner Teammitglieder im Auge behalten und sofort ansprechen, lösen. Diese haben stets Vorrang. Es gilt, niemanden zu verlieren.
- Nie über Teammitglieder reden. Sondern: mit ihnen! Geschwätz ist destruktiv, beschädigt den Teamgeist, führt früher oder später zu Gruppenbildungen innerhalb des Teams, wodurch die Gesamtenergie abnimmt.
- Normen und Richtlinien hinterfragen, die nicht eingehalten wurden.

Phase 4: Performing

Die Gruppe verfügt jetzt über eine optimale Struktur, um die Aufgabenerfüllung auch zielgerichtet umsetzen zu können. Zwischenmenschliche Konflikte sind bereinigt oder zumindest entspannt. Die Teammitglieder zeigen sich flexibel und funktional. Motivation und Leistung sind in dieser Phase am größten. Energien werden gebündelt, um die Aufgaben zielgerichtet, konstruktiv und problemlösend zu meistern. Der Fokus ist klar auf das Ziel gerichtet, das Team arbeitet, wächst, entwickelt und setzt um. Es gilt, den Zusammenhalt der Gruppe weiter zu stärken und immer besser zu werden.

Impulse
- Das Lernen zu höherwertigen Standards entwickeln.
- Ein Gefühl für den Mitarbeiter zu entwickeln, ist das Maß aller Dinge. Bei persönlichen Problemen, Überlastung oder Hilferufen der Mitarbeiter sofort reagieren!
- Wachsamkeit vor Rückschritten! Gerade bei Veränderungen im Personal oder bei ausbleibenden Erfolgen immer »am Mann« sein und den Kopf oben behalten.
- Regelmäßige Treffen und Standortbestimmungen helfen dabei.

Phase 5: Transforming

Das ist die Phase des Übergangs. Der Gruppenzweck hat sich erfüllt, sich geändert oder ist verlorengegangen. Das Team löst sich auf. Es entsteht Raum für neue Zusammensetzungen, neue Rollenverteilungen oder Abschied. Ziel der Teamentwicklung ist es, schnell die Performing-Phase mit Leistung, Ergebnissen und guter Zusammenarbeit zu erreichen. Wenn sich die Zusammensetzung der Gruppe, Aufgaben und Ziele signifikant ändern, setzt Rückentwicklung in die Storming-Phase ein. Neue Strukturen, Rollenverteilung und Regeln müssen geschaffen werden, um sich wieder bis zum Performing zu entwickeln.

Hierarchien erkennen – das Herz des Teams finden Das Trainerleben ist kein Wunschkonzert. Und so kann es durchaus sein, dass man eine Mannschaft zu den unmöglichsten Zeiten übernimmt. Besonders begehrt natürlich die Jobs zu Beginn einer Saison. Doch man kann es sich nicht immer aussuchen. Und sobald es nach einigen Spieltagen und spätestens im Oktober in dem einen oder anderen Traditionsverein bereits frostig zugeht und es im übertragenen Sinne zu schneien beginnt, stehen sie an, die ersten Wechsel der Saison. Beliebt auch der Zeitpunkt von Trainerentlassungen im November oder Dezember. Immerhin: In diesem Fall hat man als neuer Coach die Möglichkeit, eine Mannschaft in der Rückrunde neu aufzubauen. Besonders prekär jedoch die Situation rund um die Osterzeit. Sobald die Frühblüher sprießen, sind wahre Feuerwehrmänner gefragt. Trainer, die einen Club übernehmen, um diesen noch aus dem Sumpf zu ziehen, die entscheidenden Punkte einzufahren, dem Abstieg zu entrinnen.

Natürlich ist in jeder Situation des Neubeginns eine hohe fachliche Kompetenz gefragt, analytische Begabung genauso wie klare Führung und Entscheidungskraft. Brennt aber der Baum im Umfeld wie im Team bereits lichterloh, ist insbesondere Ruhe und psychologisches Geschick vonnöten, um das Team wieder abzukühlen. Gerade in brenzligen Situationen sollte der Coach ein echter Menschenkenner sein, Spieler lesen können, den Nerv treffen, die richtige Ansprache und Tonlage für die verschiedenen Charaktere und ihre Gefühlswelten entwickeln, um sofort Beziehungen aufzubauen. Und möglichst schnell die Mannschaft entschlüsseln – oder besser gesagt den Schlüssel zu ihr zu finden. Das heißt mit anderen Worten: die natürliche Hierarchie im Team erkennen, aufbauen, ändern oder stärken, damit sich jeder mit ihr identifizieren kann und sie auf und neben dem Platz funktioniert.

Doch sollte überhaupt eine Hierarchie in heutigen Teams existieren? Die Idee einer Mannschaft, die aus 22 oder mehr Kickern besteht und in der letztlich jeder als flexibel und austauschbar gilt, ist jedenfalls nicht ganz neu und noch dazu ein mögliches Qualitätsmerkmal des Konzeptfußballs.

Fakt ist: Auch in modernen Unternehmen flachen Hierarchien ab. So wird es den typischen Vorgesetzten immer weniger geben, denn Mitarbeiter verlangen nach mehr Freiheit, Flexibilität und Freiraum. Dennoch braucht jedes Team eine Führung. Und so ist es wohl eine Gratwanderung für Führungskräfte, denn sie müssen Einfluss ausüben, ohne zu kommandieren. Das betrifft die Führung und Struktur innerhalb der Mannschaft genauso wie die Führung auf Trainer- und Betreuerebene. So war es Jürgen Klinsmann schon zu Beginn seines Amtsantritts 2004 wichtig, die Verantwortung auf mehrere Schultern zu verteilen. »Die strenge Hierarchie wird abgeschafft, die es bei Helmut Schön oder Sepp Herberger gegeben hat. Ein Team wird die Mannschaft zur WM 2006 führen und kein Cheftrainer alleine«, so Klinsmann. Für ihn war es der Inner Circle, der fortan gemeinsam die Entscheidungen traf, ein Team aus Spezialisten, Trainern und Betreuern, die allesamt verantwortlich waren und sich auf ihrem Gebiet optimal einbrachten. Den Kopf allerdings hielt Klinsmann hin.

Joachim Löw übernahm das Konzept später. Er nannte seinen Inner Cirlce »Leistungsmannschaft«, ein perfekt eingespieltes Team, auf das er sich zu 100 Prozent verlassen konnte, ein selbstständig arbeitender Stab. Die Vorteile liegen für Löw auf der Hand: »Früher habe ich mich aufgerieben an vielen Baustellen in der täglichen Arbeit. Heute kann ich mehr delegieren und gebe Verantwortung an meine Mitarbeiter ab. Ich kann mich auf die wesentlichen Dinge konzentrieren. Das heißt auf die Entwicklung der Mannschaft.«

Die flacheren Hierarchien machten auch vor der Mannschaft selbst nicht halt. Als Michael Ballack kurz vor der WM 2010 in Südamerika unerwartet und als langjähriger Kapitän gesetzt verletzt ausfiel, übernahm

Philipp Lahm seine Position und läutete damit einen Wechsel in der Hierarchie ein. Ballack interpretierte die Chefrolle mitunter strenger, Lahm dagegen dachte in flacherer Rangordnung: »Meiner Meinung nach ist es grundsätzlich besser, wenn die Hierarchie flach ist. Wenn jemand ausfallen sollte, ist das besser zu verkraften.« So stand Lahm als neuer Kapitän eher für Werte wie Bescheidenheit, Ruhe und Teamgeist und nicht mehr für den Typus »Starker Kapitän« alter Schule, wie ihn noch Michael Ballack, Oliver Kahn, Lothar Matthäus und Franz Beckenbauer verkörpert hatten. Löw unterstützte den Prozess flacherer Teamhierarchien, indem er noch weitere Spieler mit in die Verantwortung nahm. Dazu gehörte der Mannschaftsrat, bestehend aus Philipp Lahm, Bastian Schweinsteiger als zweitem Kapitän, Miroslav Klose, Arne Friedrich und Per Mertesacker, die gemeinsam mit Lukas Podolski auf 465 Länderspiele kamen. Sein Ziel: ein optimales Gerüst an Leistung und Erfahrung zu kreieren sowie Verantwortung auf mehrere Schultern zu verteilen, auf Spieler, die miteinander sprechen und auch und gerade in schwierigen Situationen voranschreiten. Erfahrung war Löws höchste Priorität, hinzu kamen Bescheidenheit, gute Kommunikation und Miteinander.

Von Sportlern lernen

Vertrauen, Respekt und Kommunikation an erster Stelle! Manager können von Sportlern lernen: Moderne Mannschaftskapitäne üben Einfluss auf ihr Team aus, ohne es zu kommandieren, und stellen eine Atmosphäre der Hochleistung her.

Interessant in diesem Zusammenhang die Sichtweise von Sebastian Kehl, der Borussia Dortmund zweimal hintereinander als Kapitän zur Deutschen Meisterschaft führen durfte und zudem in der Saison 2013/14 das Double, also Meisterschale und DFB-Pokal, holte. »Ich bin kein Freund von zu flachen Hierarchien«, so Kehl, was für ihn natürlich nicht heißt, den jüngeren oder vermeintlich nicht so hoch angesehenen Spieler von der Massagebank zu schubsen. Aber: »Eine gewisse Hackordnung muss sein. Oder besser gesagt einige Spieler, die den Ton angeben.« Für Kehl ist eine Grundachse in der Mannschaft wichtig, einige Spieler, die erste

Ansprechpartner vom Trainer sind. »Wenn alle Spieler gleich behandelt werden, übernimmt letztlich keiner Verantwortung auf dem Platz, wenn es denn hart auf hart kommt«, so Kehl weiter. »Einige müssen den Ton angeben oder willst du auf dem Platz abstimmen?«, fragt er provokativ und doch einleuchtend.

Er muss es letztendlich wissen, und der Erfolg gibt ihm recht. Ging der langjährige Kapitän mit Borussia Dortmund doch viele Jahre durch ein Wellenbad der Gefühle, von der Meisterschaft 2002 über die Fast-Pleite bis hin zum Gewinn des Doubles. Was ihn in der Zeit als Kapitän besonders prägte: Es sind meist die älteren und erfahrenen Spieler, die den Kopf hinhalten müssen, auf die zuerst losgegangen wird, wenn es denn mal nicht läuft. »Wenn es hart auf hart kommt, geht es auf die Männer mit Bärten«, so Kehl. Natürlich, alle sollen in der Kabine wie auch auf dem Platz frech und unbekümmert auftreten, ihren Spaß und die Freude ausleben, doch Respekt gehört auch dazu. Sein Rezept: eine feste Achse an Erfahrung, gute Kommunikation, offene Worte mit Spielern und dem Trainer. Dabei muss man den anderen nicht anschreien, um sich Gehör zu verschaffen.

Doch wie steht es mit der Trainer-Spieler-Beziehung? Ist es wirklich so schwierig, ein Team aus jungen Leuten bei Laune zu halten? Die Antwort lautet: ja! Man muss sich vorstellen: In einem Fußballkader sind bis zu 29 Spieler – doch nur elf dürfen kicken, sechs sitzen am Spielfeldrand und der Rest auf der Tribüne. Da kann eine Menge Frust aufkommen bei Bankdrückern und Tribünenhockern!

So muss die oberste Devise des Trainers lauten: Spaß bei der Arbeit vermitteln und jedem Profi das Gefühl geben, dass er genau auf der richtigen Position ist – und wenn sich diese weit über dem Grün hoch oben auf den Sitzschalen befindet. Immerhin: Von dort hat man den besten Blick aufs Geschehen. »Wir haben 29 Profis im Kader, von denen immer einige unzufrieden sind, weil sie nicht spielen. Da musst du es hinkriegen, dass auch diese Enttäuschten ein wenig Spaß haben«, so Pal Dardai, Trainer von Hertha Berlin. Sein Rezept: Schon zu Beginn der Saison mit jedem Klartext reden und die Perspektiven aufzeigen. Alles Weitere liegt in der Hand des Spielers. »Es geht nicht anders, als die Situation zu akzeptieren, hart zu arbeiten und dann, wenn der Moment gekommen ist, Leistung zu bringen. Das klappt bei uns ziemlich gut.«

Dardais Vorteil: Er weiß, wie es sich anfühlt, wenn man nicht spielen kann oder darf, weil einfach andere besser auf der jeweiligen Position sind – schließlich ist er in diesen Schuhen auch schon gewandelt seinerzeit als Profi.

Apropos in den Schuhen des anderen gehen: Weltmeisterlich bringt ein Top-Performer der Regionalliga das Kapitel Trainer-Spieler-Beziehung auf den Punkt: »Ich habe immer versucht, mich in die Spieler hineinzuversetzen. Wenn du selbst gekickt hast, weißt du, wie die Jungs ticken!«, so Dirk Helmig, der als Spieler von Rot-Weiß Essen in 1980er Jahren Kultstatus genoss und heute Trainer und Leiter der Jugendakademie in Essen ist. »Putsche« Helmig, wie er liebevoll von den Fans genannt wird, hat viel von den Großen gelernt – von Otto Rehhagel beispielsweise, dem »der Mensch genauso wichtig war wie der Spieler«. Danach handelte Helmig immer, wenn er Teams betreute, ob im Jugendbereich oder in Liga 4. »Viele Trainer heute ziehen einfach ihr Ding durch, schauen weder nach rechts noch nach links«, so Helmig. Das heißt: viel Taktik, wenig Beziehung.

Helmig kann das nur bedingt verstehen. Seiner Meinung nach ist die menschliche Komponente gerade in den unteren Ligen von entscheidender Bedeutung. »Themen wie Kinder, Familie, Beruf oder das Studium bewegen meine Jungs. Jeder möchte ernst genommen werden, jeder gehört werden. Die flache 6 ist da nicht so ausschlaggebend. Wenn dann noch die älteren Jungs mit in die Verantwortung genommen werden, läuft der Laden«, so der Essener. »Letztlich muss die Beziehung zum Mitarbeiter stimmen – in jedem Job.«

Gern zitiert er dazu ein weiteres Ur-Gestein aus dem Revier. Hermann Gerland, der »Tiger« aus Bochum und langjähriger Bayern-Co-Trainer, soll auf halber Strecke von München nach Bochum einst plötzlich wieder umgekehrt sein. Einen lukrativen Job als neuer Chefcoach hätte er in der Heimat haben können. Doch mitten auf der Autobahn fiel ihm ein, dass ja Klaus Hilpert Manager in Bochum war. Da kehrte er wieder um. Beziehungen machen ein Team aus. Und Hierarchien wohl auch – zumindest flache!

Die Herzen der Spieler berühren – auch in Krisenzeiten Siniša Mihajlović, Coach des AC Mailand, verwies auf der Pressekonferenz nach einer unglücklichen Heimniederlage seiner »Rossoneri« gegen den Erzrivalen und einer Saison der vergebenen Möglichkeiten unlängst auf eine Weisheit von Giovanni Trapattoni: »Es gibt ohnehin nur zwei Sorten Trainer: die entlassenen und die, die demnächst entlassen werden.« Wenngleich Mihajlovic eigentlich damit gerechnet hatte, zumindest noch das Saisonfinale erleben zu dürfen. Doch er wurde wie so oft von der Wundertüte Fußball eines Besseren belehrt. Und so musste er drei Tage nach getätigter Aussage die Koffer packen. Dabei ist es aus der Ferne schwer zu diagnostizieren, warum er gehen musste. Laut eigener Aussage spielte das Team am Limit. Das hieß in diesem Fall: Viel mehr als das Pokalfinale sowie die Möglichkeit auf die Euro League war einfach nicht drin! Vielleicht hatte er auch keinen Draht mehr zur Mannschaft, vielleicht einfach nur mit seiner etwas flapsigen Aussage die Cluboffersten rund um Patron und Pensionär Berlusconi verärgert, der diktatorisch Spektakel und Tiki Taka befahl, letztlich aber nur mit einem überschaubaren Kader Hausmannskost geliefert bekam. Man steckt eben nicht immer drin.

»Ich mochte Johan Cruyff, weil er ein mannschaftsdienlicher Spieler war, der wunderbar mit Johan Neeskens harmonierte. Klar, es gab Spieler wie Diego Maradona, der alleine eine halbe Mannschaft ausdribbeln und dann ein Tor schießen konnte. Doch das hatte für mich nichts mit dem Fußball gemein, den ich mochte. Das entsprach einer Tennisphilosophie: ein Spieler gegen den Rest der Welt. Deswegen mag ich übrigens auch Lionel Messi lieber als Cristiano Ronaldo, denn Messi macht Mitspieler stark. Man kann sagen: Er macht Mannschaften.«

Predrag Pašić

Was man aber beeinflussen kann und was einen guten Trainer, ob in guten oder schlechten Zeiten, ausmacht: eine Beziehung zum Team – zu jedem Spieler. »Thomas findet den Zugang zu den Herzen der Spieler.«, sagte der langjährige Manager Willi Lemke einst über Thomas Schaaf, der 14 Jahre lang höchst erfolgreich Werder Bremen coachte – inklusive des Doubles 2004. Wie einst Otto Rehhagel hatte er eine enge Bindung zu den Spielern, kannte ihre Familien und ihr Umfeld und pflegte außergewöhnliche Beziehungen, speziell zu schwierigen Typen wie Ailton. Eben eine Art Vaterfigur, ein ruhender Pol, ein Trainer vom alten

Schlag mit einem guten Gespür für Menschen, Spieler und ihre Regungen und Empfindungen. Und einem Näschen für die besonders talentierten Sportler – vom ersten Training an.

Nicht anders geht es Stefan Kuntz in jeder Vorsaison aufs Neue. Die Schlüsselfrage für ihn lautet, ob als Trainer, Manager oder Vorstandsvorsitzender: »Wer wird das Herz der neuen Mannschaft?« Das Herz der Mannschaft kann für ihn ganz unterschiedliche Qualitäten verkörpern. Ein Spieler etwa mit einer absoluten Kernkompetenz, der durch sein Tun andere inspiriert, wie beispielsweise Bastian Schweinsteiger beim legendären 4:1-Erfolg der deutschen Nationalmannschaft gegen England in Südafrika. Im Spiel zuvor hatte er noch gefehlt, doch dann kam grünes Licht von Teamärzten und Physiotherapeuten. Die Folge: Schweinsteiger ging beherzt in die Zweikämpfe, schaltete Englands Mittelfeld-Alphatier Frank Lampard aus, bereitete zwei Tore vor, gab Takt und Tempo an und riss die anderen mit. »Bastian ist das Herz dieser Mannschaft, der Motor im Mittelfeld«, so Löw nach dem Spiel. Kampfgeist, Willensstärke, Einsatz über die Grenzen hinaus.

So oder so: ein Spieler, der andere mitreißt, inspiriert, dazu bringt, ihr Bestes zu geben und über sich hinauszuwachsen. Dabei kann ein Herz der Mannschaft ganz verschiedene Qualitäten haben: War es im Fall Schweinsteiger sein Kampfgeist und seine Willensstärke, so stand ein Sebastian Kehl für Härte und Emotionalität, der in so mancher Rede – gerade auch in schlechten Zeiten und tief unten im Tabellenkeller – mit gefühlsstarken Ansprachen den richtigen Knopf drücken konnte.

»The person with heart inspires the entire team. It's like chemistry. He's the one who makes the formula work – the one element that sets off the explosive reaction.«

»Leaders have to search for the heart on a team, because the person who has it can bring out the best in everybody else.«

Mike Krzyzewski

Stefan Kuntz erzählt in diesem Zusammenhang gern von einem Spiel gegen Bayern München auf dem Betzenberg in Kaiserslautern. Fast langweilig soll es gewesen sein, und das ausgerechnet gegen die ungeliebten Bayern. Das Match plätscherte nur so vor sich hin. Und so entschloss sich Kuntz, Spielführer der Pfälzer und schon immer mit reichlich Herzblut ausgestattet, ein Zeichen zu setzen. Denn: Er wusste, wie explosiv der Betze sein kann, wenn man denn zündelt. Und Kuntz zündelte mit allen erlaubten und unerlaubten Tricks. »Kurz vor der Pause wurde es mir beim Stande von 0:0 zu bunt«, und so setze er entschlossen zu einer Grätsche an, ganz bewusst direkt vor der Bayernbank. »Nicht ganz fair, aber so, dass die Bayern reagieren würden.« Manfred Schwabl war der Leidtragende, der einen Augenblick später im hohen Bogen durch die Luft segelte. Die Reaktion der Bank: Wütende Aufschreie, alle sprangen auf, und Uli Hoeneß raste in bekannter Stier-Manier auf das Spielfeld. Das wiederum löste eine Initialzündung beim Publikum aus, und augenblicklich war der Betzenberg voll da. Das Ergebnis am Rande: Aus einem müden 0:0 zur Pause wurde ein 2:0-Heimsieg für den FCK. Das Herz der Mannschaft hatte seine Emotionen übertragen. Auf das Team, auf die Kurve, auf das gesamte Stadion. Leidenschaft, Energie, Willensstärke, Emotionalität, Glaube – das Herz der Mannschaft kann vielseitig und unterschiedlich sein, auf jeden Fall aber mitreißend!

Doch was, wenn der emotionale Leader der Mannschaft mal abtaucht, der Energiefluss unterbrochen wird, sich das Glück eine Auszeit nimmt oder die Bälle verspringen, die früher über die Linie trudelten? Wenn es einfach nicht wie gewohnt läuft, die vierte Niederlage das sonst so ruhige Umfeld aufwühlt und die zweite Reihe der Spieler mit den Füßen zu scharren beginnt, ihre Chance wittert. Dann ist von heute auf morgen die Krise da und plötzlich wird alles in Frage gestellt und von Verein, Medien und Fans jeder Stein umgedreht. Falsche Einwechslungen zur falschen Zeit, taktische Defizite, das Team außer Form.

Schnell kann man in diversen Internetforen und in Zeitschriften abstimmen, wer denn verantwortlich ist für die Krise – die Spieler, das Management oder der Trainer. Und der ist bekanntlich in der Regel das schwächste Glied in der Kette. Das Profigeschäft kann mitunter brutal und kurzlebig sein – wer gestern noch König war, kann morgen schon von gestern sein.

So berührte ausgerechnet Thomas Schaaf auf seinen nächsten Stationen anscheinend die Herzen der Spieler nicht mehr in dem Maße, wie ihm dies noch in Bremen gelungen war. Und während er in Frankfurt am Ende der Saison noch einen respektablen neunten Tabellenplatz erreichte, gelangen ihm mit Hannover in der Abstiegssaison 2015/2016 als vermeintlichem Retter und zu Beginn der Rückrunde nur ein Sieg in elf Spielen, sodass der »Kicker« nach der Entlassung von Schaaf mutmaßte: »Wenn er spürt, dass er nicht (mehr) in seinem Sinne Einfluss nehmen kann, gibt er auf – und zieht sich zurück in eine innere Emigration.« Die Gründe können vielfältig sein: eine andere Spielergeneration, ein fremdes Umfeld und damit einhergehend fehlende Ausstrahlung und Begeisterung. Zumindest fiel mit einem starken Partner und Gesprächspartner auf Augenhöhe wie Klaus Allofs in Bremen sicherlich vieles leichter.

Im Nachhinein unglaublich war auch die Krisendiskussion um Joachim Löw im Jahr 2013, also im Jahr, bevor er mit Deutschland den WM-Titel gewann: Nach einem 3:3 in einem Freundschaftsspiel gegen Paraguay befragte das Magazin »Focus« seine Leser: »Wer wäre der Richtige fürs Bundestraineramt?« Zur Auswahl: Jupp Heynckes, Ottmar Hitzfeld, Jürgen Klopp, Christian Streich oder Armin Veh. So schnell kann es gehen – und die massiv gestiegene Zahl der Löw-Kritiker wurde ad hoc von den Medien bedient. Die wichtigsten Erkenntnisse daraus: Erfolge der jüngsten Vergangenheit werden schneller als gedacht vergessen! Und: Zu viele Experimente auf dem Platz geben dem Trainerteam zwar wichtige Aufschlüsse für die Zukunft, können aber in der Jetztzeit und auf Dauer schädlich sein. Natürlich auch ein Thema Jürgen Klinsmanns, der immer gern in zwei Kategorien denkt: hier die Entwicklung, da das Turnier. Will heißen: in Zeiten von Freundschaftsspielen junge Spieler ins kalte Wasser zu werfen, um zu sehen, wie sie sich unter Wettbewerbsbedingungen verhalten. Ein Vorgehen, das (wie im Fall Löw) scheitern kann – und bei Jürgen Klinsmann und seiner Vita polarisieren kann.

Vielfältig können die Krisen sein, und letztlich ist es zweitrangig, warum ein Team in die Schieflage gekommen ist. Am Ende geht es immer nur um Punkte und Siege, die geholt werden müssen. Daher lautet die Kardinalfrage an alle, die führen: Wie wieder rauskommen aus der Abwärtsspirale? Einer, der es wissen muss: Jörn Wolf. Immerhin kommt der langjährige Pressesprecher und Kommunikationsexperte des Hamburger SV auf bisher 14 verschiedene Trainer, die er in den vergangenen und durchaus unruhigen bis stürmischen Zeiten beim HSV hautnah begleiten und miterleben durfte. Sein Fazit: sich selbst reflektieren oder spiegeln, die Dinge aus der Sicht des anderen sehen, den Blickwinkeln ändern, zuhören! Und: keine Wunder erwarten!

Zuhören 34 Spieltage sind eine lange Zeit – eben eine ganze Saison. Trainingslager im Sommer und im Winter, Testkicks, Pokalspiele, während der Woche sowie, am Wochenende, zahllose gemeinsame Stunden auf der Autobahn oder im Flieger Tag für Tag. Viele Trainer neigen dazu, ihren Stiefel stur durchzuziehen, versuchen von Spiel zu Spiel die letzten Energien aus den Spielern zu pressen und viel zu reden. Irgendwann wirkt das Team ausgequetscht und leer – wie eine Zitrone. Die Folge: Die Spieler schalten ab, hören nicht mehr zu oder stellen die Ohren auf Durchzug und sind dann auch nicht mehr wachsam, wenn es drauf ankommt. Daraus folgt: weniger reden, mehr beobachten und den Spielern zuhören.

Trainer-Ego parken Spieler haben ein feines Gespür für ihren Coach. Sie nehmen jede Regung wahr und beschäftigen sich auch mit seinen Aussagen und seinem Auftreten in den Medien. Die Mannschaft spürt, wenn sich ein Trainer bei einem Tor oder gewonnenen Spiel mit dem Team freut oder für sich selbst jubelt, weil er den gegnerischen Trainer schlagen will. Spieler sehen, wie ein neuer Trainer im Amt auftritt, ob er plötzlich und weil von unten aufgestiegen, mit einem neuen Auto und Designerklamotten vorfährt und auf jeder VIP-Party präsent ist oder ob ihm das Team und jeder Einzelne am Herzen liegt.

Reframing Den Blickwinkel auf die Dinge verändern oder sie in einen anderen Rahmen setzen. Ein Beispiel dafür: die Medienwelt. So thronen Trainer bei Pressekonferenzen über den Journalisten oder sind zumindest auf Distanz. Natürlich ist es immer wichtig, seinen eigenen Weg zu gehen und sein Spiel zu spielen. Doch ein Stück weit sollte man auch sein Gegenüber verstehen. So müssen Medienvertreter beispielsweise jeden Tag 60 Zeilen Text abliefern, neue Medien von Facebook bis Twitter bedienen – immer auf der Suche nach der perfekten Schlagzeile und nie ganz sicher, ob sie in einem Jahr den gleichen Job noch ausführen dürfen. Von Beginn an können hier Spannungen entstehen. Und kommt ein Trainer zu oberlehrerhaft daher, ist das Ergebnis vorprogrammiert. Besser: Dem anderen auf Augenhöhe begegnen, ein Gespür für ihn bekommen, ein Stück weit mehr auf ihn zu- und eingehen. Das heißt: Feingefühl für das Zwischenmenschliche entwickeln.

Spieler berühren So, wie jeder Trainer von einem intakten Umfeld abhängig ist, geht es den Spielern auch. Und der Torjäger des Klubs schießt nur dann Tore, wenn es ihm gut geht. Da bedarf es nicht immer eines Fachgespräches, das der Coach mit dem Spieler führen muss. Mindestens genauso wichtig: Bei Ladehemmung des Stürmers diesen zur Seite nehmen und anders vorgehen. Beispielsweise bei einem Dauerlauf reden: über die Familie, die Kindheit, das Leben. Und die Stelle finden, wo der Schuh drückt.

Verbündete suchen Es ist oft nicht gut, als neuer Coach sofort alles umkrempeln zu wollen. Besser: sich alles in aller Ruhe anschauen, sacken lassen, keine vorschnellen Entscheidungen treffen (wenn nicht nötig), auf andere zugehen. Wie sagte einst ein Christoph Daum: »Kannst du deinen Feind nicht besiegen, verbünde dich mit ihm!« Also: einfach ein Gespür für die Menschen und alle, die vom Verein abhängig sind, bekommen, bei Bedarf einen Schritt auf sie zugehen. Denn in Krisensituationen fliegen die Messer schnell tief. Und so manche zuvor gemachte unbedachte Bemerkung wird dann zum Bumerang.

Nicht verzetteln Stattdessen: Konzentration auf das Wesentliche – auf das Team, das Training, das nächste Match! Heute ist heute!

Gelassenheit und Realismus Keine Energie in Dinge stecken, die man nicht ändern kann, sich nicht an unnötigen Baustellen aufreiben, die Situation so nehmen wie sie ist. Es ist gut und richtig, als Trainer Ansprüche zu haben. Und dennoch gilt es gelegentlich, Abstriche zu machen, also das Team einfach so zu nehmen, wie es ist. Mit all seinen Besonderheiten, Stärken und Schwächen. Eben realistisch zu sein und damit leben zu können, was veränderbar ist und was nicht. Und nicht die Champions League von seinem Team fordern, wenn es nur zur Regionalliga reicht. Realitätssinn!

Skills and tools

> »Es gibt zwei Arten, Hirte zu sein: Der eine läuft hinter der Herde her,
> treibt sie, wirft mit Steinen, brüllt und drückt. Der gute Hirte
> macht das ganz anders: Er läuft vornweg, singt, ist fröhlich,
> und die Schafe folgen ihm.«
>
> *Anonym*

Practice 1: Verstehend zuhören

Um eine vertrauensvolle Beziehung zu seinem Gegenüber aufzubauen, ist es wichtig, dass man ihm zuhört und ihn zu verstehen versucht – gerade bei sehr persönlichen Gesprächen, Anliegen oder Problemen das lösungsorientierte Denken fördern.

Die Gesprächsführung

1. Einfach zuhören!
2. Die Worte des Gegenübers wiederholen, Problem-Statements mit eigenen Worten umschreiben. Das zeigt dem anderen, das er gehört und verstanden wurde. Auf diese Weise schafft man Vertrauen und eine gemeinsame Basis.
3. Nonverbale Reaktionen (Kopf nicken, Hand auflegen …) unterstützen den Prozesse des Verstehens. Sie zeigen dem Gegenüber, dass die Botschaft auch nonverbal angekommen ist.
4. Abwarten, ruhig bleiben und dem anderen in die Augen schauen. Häufig schaffen die ersten drei Schritte schon so viel Vertrauen, dass der Gehörte von selbst Lösungen entwickelt.

Practice 2: Meister der Überzeugung werden

»Mourinho betreibt das aufwendigste Ablenkungsmanöver seit der alliierten Landung in der Normandie. Gerne geht er als Erster auf einen fremden Platz, um ein Pfeifkonzert der Fans zu ernten. Seine verbalen

Ausfälle verfolgen den Zweck, den Druck vom Team fernzuhalten und sich selber zur Zielscheibe von Häme und Eifersüchteleien zu machen. Mikael Forsell: ›Er ist ein Freund der Spieler.‹«

The Guardian

Bevor Sie in eine wichtige Teamsitzung gehen oder ein wichtiges Gespräch führen, sollten Sie sich vier Fragen stellen. Die vier W-Fragen führen zur Klarheit und damit zum Erfolg.

Die W-Fragen

1. Was will ich erreichen?
2. Wie muss ich argumentieren?
3. Welche Einwände habe ich zu erwarten?
4. Wie kann ich sie widerlegen?

Inputs für wichtige Kabinengespräche

1. Lächelnd und gut vorbereitet ins Gespräch gehen – konzentriert, trotzdem locker und unterhaltsam auftreten.
2. Alle Personen im Blick haben, die am Gespräch teilnehmen. Jeder möchte gewürdigt werden.
3. Namen merken und Personen direkt ansprechen.
4. Das Gespräch nie mit fertigen Vorschlägen beginnen, sondern zunächst mit einer Analyse. W-Fragen helfen dabei:
   - Was ist das Wichtigste für mich?
   - Worauf kommt es mir an?
   - Was möchte ich vermeiden?
   - Was befürchte ich am meisten?
5. Win-Win-Situationen schaffen.
6. Auf die Sorgen und Probleme eingehen, Mitgefühl zeigen, doch das Ziel im Blick behalten. Chancen aufzeigen, die aus den genannten Problemen erwachsen.
7. Gemeinsame Ziele ansprechen und eine Liste der Vorteile präsentieren.
8. Die Meinung der anderen einholen, sich beraten lassen.

9. Mit großer Sorgfalt auf die Empfindlichkeit und das Geltungsbedürfnis der Gesprächspartner achten.

10. Aussagen, Anregungen und Ideen würdigen.

Practice 3: In Wahlmöglichkeiten denken

»Nach einem 3:3 gegen Paraguay im August 2013 war es an der Zeit, mal ein anderes Gesicht zu zeigen – nicht immer nur der nette Herr Löw zu sein. Kurz und knapp in den Anweisungen, absolut bestimmt, etwas aggressiver, positiv geladen – eben absolut Chef! Die Spieler spüren so eine Veränderung sofort, sind wesentlich konzentrierter beim Training und nehmen mich anders wahr.«

Joachim Löw

Die Kunst exzellenter Führungspersönlichkeiten – ob in Situationen, in denen das Team unter Druck steht oder vielleicht alles zu rund läuft: in Wahlmöglichkeiten denken! Das kann bedeuten: sich schützend vors Team stellen. Oder auch: herausfordern! Auf jeden Fall: ein anderes Gesicht zeigen, so auftreten, wie die Menschen es nicht gewohnt sind (»geht das nicht, probiere ich es anders!«), dem anderen eine Nasenlänge voraus sein.

Flexible Menschen haben viele Wahlmöglichkeiten. Es einfach mal anders zu machen als bisher, das heißt die Dinge ändern, um so neue Reize zu setzen – und dem Gegenüber stets eine Nasenlänge voraus sein.

Das Gesetz der erforderlichen Vielfalt Die Kybernetik ist eine relativ neue Wissenschaftsdisziplin, die sich mit dem Studium automatischer Kontrollsysteme im Menschen und in Maschinen beschäftigt. Das Gesetz der erforderlichen Vielfalt besagt: »In jedem System (ob Mensch oder Maschine) wird, wenn alle anderen Dinge gleich sind, das Individuum (Mensch oder Maschine) mit der größten Zahl verfügbarer Reaktionen das System kontrollieren.« In Kurzform: Wenn Ihre Wahlmöglichkeiten in Ihrem Verhalten umfangreicher sind als die der anderen, haben Sie es in der Hand, die Situation zu kontrollieren und nach eigenen Wünschen ablaufen zu lassen.

Practice 4: Trainer-Spieler-Support

Beziehungsbarometer	Ja	Nein
Trete ich immer positiv auf?	☐	☐
Bin ich verfügbar, wenn ich mit meinem Team zusammen bin?	☐	☐
Macht es Spaß, mit mir zusammen zu sein?	☐	☐
Kümmere ich mich um mein Team?	☐	☐
Kenne ich meine Teammitglieder als Spieler/Mitarbeiter?	☐	☐
Kenne ich meine Teammitglieder als Menschen?	☐	☐
Höre ich zu?	☐	☐
Führe ich eine gute Kommunikation?	☐	☐
Gehe ich mit meinen Teammitgliedern ehrlich um?	☐	☐
Verstehe ich meine Spieler und ihr Ego?	☐	☐
Kann ich mit den Gefühlen und Launen meiner Spieler umgehen?	☐	☐
Inspiriere ich meine Mitarbeiter?	☐	☐
Gehe ich mit meinen Mitarbeitern loyal um?	☐	☐
Gebe ich eine klare Richtung vor?	☐	☐
Hake ich Fehler ab und gehe unermüdlich weiter?	☐	☐
Traue ich meinem Team?	☐	☐
Gebe ich weiterbringende Feedbacks?	☐	☐
Bin ich emotional stabil und beständig?	☐	☐
Kann ich Erfolge meiner Mitarbeiter anerkennen?	☐	☐
Biete ich konstante Hilfe und Unterstützung?	☐	☐

15–20 × Ja: Great job! Eine absolut positive Unterstützung für Team und Mitarbeiter

14–10 × Ja: Auf dem Weg. Steigerungsfähig!

9–0 × Ja: Coaching-Einstellung überdenken und evaluieren!

Practice 5: Verhalten in Beziehungskrisen

»Show the face the team needs to see.«

Coach K

Nicht immer läuft in Teams alles glatt. Führen in Krisenzeiten ist daher eine besondere Herausforderung. Mit einigen wenigen Spielregeln gelingt dies leichter.

Verhalten in Beziehungskrisen

- Kommunikation: ehrlich zueinander sein, Fakten und Probleme klar und offen ansprechen. Schnellstmöglich!
- Offenheit: Fehler zugeben – auch vor dem Team. Sich zu entschuldigen ist keine Schwäche, sondern eine Stärke!
- Stärke: immer mit Spannkraft auftreten und auf eine starke Körpersprache achten. Mitarbeiter nehmen vieles wahr.
- Freude: Spaß haben – auch wenn es nicht immer leicht fällt. Schauspielerische Fähigkeiten sind gefragt.
- Vertrauen: in die eigenen Stärken, Kompetenzen und Fähigkeiten vertrauen. Ängste gehören definitiv nicht auf den Platz.
- Überzeugung: Spieler spüren jede Regung. Sie fühlen, wenn der Trainer von ihnen und ihrem Tun überzeugt ist – und wenn er es nicht ist. Der Glaube versetzt manchmal Berge.
- Wahlmöglichkeiten: Eine Führungspersönlichkeit muss immer in Wahlmöglichkeiten denken. Geht es nicht so, dann anders.
- Tun: klare Entscheidungen treffen und nur nach vorn schauen!
- Geschlossenheit: kein Blatt Papier passt zwischen Team und Trainer.

Entscheidend is auf'm Platz

Lassen Sie uns die wichtigsten Merksätze von Key 5 noch einmal zusammenfassen:

- Je besser Sie Ihren Mitarbeiter kennen, desto besser können Sie ihn berühren/eine Beziehung zu ihm aufbauen.
- Zuhören! Das ist der Königsweg, um vom anderen etwas zu erfahren, ihn zu verstehen, zu lernen.
- Die richtige Dosis Gefühl. Keine Überdosis!
- Individuelle Zuwendung. Maßgeschneidert!
- Seien Sie ein Mentor für Ihre Mitarbeiter – gerade für die jüngeren.
- Holen Sie jeden dort ab, wo er gerade steht. Von rational distanziert bis herzlich berührt.
- Je stärker der Einzelne, desto stärker das Team.
- Klären Sie jede Kleinigkeit! Nur wo gesprochen wird, können sich Teams entwickeln. Gerade zu Beginn gilt: Kommunikation vor Inhalt!
- Forming, Storming, Norming, Performing, Transforming: Teams durchlaufen Entwicklungsphasen. Begleiten Sie sie.
- Wer ist das Herz Ihrer Mannschaft? Seine größte Fähigkeit: das Team inspirieren und mitreißen!
- Zeigen Sie – auch und gerade in Krisenzeiten – das Gesicht, das Ihre Mannschaft sehen muss.
- Treten Sie immer stark auf! Präsenz ist gefragt.

Faktor X –
der Meister-Code plus One Touch

»Jetzt zeig der ganzen Welt, dass du besser bist als Messi!«
Was für ein Tor, was für ein unvergesslicher Moment. Der WM-Titel
2014 wird auf alle Zeiten mit Mario Götze (22) verbunden bleiben.
Joachim Löw adelte den Bayern-Star später als »Wunderkind« – und
erzählte, wie er Götze in der Pause der Verlängerung mit elf Worten
so heiß machte wie noch nie in seiner Karriere. Löw schnappte sich
Götze (kam in der 88. Minute für Klose), legte den Arm um ihn und
sagte: »Jetzt zeig der ganzen Welt, dass du besser bist als Messi!«
Götze gehorchte – und steht mit 22 Jahren als Weltmeister tatsächlich
eine Stufe höher als Lionel Messi (27).

Bild, 15. 7. 2014

Die Tiere rauslassen Samstagnachmittag, 15.30 Uhr, Anpfiff auf den großen Fußballbühnen Deutschlands. Während die Teams unter der Woche
Automatismen pauken, neue Laufwege studieren, kleinschrittig lernen
und somit das kognitive Lernen und Üben im Vordergrund steht, ist am
Spieltag alles anders. Emotionen sind gefragt. Es gilt, das Gelernte umzusetzen und voll abzurufen – mutig nach vorn zu schauen, zu spielen,
im Jetzt zu sein – und das möglichst voll und ganz aus dem Bauch heraus, mit Instinkt. Eine ganz andere Aufgabe, die an Spieltagen von Trainern gefordert wird. Die Kurzformel für Trainer könnte lauten: Lass die
Tiere raus! Aber wie weckt man das Tier in einem Spieler? Wie schaltet
man den Kopf aus und die Emotionen an? Ein Rezept: die Sinne nutzen.
Jeder Mensch lernt bekanntlich anders, wird durch einen anderen Sinn
angesprochen, hat eigene Präferenzen. Da hilft es, den Spielern vor Augen zu führen, dass der Rasen brennen muss.

Es gilt, eine Initialzündung auszulösen, durch Worte, ein Bild, ein Signal, eine Metapher. Eine Initialzündung, die ein Team durch das Spiel
trägt und im besten Fall für die Energie sorgt, ein ganzes Turnier zu

meistern – auf einer Woge der Emotionen. Das ist in der Tat die Kunst großer Trainer. Einerseits unter der Woche zu lehren, zu fördern und zu fordern, also Expertenwissen fach- und sachgerecht umzusetzen und dem Team in kleinen Dosierungen zukommen zu lassen, und immer wieder einschleifen und wiederholen, bis das Spielsystem passt – wie eine superbequeme, alte Jeans. Und auf der anderen Seite: das Tier im Spieler wecken, Emotionen schüren, einschwören auf das Spiel, im richtigen Moment berühren. One Touch! Oder: der Unterschied, der den Unterschied ausmacht!

Torhunger

»Schreibe das Wort ›TOOOORHUNGER!!!‹ ganz groß auf eine Flipchart. Das Wort könnte die Spieler z. B. beim Frühstück im Frühstücksraum empfangen und später mit in die Kabine genommen werden. Rundherum könnten Wörter wie ›passen, Tempo, auflegen, nach vorn spielen, erfolgreicher Abschluss, gemeinsamer Jubel, Spielfreude, 90 Minuten Gas geben, Gewinnermentalität, Körpersprache, Disziplin, professionelles Auftreten, 100 Prozent Eigenmotivation, Laufbereitschaft, zum Abschluss kommen, schnell spielen, Selbstbewusstsein tanken, Rekord brechen (Spanien–San Marino 9:0/1998), …‹ stehen. Sicherlich fallen dir noch ganz andere passende Schlagwörter ein.« *Die Weggefährten*
Das Ergebnis: San Marino–Deutschland 0:13, 6. September 2006.

Als Joachim Löw von einem Reporter der »Zeit« gefragt wurde, wie sich seine Ansprache in der Kabine kurz vor dem Spiel anhört, antwortete er: »Du weißt, was du kannst. Jetzt würde ich mal sagen, lass das Tier in dir raus.« Nun ja, da blieben beim Journalisten einige Zweifel, ob diese Art der herausgelassenen Tiere auch Schrecken verbreiten können. Keine Frage – Joachim Löw ist ein Idol geworden, aber Dynamik und Durchsetzungskraft erinnern eher an Jürgen Klinsmann 2006. Auch Joachim Löw hat dazugelernt und 2014 mit dem Gewinn der Fußballweltmeisterschaft bewiesen, dass er Feuer entfachen kann.

Das ideale Führungsleitbild besteht also aus verschiedenen Kernkompetenzen, die es immer weiter auszubauen gilt, der Situation anzupassen und zu verbessern – auf fünf Ebenen plus X und wunderbar dargestellt am ewigen Wechsel zwischen Trainingszeit und Spielzeit, zwischen Matchplan und »entscheidend is' auf'm Platz«. Während unter der Woche Expertenwissen und üben, üben, üben angesagt ist, geht es am Spieltag um die Beziehung, um das Gefühl, um pure Emotionen. Die Bearbeitung des Matchplans braucht Kopfarbeit, die Spieler an ihre Grenzen zu führen dagegen Fingerspitzengefühl und die entscheidende emotionale Berührung.

Man kann auch sagen: rational im Training – intuitiv im Spiel. Hier kommt der Stellenwert der Intuition ins Spiel. Hans-Dieter Hermann, Sportpsychologe der deutschen Nationalmannschaft, hat sich eingehend mit dieser Thematik auseinandergesetzt. Seiner Meinung nach hat Intuition sehr viel mit Erfahrungswissen und Entscheidungshandeln zu tun. Gerade im Mannschaftssport ist der Stellenwert der Intuition hoch, weil die Handlungszeit oft knapp ist. So bleibt dem Spieler während des Spiels keine Zeit, um über seine Handlungsweisen nachzudenken oder rationale Entscheidungen zu treffen, er muss intuitiv handeln. Im Training übt er Automatismen ein und sammelt Erfahrungen. Erst dann fühlt er sich sicher und traut sich, intuitiv zu handeln. Intuition hat also immer auch etwas mit persönlichem Mut zu tun. Äußere Dinge und Reaktionen oder Handlungen von Dritten können die Intuition beeinflussen. Ein Spieler muss daher lernen, störungsresistent gegenüber diesen negativen Einflüssen zu sein. Er muss lernen, sie im Spiel auszuschalten. Gelingt ihm das, dann ist das Professionalität. Führungskräfte, die Entscheidungen treffen, sagen oft: »Das war eine Bauchentscheidung. Dabei habe ich mich auf mein Bauchgefühl verlassen.« Intuition garantiert aber nicht grundsätzlich die Richtigkeit der Entscheidung und ist auch nicht für jeden das Beste. Doch wohl dem, der über viel Erfahrungswissen verfügt!

Der Fußball lebt von Emotionen und auch beim Führen dreht sich vieles um Gefühle. Detlef Linke, Professor für klinische Physiologie an der Universität Bonn, sagte: »Bevor Wahrnehmungen über die Sinne im Gehirn kognitiv bewertet werden können, werden sie im Mandelkern emotional bewertet, alles was folgt, ist eine Rationalisierung dieser emotionalen Bewertung. Wichtige Entscheidungen können wir ohne Gefühle nicht treffen, weil der letzte Schritt einer Entscheidung ein gutes oder schlechtes Gefühl ist, das zu einem Ja oder Nein führt.« Also: Erst die

Gefühle, dann der Verstand! Daher arbeiten Spieler mit Mentalcoaches, weil sie ein brennendes Verlangen haben zu siegen. Ohne Emotionen gibt es keine Bedürfnisse, keine Begegnungen, keine Beziehungen, keine Leidenschaft und keine Liebe. Wichtige Werkzeuge auf dem Weg zur idealen Führung sind zudem die Entwicklung eines eigenen Leitbildes, gute Kommunikation und Regulationskräfte – insbesondere in stürmischen Zeiten.

Natürlich, als Führungspersönlichkeit muss man nicht zwangsläufig einmal in der Woche »die Tiere rauslassen«, um die Mannschaft zu Höchstleistungen anzuspornen. Auch muss man sich nicht immer mit anderen Gegnern messen oder an einem wöchentlichen Ranking teilnehmen – mit Abstiegs- und Aufstiegsplätzen. Und dennoch geht es immer darum, sein Handwerkszeug in Sachen »Coaching« zu verbessern, sich zu reflektieren, zu wachsen und dazuzulernen, denn die Herausforderungen, mit denen man im Alltag konfrontiert wird, werden immer komplexer und anspruchsvoller.

Es sind die alltäglichen Situationen, die von Führenden erwartet und gemeistert werden wollen. Interessant dazu ist eine Studie, in der Führungskräfte gefragt wurden, wo sie selbst ihre größten Schwachstellen und die damit verbundene Ursache sehen. Der Schwachstellen-Spitzenreiter mit fast 90 Prozent ist: kein Feedback geben! Gefolgt von: Konflikten ausweichen (82 Prozent), Entscheidungen aufschieben (64 Prozent) bis hin zu Mitarbeiter unterfordern (52 Prozent) und keine Verantwortung übertragen (48 Prozent).

Man sieht: Kommunikation ist elementar. Ohne Kommunikation kann niemand führen und schon gar nicht mit anderen zusammenarbeiten. Nur wenn jeder das Richtige und Wichtige weiß, kann er auch das Richtige und Wichtige tun. Hut ab für eine solche Selbstwahrnehmung von Führungskräften, die anscheinend sehr offen und selbstkritisch mit sich umgehen können!

»Legendär waren Latteks Mannschaftsbesprechungen. Ständig zog er irgendwelche Vergleiche zur Tierwelt, um uns auf Spiel und Gegner einzustimmen. Dank seiner Rhetorik und Sammers fachlicher Stärke hielten wir die Klasse.«

Stefan Reuter über seine Trainer Udo Lattek und Matthias Sammer

Alles, was Mitarbeiter tun, denken, fühlen können, tun, denken und fühlen Führungskräfte auch, und sie haben Strategien, Techniken, Methoden und Modelle gelernt und Einstellungen gegenüber Menschen entwickelt, die dem Mitarbeiter nützlich sind, im eigenen Interesse und im Interesse des Mitarbeiters. Denn verantwortungsvolle, emotionale Führungspersönlichkeiten schauen zunächst auf sich selbst – geht es mir gut, geht es auch dem Menschen in meinem Umfeld gut. Sie führen mit allen Sinnen und dem Herzen – Leading with the heart. Sie sind Emotionscoaches. Sie sorgen für eine angenehme Wohlfühl-Atmosphäre, ein gutes Arbeitsklima, damit alle zufrieden sind, Spaß und Freude an ihrer Arbeit haben. Einen Raum, in dem es erlaubt ist, über seine Gefühle zu sprechen, ohne Gefahr zu laufen, als »Weichei« abgestempelt zu werden. Denn es gehört Mut dazu, seine Gefühle auszusprechen. In einer effizienten Arbeitsatmosphäre bringen Menschen bereitwillig gute Leistungen.

Der innere Druck bei der WM 2006, der Amtsantritt als Bundestrainer und gleich wieder mit Volldampf in die EM-Qualifikation 2008 – das war schon ein Härtetest für Joachim Löw: »Nie nachlassen, niemals nachlassen. Wahnsinn!« In diesem Zusammenhang verrät Löw nach dem Sommer 2006, dass er sich von einem Coach habe beraten lassen, um ein besseres Gespür für seine Gefühle zu bekommen, um mit seinen Emotionen klarzukommen, sie auch ausleben zu können.

Interessant ist übrigens in diesem Zusammenhang auch, dass zu geringes Expertenwissen nicht im Ranking größerer Schwachstellen vorkommt. Unternehmen werden anscheinend gut gemanagt, aber schlecht geführt. Die Ursachen: Nahezu 90 Prozent der Befragten fehlt es an Zeit für ihre Mitarbeiter. Daraus folgt: sich – so gut es eben möglich ist – an feste Abläufe und Rituale halten, sich Freiraum schaffen und als Führender auch mal Nein zum nächsten Trend, zur nächsten Innovation sagen. Weniger ist mehr. Und sich eben um das Kerngeschäft zu kümmern: die Mitarbeiter und nicht zuletzt auch um sich selbst. Außerdem sich immer weiter zu verbessern und mutig voranzugehen: in der Kommunikation, in Mitarbeitergesprächen, durch zuhören können und einfach da sein. Oder durch klare Führung. Denn Menschen wollen – bei aller Autonomie und dem Gefühl, sich selbst entfalten zu können, eine feste Richtlinie.

Führung ist ein multifaktorielles Geschehen. Ein Lern- und Erfahrungsprozess, den auch viele Protagonisten aus der Coachingzone durchleben durften und dürfen. Und weder Joachim Löw noch Jürgen Klinsmann, Stefan Kuntz, Hansi Flick, Sebastian Kehl, Christoph Metzelder – um nur einige zu nennen –, waren oder sind zum Führen geboren. Führungskraft zu sein, lernt man »on the job« und auch außerhalb, in anderen Positionen und Rollen – als Partner, in der Elternrolle, der Familie, dem Freundeskreis, dem Umfeld und der Gemeinschaft – auf und neben dem Platz. Letztlich kann man überall und von jedem und jeder Situation lernen.

Den Mythos vom Meistergen gibt es zwar, das Meistergen aber nicht. Die oben genannten Protagonisten mussten – wie auch alle anderen, die in Führung sind – wichtige Voraussetzungen und Kompetenzen, die zur Führung befähigen, erlernen und ihre eigenen Erfahrungen machen. Weniger durch eine Ausbildung, sondern viel mehr durch den harten Alltag und harte Arbeit. Rückschläge gehören dazu genauso wie hin und wieder das nötige Glück, zur richtigen Zeit am rechten Ort zu sein. Durch Learning by Doing, Versuch und Irrtum, Sieg und Niederlage. Man wächst in die Führungsrolle hinein und lernt dazu. Es geht weniger um Charisma oder um die richtige Kleidung, sondern viel mehr um Präsenz, Einsatz, Überzeugung und das lebenslange Lernen.

Faktor X: Persönlichkeit

Jeder, der eine Führungsposition übernimmt, wird von denjenigen geprägt, die er bewundert, die für ihn ein Vorbild sind. Nach der Theorie des sozialkognitiven Lernens von Albert Bandura ahmen wir das Verhalten von Vorbildern nach, das aus unserer Sicht zum Erfolg führt. Man studiert ihren Werdegang und ihre Entwicklung, macht sich ein genaues Bild und kann bestenfalls bestimmte Methoden auf die eigene Führungskompetenz übertragen. Vielleicht hat man zudem noch das Glück, von einer echten Führungspersönlichkeit aus dem unmittelbaren Umfeld lernen zu dürfen – durch gezieltes Beobachten, Offenheit, Neugier, gezielte Fragen und gute Gespräche.

Auf diese Weise entwickelt sich ein eigener Führungsstil – durch Methoden und Werkzeuge, abgeschaut von anderen sowie vor allem durch das Rohmaterial der eigenen Lebenserfahrungen. Sprich: durch Selbsttun, um Schritt für Schritt in der Persönlichkeit zu wachsen. Denn großartige Führungskräfte sind vor allem eins: großartige Persönlichkeiten. Und eine großartige Persönlichkeit steckt in vielen Menschen, die führen wollen und müssen. Diese gilt es nach und nach durch stetes Tun zu entwickeln.

Personalchefs und Personalberater in Unternehmen und Organisationen wurden dazu über das aktuelle »Managerprofil« befragt. Das übereinstimmende und bis heute noch gültige Resultat lautet: Die Persönlichkeit steht an der Spitze der Erwartungen. Gefragt sind Charaktereigenschaften, menschliche Verhaltensgrundmuster, die in unterschiedlicher Kombination zu unzähligen individuellen Ausprägungen führen. Lewis Goldberg fasst fünf relevante Persönlichkeitsfaktoren zusammen: emotionale Stabilität, Extraversion, Verträglichkeit, Gewissenhaftigkeit und Offenheit. Für den Erfolg ist entscheidend, dass Persönlichkeit und Verhalten übereinstimmen – man spricht dann von Authentizität und Wahrhaftigkeit. Er ist authentisch wie ein Schauspieler in der »richtigen« Rolle. Und wer sich und seine Ideen in die Herzen der Menschen spielen möchte, der sollte seiner Persönlichkeit mehr Gewicht geben, denn erfolgreiche Protagonisten haben eine Ausstrahlungs- und Anziehungskraft, sie »wirken« – authentisch, pragmatisch, echt.

Die in empirischen Studien am häufigsten genannten Eigenschaften erfolgreicher Führungskräfte sind: Intelligenzquotient, emotionale und soziale Intelligenz, Fachwissen, Entscheidungsfreude, Intuition, Kreativität, Unabhängigkeit und Anpassungsfähigkeit, Flexibilität, Ehrgeiz und Integrität. Führungserfolg hängt demnach von der Wirkung ab, die wir bei einem anderen erzielen. Wenn wir überzeugend auftreten, uns authentisch darstellen und unserer Persönlichkeit Gewicht verleihen. Am Ende des Prozesses steht ein Mensch, der sein Leben nicht auf Karriereoptimierung ausrichtet, sondern andere mit Vertrauen, Respekt, Bescheidenheit, Akzeptanz und Liebe führt. Nur so hinterlässt man Spuren in den Unternehmen und Organisationen sowie in den Köpfen und Herzen seiner Mitarbeiter und Teammitglieder – und mitunter sogar in einer ganzen Nation. »Walk what you talk!« lautet das Motto. Oder, um es mit den Worten von Hermann Hesse auszudrücken: »Es gibt für uns keinen anderen Weg der Entfaltung und Erfüllung als den der möglichst vollkommenen Darstellung des Gebotes: Sei du selbst!«

Generation Sommermärchen und die Folgen: wagen ist machen Nichts ist so stetig wie der Wandel und manchmal ist es wohl an der Zeit zu gehen – gerade als Fußballtrainer oder Manager. Einfach das nötige Gespür dafür zu haben, wann das Team eine neue Inspiration braucht, eine neue Ansprache, neue Reize, ein neues Gesicht. Daraus folgt: nur mit leichtem Gepäck reisen, hoch flexibel sein und den Methodenkoffer dennoch stetig erweitern. Natürlich gibt es immer wieder Ausnahmen, Führungskräfte, die es geschafft haben, einen Club über Jahre zu formen und zu entwickeln oder einfach die Möglichkeit, als Trainerteam so eng zusammenzuarbeiten, dass der eine die Arbeit des anderen fortführt und weiterentwickelt. Erfolg durch Nachhaltigkeit.

Das war sicherlich auch ein Geheimnis des Erfolges von Jürgen Klinsmann und Joachim Löw, die zunächst als Trainerteam begannen, ein gemeinsames Arbeitsethos entwickelten und dieses in Form einer innovativen Philosophie und Denkweise auf die Nationalmannschaft übertrugen, eine Atmosphäre ständigen Dazulernen-Wollens kreierten und den Spielern vor allem das Gefühl gaben, dass es etwas Außergewöhnliches ist, für die Nationalmannschaft auflaufen zu dürfen. Überhaupt war vor allem die Klinsmann-Ära von 2004 bis 2006 geprägt von einem neuen Wir-Gefühl, verbunden mit einem gewissen Stolz, die Deutschlandfahne wieder in die Höhe halten zu dürfen – und das landesweit. Wer erinnert sich nicht gern an kilometerlange Autokorsos durch die Innenstädte, an ein schwarz-rot-goldenes Fahnenmeer und grenzenlose Jubelszenen beim Public Viewing. Ein wahres und unvergessenes Sommermärchen – bei strahlendem Sonnenschein. Getreu dem Motto: die Welt zu Gast bei Freunden.

Was die Protagonisten damals antrieb: Neues schaffen, Grenzen sprengen, Visionen in die Tat umsetzen und gegen nichts und niemanden einzuknicken. Und: das Begonnene fortsetzen, vollenden. Hatte Jürgen Klinsmann nach seinem Sommermärchen das Gespür, auf dem Höhepunkt gehen zu müssen, setzte der DFB mit Joachim Löw auf Kontinuität. Das sollte sich zehn Jahre später auszahlen.

»Das Geheimnis des Vorwärtskommens liegt darin,
den ersten Schritt zu tun.«

Mark Twain

Manchmal ist es wohl so, dass man im Leben wie auf einer unsichtbaren Linie geführt wird und wohl genau die Erfahrungen sammeln darf,
die man erleben soll, um auf etwas noch Größeres vorbereitet zu werden – glaubt man ein Stück weit spirituell. Jedenfalls passte das Motto
auf dem Trikot von Tottenham Hotspur, das er von 1994 bis 1995 trug,
zu hundert Prozent zur Lebensphilosophie von Jürgen Klinsmann: Au-
dere est facere – wagen ist machen! Hier traf er als Stürmer auf bestimmte Muster, die ihn auch als junger Bundestrainer später einholen sollten.
So waren die Spurs-Fans zunächst mehr als skeptisch, galt Klinsmann
bei ihnen und bei Tottenham, einem Verein mit jüdischen Wurzeln und
im Norden Londons beheimatet, als einer der unbeliebtesten Deutschen.
Doch der »Diver«, wie er anfangs herablassend genannt wurde, entwickelte das Abtauchen bzw. angebliche Hinfallen im Elfmeterraum später
als sein ureigenes Markenzeichen – und tauchte tatsächlich bei seinen
unvergessenen Torjubelszenen immer wieder wie ein Taucher ab. Und
das 28-mal in einer Saison. Die Folge: Spieler des Jahres 1985 im von
seiner traditionellen Fußballkultur geprägten England, das seit je dem
Festland im Allgemeinen und Deutschland im Besonderen skeptisch gegenüber stand. In kürzester Zeit gelang es Klinsmann, die Herzen der
Tottenham-Fans zu erobern. Durch Leidenschaft, Durchsetzungskraft,
Hartnäckigkeit, bedingungslosen Einsatz, Intelligenz, Humor, Weltof-
fenheit und Mut. Werte und Eigenschaften, die ihm auch 2004 wieder
zugutekommen sollten.

Viele Namen wurden gehandelt, doch keiner wollte den Job! Von Ottmar Hitzfeld bis Otto Rehhagel, gerade mit Griechenland sensationell
Europameister geworden, von Felix Magath über Jupp Heynckes bis hin
zu ausländischen Trainern wie Arsène Wenger und Morten Olsen – alle
lehnten dankend ab. Zu risikoreich schien die Mission, eine uninspi-
rierte Elf, die unter Rudi Völler bei der Europameisterschaft 2004 nicht
über die Gruppenphase hinaus gekommen war, zu übernehmen, zu wenig aufstrebende Talente gab es angeblich – und das auch noch mit einer WM im eigenen Land vor der Brust, bei der man sich eigentlich nur

blamieren konnte. Auch Klinsmann formulierte nicht gerade ein Bewerbungsschreiben, als er die Öffentlichkeit wissen ließ, dass der ganze DFB-Stall ausgemistet werden müsse. Und doch kam es so, wie es kommen sollte – inklusive einer interessanten Mischung deutscher Tugenden, gepaart mit typischen amerikanischen Elementen wie Selbstbestimmung und Risikobereitschaft, die fortan die DNA, die Philosophie der deutschen Nationalmannschaft, bestimmten sowie der knapp 20 Jahre zuvor erlernten Tottenham-Tugend: wagen ist machen!

Faktor X: Charisma

Wenn von dem schillernden Begriff »Charisma« die Rede ist, fallen jedem sofort einige Lieblingsbeispiele ein: Nelson Mandela, der Dalai Lama, John F. Kennedy, Martin Luther King, … Diesen Menschen wird ein besonderer »Magnetismus« im persönlichen Umgang mit Menschen nachgesagt, eine besondere Begabung in der Menschenführung. Ursprünglich hatte das griechische Wort »charisma« (Gnadengabe) eine religiöse Bedeutung – gemeint war die Fähigkeit, andere Menschen inspirieren, überzeugen und führen zu können. Propheten, Helden oder Heilige verkörperten diese messianische Führungsfigur.

In unserer modernen Massengesellschaft hat der Charisma-Begriff seine ursprüngliche Bedeutung verloren und zeigt sich nur noch als Prominenz, als Glamour, als Starkult. Der Sozialpsychologe Ronald Riggio hat das Phänomen Charisma eingehend studiert. Er fand heraus, dass die wohl wichtigste Eigenschaft einer charismatischen Persönlichkeit die emotionale Ausdrucksfähigkeit ist. Charismatische Persönlichkeiten sind Meister der emotionalen Führung. Sie haben die Fähigkeit, andere zu begeistern, zu inspirieren und zum Handeln zu motivieren. Sie zeigen ihre Gefühle, wenn ihnen etwas wichtig ist und werden dann auch leidenschaftlich und intensiv. Sie sind risikofreudig und handlungsorientiert – eher Macher, als dass sie abwarten. Sie »eiern nicht herum«, sie taktieren nicht, sondern sind ehrlich und direkt in ihren Urteilen und Wünschen, ohne zu verletzen. Charismatiker haben Humor, können gut zuhören und haben eine besondere Beobachtungsgabe. Sie verkörpern einen eigenen Stil und bringen ihn mit ihrer positiven Ausstrahlung rüber – sie sind präsent und wissen, was sie wollen und tun, sie haben Zivilcourage.

Charismatische Menschen können auch still, zurückhaltend und taktvoll sein, wenn es die Situation erfordert. Sie können die Gefühle der anderen lesen und in ihrem Tun berücksichtigen. Diese Fähigkeit lässt auf hohe emotionale Intelligenz schließen. Charisma gilt als ein Erfolgsrezept, gerade in einer Gesellschaft, die nach Führungspersönlichkeiten hungert.

Es geht nicht um Glamour oder narzisstische Selbstdarsteller, nicht um Eitelkeit, gepaart mit überzogenem Medieninteresse oder Übermenschen, sondern um Führung durch mutige, visionäre, ehrliche und authentische Menschen mit emotionaler und sozialer Intelligenz. Führungspersonen, die das leben, was sie lehren, die das Richtige machen und nicht nur etwas richtig machen – mit natürlichem Charme, Begeisterungsfähigkeit, Elan und Mut zum Risiko. Wir können aber auch im Alltag, in unserer unmittelbaren Umgebung, Charisma entdecken; denn als charismatisch gelten oft schon Menschen, die uns fesseln, in ihren Bann ziehen, unsere Fantasie beflügeln, einen magischen Moment initiieren – wie ein Freund oder Kollege, Trainer, Lehrer, Vorgesetzter, Eltern – im Kleinen wie im Großen.

Das Sommermärchen und die Folgen: Starke Bindungen schaffen! Jeder ist gern mit Menschen zusammen, die vor Energie strotzen. Energie macht Menschen sympathisch, und Sympathie ist eine wichtige Komponente für überzeugende Beziehungen. Dabei ist es eine echte Herausforderung, diese immer aufrechtzuerhalten und zu vertiefen – über ein ganzes Turnier oder eine lange Saison hinweg. Bei einer WM diskutieren Fachleute alle vier Jahre über neue Systeme oder Taktiken. Doch mindestens genauso interessant: der Blick auf das Verhältnis Trainer–Spieler. Welcher Trainer hatte von außen betrachtet besonders starke Beziehungen zu seinen Spielern und seinem Team? So war es den Protagonisten des Sommermärchens besonders wichtig, Spieler in ihren Reihen zu haben, die fußballerisch ins System passten und zudem menschlich das Team bereicherten – mitunter auch durch eine gewisse individuelle Note wie bei Christoph Metzelder.

»15.05.2006 Abflug – Ich sitze im Flieger nach München. Dann lasse ich mich morgen früh vom Chiropraktiker Dr. Thomas behandeln. Mein dritter Aufenthalt in München binnen fünf Tagen. Der Muskelfaserriss in der rechten Wade hat mich zurück geworfen. Aber ich bin ein Kämpfer! Ich habe in den letzten drei Jahren so viele Schlachten gegen meinen Körper und meinen Geist gewonnen, da gebe ich doch nicht den Krieg auf. Und ich habe es erreicht. Ich bin unter den 23 Spielern, die Deutschland bei der WM im eigenen Land vertreten werden. Eine jetzt schon historische Mannschaft. Aber was werden wir in der Lage sein zu rreichen? Ich war noch nie überzeugter von mir und von uns! Seit einigen Wochen arbeite ich mit Karin und Claus-Peter zusammen, denn auch mein Geist und meine Seele schreien nach Nahrung und Optimierung. So wie sie von mir und meinen Fähigkeiten überzeugt sind, beginne auch ich das immer mehr zu tun. Und ich habe meine Ziele festgelegt.«

Christoph Metzelder

Im Nachhinein grenzt es an ein Wunder, dass der Innenverteidiger den Sprung in den WM-Kader von 2006 überhaupt schaffte. Zwei Jahre lang war er zuvor verletzt gewesen. Besonders schmerzhaft für ihn (neben Knieproblemen, Bandscheibenvorfällen und Nasenverletzungen): drei Operationen an der Achillessehne. Da konnte er durch seine Übersicht, Ruhe und Vielseitigkeit noch so viele Voraussetzungen für die internationale Spitze mitbringen – fast wäre die Mission gescheitert. Aber eben nur fast. Der Glaube an sich selbst, eine daraus resultierende Kraft, sich nicht klein kriegen zu lassen (Motto: »Ich schaffe es!«), und der brennende Wunsch, dabei sein zu wollen, halfen Metzelder in den letzten Wochen vor der WM wieder auf die Beine. Hartnäckigkeit, gute Ärzte und Physiotherapeuten und nicht zuletzt ein Tagebuch, in dem er monatelang seine Gedanken, Gefühle und Erlebnisse notierte, trugen ebenso zur Genesung bei.

Und: eine emotionale Bindung zum Inner Circle. Ein Gefühl der Zugehörigkeit, einer festen Bindung zu Trainern und Team, geprägt von Vertrauen und Glauben. Ein Auszug aus dem Tagebuch: »Nachmittags schiebt Jürgen Klinsmann einen Zettel unter der Tür durch. Darauf steht: Lieber Metze, sei stolz auf Dich, hellwach und lautstark auf dem Platz. Heute ist wieder unser Heimspiel. Genieß es!«. Kaum einer traute Christoph Metzelder eine tragende Rolle in der Innenverteidigung zu, selbst Fachleute schüttelten den Kopf über seine Berufung zur Nationalmannschaft – doch am Ende spielte er fünf von sechs Spielen. Klinsmann und Löw glaubten an ihn. Enge Bindungen eben.

Vielleicht ist es eine natürliche Gabe, Menschen das Gefühl zu geben, wichtig zu sein und an einem hohen Ziel gemeinsam zu arbeiten. Daraus erwächst echte Motivation – eine unbändige Willenskraft, die Arbeit nicht nur zu erledigen, sondern Besonderes zu leisten.

Faktor X: Herausforderungen

Sich immer wieder neuen Herausforderungen stellen, neugierig auf zukünftige Ereignisse sein, eine innere Kraft spüren, mit seiner Zeit etwas Sinnvolles anfangen, persönliche Ziele konsequent anstreben – nichts anderes bedeutet Driving Force, zu deutsch: treibende Kraft. Oder noch besser: Motivation. Genau das braucht man, möchte man sich weiterentwickeln – und zwar im besten Fall aus sich selbst heraus.

Motivation kommt aus dem Lateinischen, steht für Bewegung und hält Körper, Geist und Seele in Aktion. Ohne Motivation läuft nichts. Der Geist steht ohne jeglichen Antrieb still, Körper und Seele ebenso. Motivation ist also das Benzin, das den inneren Motor antreibt, und seien die Aufgaben noch so banal. Selbst für das Zähneputzen muss es einen Beweggrund geben.

Je größer die Motivation, ein Ziel zu erreichen, desto energetischer und kraftvoller steuert man es an. Und je erstrebenswerter das Ziel ist, desto mehr Energien und Ressourcen werden mobilisiert – und umso leichter wird man das Ziel auch erreichen.

Alles, was man aus sich selbst heraus tut, ohne jegliche Belohnung zu erwarten, bedeutet intrinsische Motivation: Das Laufen- und Sprechenlernen gehört genauso dazu wie die Vorfreude auf den ersten Schultag sowie das damit verbundene Lernenwollen, das jeden Menschen im optimalen Fall ein Leben lang begleitet. Zufriedenheit, Glück und Sinnhaftigkeit in Dingen finden, die man aus sich selbst heraus macht, ohne größere Erfolgsaussichten im klassischen Sinne, einfach aus der Freude am Tun. Anders gesagt: Suche nicht das Lob, sondern die Kritik!

Mit dem ausschließlich inneren Antrieb kann es aber auch bald vorbei sein. Schnell findet der Mensch bereits in jungen Jahren Gefallen daran, für bestimmte Verhaltensmuster von außen belohnt zu werden. Kinder für gute Schulnoten, Fußballprofis oder Mitarbeiter durch üppige Prämien. Keineswegs verwerflich übrigens. Letztendlich wird sich jeder schon einmal für eine Sache intensiver eingesetzt haben, weil er von außen gepusht wurde. Problematisch wird es nur dann, wenn extrinsische Motivation zur Ausschließlichkeit wird.

Das Sommermärchen und die Folgen: Initialzündungen auslösen! »A great leader is a lifelong learner who is a great student« – so Coach John Wooden. Und das zeichnete auch die Protagonisten des Sommermärchens von Beginn an aus. Angefangen beim Trainerstab, dem es gelang, die entsprechenden Glaubenssätze durch große Überzeugungskraft auf Team und Umfeld zu übertragen oder besser gesagt: der die Mitarbeiter ansteckte und mitriss. Klinsmann sprach dabei gern in Bildern, vom »Schwamm, der alles Wissenswerte aufsaugt« oder vom »Tag, den man ausquetschen wolle wie eine Zitrone«. »Ich werde immer Schüler bleiben«, so Klinsmann über Klinsmann, der genau das auch seinem Team näherbrachte und hier auf offene Ohren stieß. Ein Stück weit halfen ihm dabei die Erfahrungen als Spieler. So führten langweilige Trainingscamps dazu, dass er lernte, die Zeit anderweitig zu nutzen – für Computerkurse oder das Interesse an Fremdsprachen. Und natürlich der Blick über den Tellerrand: durch das Lernen von anderen Sportarten, die Einbeziehung fußballfremder Fitnessprogramme oder den Austausch mit Sportlern jeglicher Couleur.

Das Zerschlagen alter Hierarchien, innovative Trainingsarbeit, ein individuelles Fitnessprogramm sowie ein revolutionärer Spiel- und Führungsstil leiteten schon vor dem ersten Spiel in Österreich im Sommer 2004 einen intensiven Motivationsschub ein. Gepaart mit einer mutigen und forsch formulierten Zielvorgabe: »Wir wollen Weltmeister werden!«, so Jürgen Klinsmann gleich zu Beginn seiner Amtsübernahme. Dietrich Schulze-Marmeling, Herausgeber des Buches »Strategen des Spiels«, erinnert sich: »Klinsmanns erstes Verdienst war es, eine geradezu gespenstische Situation aufzubrechen. Um das Austragungsland der WM 2006 hatte sich eine bleierne Stimmung breit gemacht. Die Euphorie, die nach dem überraschend guten Abschneiden beim WM-Turnier in Japan/Korea ausgebrochen war, hatte der ›Verwaltungs-Fußball‹ der Post-WM-Jahre schnell wieder erstickt. Der Gastgeber für 2006 wirkte sportlich lethargisch und ambitionslos.«

Umso erfrischender dann der positive Ansatz des Wahl-Amerikaners, Reformers, Querdenkers und Machers und das damit verbundene Erzeugen einer Aufbruchstimmung. »Wenige Wochen nach dem EM-Aus sprach Klinsmann doch tatsächlich vom WM-Titel – und zwar in direktem Zusammenhang mit der deutschen Elf! Wahnsinn, dachte mancher und begann erst mit einiger Verzögerung zu verstehen, dass das möglicherweise doch die richtige Strategie war. »Jeder Mensch und jedes Team braucht ein Ziel. Mag es auch fern sein, möglicherweise auch unerreichbar, kein Ziel zu haben, ist keine Alternative«, so Marco Bode, Klinsmann Mannschaftskamerad und Europameister von 1996. Eine Emotion wurde entfacht, die sich lange und ganz tief im Unterbewusstsein eines jeden Nationalspielers versteckt haben musste. Das Gefühl, dabei sein zu wollen, aktiv lernen zu wollen!

Aktives Lernen schafft Fähigkeiten und erfordert Energie, Leidenschaft und Einsatz – und verlangt Motivation. Wenn Motivation geweckt und aufrechterhalten wird, ist das der Moment der »Initialzündung«. Sie liefert die Energie für eine Reaktion, eine Vorwärtsbewegung. Ein Prozess wird angestoßen, der eine intensive emotionale unbewusste Reaktion auf einen Impuls von außen auslöst, der uns in Form eines Bildes, einer Botschaft anspricht und unsere Leidenschaft anstößt – ein faszinierender Moment, in dem wir sagen: Das schaffe ich!

Sie wirkt wie ein Raketenantrieb, eine mysteriöse Explosion, ein plötzliches Erwachen, ein Blitzschlag aus Bildern und Gefühlen. Die Initialzündung ist schwer zu fassen, denn sie hat etwas mit Signalen und unbewussten Kräften zu tun, die unsere Identität ausmachen. So wie der Flügelschlag eines Schmetterlings einen Wirbelsturm auslösen kann. Immense kompensatorische Energie wird freigesetzt. Doch es gibt keine gängigen Regeln. Ihre einzige Aufgabe besteht darin, uns die Energie zu geben, die wir benötigen, um ein Ziel zu erreichen, eine Aufgabe zu bewältigen, die wir uns selbst gewählt haben.

»Wir brauchen eine Initialzündung, die uns durch das Turnier trägt«, so Jürgen Klinsmann kurz vor der Weltmeisterschaft in Deutschland. Und so sollte es kommen. Nicht aber der erste Sieg gegen Ecuador sorgte für den nötigen Impuls, viel mehr das Last-Minute-Tor gegen Polen in Dortmund. Oliver Neuville war es, der in der ersten Minute der Nachspielzeit traf. Zuvor war David Odonkor wie so häufig in diesem Spiel über die rechte Seite geflitzt und hatte gekonnt nach innen geflankt. Drückende Überlegenheit, viele gute Torchancen, mehrere Lattentreffer – als Zuschauer hatte man sich mit dem 0:0 bereits abgefunden. Nicht aber das Team. Das Glück war mit den Tüchtigen. »Wir haben gut gestanden und immer wieder Druck nach vorne entwickelt. Dass das Tor spät fällt, ist natürlich glücklich, aber auch hochverdient«, sagte Michael Ballack. Unglaubliche Szenen spielten sich ab – auf dem Rasen, der deutschen Bank und den Rängen des Westfalenstadions. Die Rakete war gezündet. Übrigens in diesem Fall von Neuville und Odonkor, die beide eingewechselt worden waren – und zunächst gar nicht zum Team gehören sollten. »Schwarz, rot, geil – Deutschland im Fußballrausch!«, titelte »Bild«. Der Rausch sollte anhalten und sich auch bei zukünftigen Turnieren immer wieder neu entfachen.

Faktor X: Geschichten

Als Bundestrainer Joachim Löw vor dem WM-Finale 2014 in der Pressekonferenz davon sprach, dass man mit der deutschen Nationalmannschaft »Geschichte schreiben wolle«, zeigte er sich durchaus selbstbewusst. Vielleicht lag es an seinem »guten Bauchgefühl«, am Glauben an die eigenen Stärken seines Teams oder einfach daran, dass er bereits eine passende Kabinenansprache im Hinterkopf hatte. Auf jeden Fall sehr überzeugend, das Auftreten des eigentlich sonst eher so zurückhaltenden Bundestrainers. Immerhin spielte man im Land des Gastgebers, hatte also nicht nur elf Kicker gegen sich, sondern eine ganze Nation samt 200 Millionen verrückter Fußballfans. Da fühlten sich die fünf vorausgegangenen Partien eher wie Kindergeburtstage an.

Was dann folgte, ging in der Tat in die Fußballgeschichte ein. Fünf Tore für Deutschland bereits nach 29 Minuten, und am Ende stand es 7:1. Ob es an Löws guter Intuition gelegen haben mag oder einfach an einer klaren Vision, gepaart mit dem nötigen Optimismus, sei dahingestellt. Das Ziel, am 13. Juli ein weiteres Mal im legendären Maracanã-Stadion in Rio de Janeiro spielen zu dürfen, war wohl verlockend und motivierend genug. So oder so möchte man bei der Kabinenansprache dabei gewesen sein – überliefert ist aber nur der eingangs erwähnte Satz an das Team, »Geschichte schreiben« zu wollen. Löw muss den Nerv der Spieler getroffen haben. Große Trainer können Spieler mit Worten fesseln. Sie erzählen überzeugend und glaubwürdig und transportieren Emotionen. Und je enger die Geschichte mit dem persönlichen Wesenskern zu tun hat, desto größer der Effekt beim Zuhörer.

Hintergrund: Bei jeder Ansprache, jedem Vortrag oder Meeting mit dem Team können Geschichten nicht nur unterhalten, sondern auch emotional berühren und glaubwürdig machen. Storytelling heißt diese Methode. Es geht darum, eine Botschaft mit einer Geschichte als Beispiel zu belegen, zu illustrieren. Dem einen wird es dabei darum gehen, zu überzeugen, Ideen und Anliegen nachhaltig in den Köpfen der Mitarbeiter zu verankern. Für andere ist das Zuhören wichtiger, das bessere Verstehen von Anliegen, neue Einsichten in Wandel und Entwicklung zu transportieren. So werden Inhalte besser verständlich, wird das Lernen und Mitdenken bei den Zuhörern unterstützt, Neugier und Emotionen geweckt. Am besten eignet sich dafür eine Geschichte aus der persönlichen Historie – und die gibt es im Fußball bekanntermaßen reichlich!

Geschichten bieten den perfekten emotionalen Zugang zum Team, finden den Weg über die Sinne des Spielers. Sie erzeugen Bilder im Kopf, was die nüchterne Beschreibung einer Strategie oder Umsetzungstechnik nicht vermag. Als Coach erlebt man große und kleine Emotionen, Widerstände und Konflikte, innere und äußere Hürden, Kampf und Versöhnung. Diese gilt es aufzuzeigen. Nur so wird die Arbeit erlebbar, und im Kopf des Teams kann sich eine Vorstellung davon entwickeln.

Eine Geschichte entfaltet ihre Wirkung erst, wenn sie spannend erzählt wird. Durch eine kraftvolle Sprache, einen gelungenen Einstieg, eine persönliche Anekdote – von Sieg und von Niederlage und was man daraus gelernt hat. All das erzeugt Gefühle, Spannung, Konzentration und Fokussierung.

Das Sommermärchen und die Folgen: Kabinengespräche Michael Ballack, langjähriger Kapitän der deutschen Nationalmannschaft, bringt es auf 98 Länderspiele. Viele verschiedene Nationaltrainer durfte er in seiner Zeit von 1999 bis 2010 erleben – und den drastischen Wandel obendrein. Einer seiner Höhepunkte: das Sommermärchen 2006. So erzählte er, dass sich die Stimmung vor großen Turnieren in der Kabine im Laufe der Jahre stark verändert habe. Ganz besonders, nachdem Jürgen Klinsmann die Führung der Mannschaft übernommen hatte. Zuvor war die Atmosphäre eher streng hierarchisch und weniger kommunikativ. »Als ich damals in die Nationalmannschaft kam, sagte vor dem Spiel keiner ein Wort – die Jüngeren schon gar nicht«, so Ballack. »Man sieht viele verrückte Sachen vor dem Spiel. Jeder hat seine eigenen Rituale. Der eine sitzt einfach nur still da, Blick auf den Boden. Ein anderer raucht eine Zigarette. Wer das war, darf ich natürlich nicht verraten.« Dies wandelte sich 2004 komplett. Klinsmann war die Stimmung zu sehr gedrückt, zu ernst und zu leise. Fortan wurde Musik gespielt und gelacht. Auch auf diese Weise entwickelte sich Teamgeist – und aus der gemeinsamen Musik ein Song, der die Mannschaft durch das Turnier tragen sollte: »Dieser Weg« von Xavier Naidoo.

Jürgen Klinsmann wurde nicht müde, den Spielern in Sitzungen immer wieder das große Ziel, den Gewinn der Weltmeisterschaft 2006 und den Weg dorthin anhand von Geschichten vor Augen zu führen. Für dieses Ereignis hatte er extra ein Video mit dem Titel »Herausforderung 2006« produzieren lassen. Es zeigte, unterlegt mit emotionaler Musik, die großen Momente des deutschen Fußballs: vom »Wunder von Bern« 1954 über den 2:1-Sieg der deutschen Nationalmannschaft 1974 gegen Holland bis zum WM-Endspielsieg gegen Argentinien 1990, damals noch mit Klinsmann als Spieler. »Die Botschaft des Films war klar: Das ist unser Ziel. Wollt ihr bei diesem einmaligen Ereignis dabei sein? Wollt ihr die Herausforderung 2006 annehmen?«, so Teammanager Oliver Bierhoff. Auch die Titelmelodie war passend gewählt: »One shot, one opportunity, once in a livetime« von Eminem. In dieser Form erzählte Klinsmann das Projekt als Geschichte – mit allen Sinnen, emotional und berührend. Was ihm wichtig war: den Spielern neue Einsichten zu vermitteln, sie intellektuell zu fordern, sie einzubeziehen.

Auch während des Turniers arbeitete er mit Bild und Ton. So zeigte Klinsmann vor jedem wichtigen Spiel ein Motivationsvideo, in dem die großen Momente der deutschen Mannschaft während der laufenden

Weltmeisterschaft sowie Emotionen und Stimmungen im eigenen Land zu sehen waren. Dies pushte die Mannschaft und stärkte das Selbstbewusstsein der Spieler – Inspiration durch Bilder und Geschichten. Auch die Spieler wurden zum Erzählen angeregt und hielten vor jedem WM-Spiel eine kurze Kabinenansprache. Um den Teamspirit zu stärken, achtete Klinsmann darauf, insbesondere die Ersatzspieler zu Wort kommen zu lassen. Die Erzähler nahmen die Aufgabe sehr ernst. »Obwohl ich wusste, dass ich in dem Spiel gegen Schweden nur Ersatzspieler sein würde, war ich aufgrund meiner bevorstehenden Kabinenansprache sehr nervös, ich wollte die Jungs motivieren«, erinnerte sich Thomas Hitzlsperger.

Eine Maßnahme, die Joachim Löw aufgriff und weiterentwickelte. So wurden vor wichtigen Turnieren immer wieder Vorträge gehalten und Geschichten erzählt – von Extremsportlern, Wirtschaftsgrößen, Teamplayern, immer mit dem Ziel zu inspirieren und zu emotionalisieren. Passend zur Europameisterschaft 2008 in Österreich und der Schweiz hatte sich das Trainerteam bildlich auf einen Gipfelsturm eingestellt. Der bevorstehende Angriff auf den EM-Titel wurde metaphorisch als »Bergtour« erzählt. So verglich der leidenschaftliche Bergwanderer und Kilimandscharo-Bezwinger Löw den Trainingsauftakt mit einem Treffen im Basislager am Fuße des Gebirges. Von hier aus wollte man gemeinsam losmarschieren. »Es ist steinig und schwer. Wir müssen uns gegenseitig helfen, müssen Schwierigkeiten überwinden, brauchen Seilschaften. Es kann auch mal schlechtes Wetter geben – auf jeden Einzelnen kommt es an. Wichtig ist, dass wir alle ein Ziel vor Augen haben. Am Ende wollen wir auf dem Gipfel stehen. Gemeinsam.«

Faktor X: Profession

Was ist er nun, der Unterschied? Oder besser: der Unterschied, der den Unterschied ausmacht? Und was kann man vor allem selbst dafür tun? Als Spieler, als Trainer, als Mitarbeiter, als Führungspersönlichkeit – im Sport wie im Berufsleben? Die Antwort ist wohl schlichtweg: immer professionell auftreten! Und sich von nichts und niemanden vom

Weg abbringen lassen – vor allem nicht in Zeiten großer Erfolge. Voll da zu sein von der ersten bis zur letzten Minute. Wachsamkeit! Alertness! »Unter dem neuen Trainer waren die Ohren aller Spieler von Anfang an gespitzt. Alle haben in jedem Training versucht, die Philosophie des Coaches kennenzulernen und umzusetzen«, so Clemens Fritz nach einer ersten Trainingseinheit. Ist das Unbekannte und Neue doch zunächst einmal interessant – man möchte sich zudem keine Blöße geben unter einem neuen Chef. Spannend wird es erst, wenn sich alles eingespielt hat, ein Team eine Serie startet, erfolgreich ist. Dann zeigt sich in der Tat der Unterschied!

Seine Profession zu leben bedeutet, sich Woche für Woche detailliert auf den kommenden Gegner vorzubereiten, nichts dem Zufall zu überlassen, einen Matchplan plus Plan B zu haben und am Spieltag selbst zu hundert Prozent da zu sein! Voll fokussiert und konzentriert ins nächste Rennen zu gehen, top vorbereitet und die angehenden 90 Minuten plus × zu lieben! Und vor allem nicht nachzulassen – und schon gar nicht in Zeiten großer Erfolge. Bodenhaftung verliert man schnell, wenn der Applaus groß ist, doch man ist auch schnell wieder zurück – auf dem Boden harter Tatsachen. Also: geerdet bleiben!

Die Mittel dafür: Disziplin, Hartnäckigkeit, Willenskraft. Außerdem: sich ärgern, wenn es mal nicht rund läuft. Nach dem »Warum?« zu fragen, sich zu reflektieren, um es dann besser zu machen. »Weil alle Parteien fokussiert und konzentriert zusammen gearbeitet haben, kam dann dieses Ergebnis heraus. Dazu gehörten auch ein paar Spiele, bei denen wir uns ärgerten, dass wir die Punkte liegen gelassen haben«, so Hansi Flick nach einer Qualifikationsrunde für die WM in Südafrika.

Das Sommermärchen und die Folgen: Liebe zum Detail Als Christoph Metzelder am Morgen des 30. Juni 2008 nach der 0:1-Endspielpleite der deutschen Nationalmannschaft gegen Spanien bei der Europameisterschaft in Wien erwachte, überwog zunächst einmal der persönliche Stolz. Die Freude darüber, dass er es wieder geschafft hatte, dabei zu sein – und das in jedem Spiel über die volle Distanz! »540 Minuten gerannt, gekämpft, geackert, gelaufen – persönliches Ziel erreicht! Durchgehalten, trotz einiger Verletzungen im Vorfeld!«, so eine SMS an Freunde. Sowie der Wunsch, weiter zur Elite des deutschen Fußballs gehören zu dürfen und die damit verbundene Erkenntnis: noch besser werden zu wollen. Bei Real Madrid noch einmal anzugreifen – oder wieder in die Bundesliga zu wechseln. Auf jeden Fall: sich zu entwickeln und Schwächen in Stärken zu verwandeln, zum Beispiel an der Spritzigkeit zu arbeiten. Denn genau die fehlte ihm am Ende des langen Turniers – worüber sich auch Joachim Löw Gedanken machte –, sowie über den gesamten Verlauf der Europameisterschaft in Österreich und der Schweiz.

Einerseits schien Löw mit der Endspielteilnahme zufriedenzu sein, andererseits fehlte es an entscheidenden Momenten. Dazu kam: Die Spanier waren einfach besser. Löws Fazit: 1. Die Mannschaft wirkte nicht immer fit. Zu langsam in den Zweikämpfen. Zu langsam ohne Ball. 2. Das Team wirkte im Kopf nicht frei. Es brachte sich selbst aus dem Konzept, durch Fehlpässe zu Beginn, durch verloren gegangene Zweikämpfe, durch die Ballstafetten des Gegners. Und das, obwohl viele Spieler schon seit einigen Jahren zusammenspielten. 3. Das spielerische Element war verloren gegangen. Stattdessen wurde wieder bieder gearbeitet – in fast jedem Spiel. Es fehlte die Leichtigkeit, Kampf war Trumpf. Und zu guter Letzt fehlte die Kraft.

Die Antwort: in Wahlmöglichkeiten und Lösungen denken! Dabei halfen dem Trainerteam zwei Ressourcenfragen: Was ist gut am Gegebenen (WIGAG)? Und: Wozu ist das eine Gelegenheit (WIDEG)? So wurde in den kommenden Monaten die schon unter Klinsmann angestoßene Individualisierung des Trainings weiter vorangetrieben, und zwar möglichst ganzheitlich. »Fußball ist brutal komplex geworden«, so Joachim Löw. »Immer alle zusammen im Wald, immer im gleichen Tempo – das ist vorbei.« Diese Entwicklung, das Team eben nicht als homogene Masse, sondern als eine heterogene Gruppe mit vielen verschiedenen Individuen und Individualisten zu sehen, hatte bereits unter Klinsmann begonnen: Individualisierung in allen Bereichen mit Zusatztraining für Schnellkraft, Schnelligkeit und Koordination, Mentaltraining und Persönlichkeitsförderung. Sogar Lern- und Trainingstagebücher dienten zur besseren Selbstreflexion. »Fitness- und Mentaltraining, Selbstmanagement, alles entspricht seinem Verständnis von einer modernen Mannschaft, die mit selbstbewussten, offensivem Fußball die Fans im eigenen Land gewinnen kann«, fasste Marco Bode Klinsmanns

Vorstellungen zusammen. Und eben nicht nur die Fans zurückgewinnen – sondern irgendwann wieder einen Titel holen.

Zehn Jahre nach der Amtsübernahme von Klinsmann und Löw und acht Jahre nach dem Sommermärchen hatte das lange Warten ein Ende: Deutschland gewann die WM 2014. Und letztlich können die zehn Jahre mit einem Sinnspruch überschrieben werden, der von Hansi Flick ausgesucht und im Campo Bahia in Brasilien auf einem Banner zu lesen war: »Ein guter Anfang braucht Begeisterung, ein gutes Ende Disziplin!« Und bei Bedarf: einen One Touch!

Notizen der Weggefährten: Reinhardshausen, 12. Juli 2014, 19.09 Uhr
Wir hatten uns wieder mal auf den Weg gemacht – allerdings nicht zum Endspiel nach Brasilien, sondern in die elterliche Heimat, um Energien für das WM-Finale zu tanken. Denn das sollte in rund 24 Stunden live über den Bildschirm flimmern. Auch aus diesem Grund vibrierte und klingelte das Handy plötzlich gleichzeitig. »Hyballa«, war auf dem Display zu lesen. Da fiel es nicht schwer, den Anruf anzunehmen, war doch unser Erfahrungsaustausch mit dem Revoluzzer der Trainerszene immer energetisch und weiterbringend. Und so dröhnte seine markante Stimme alsbald durch das Mobiltelefon. Peter Hyballa eben, ein absoluter Emotionsmensch einerseits, ein profunder Fachmann andererseits. Einer, der auch mal gern auf dem Tisch stehend coacht oder an der Seitenlinie die Jubelsäge auspackt. Mal Beziehung, mal Fachmann, mal Motivator, mal Inspirator, mal punktgenau und treffsicher, mal über das Ziel hinaus schießend. Halt aus dem Bauch heraus! Und am liebsten international unterwegs – von Australien bis nach Honduras. Auf jeden Fall ein Trainer mit Ecken und Kanten, kernigen Aussagen, eben nicht angepasst und glatt gebügelt und somit für uns immer interessant.

Wir plauderten über dies und das, über neueste Botschaften und Entwicklungen und kamen unweigerlich auf das Thema schlechthin: Jogi, die Mannschaft und das Endspiel. »Habt ihr Kontakt zu Jogi?«, fragte er, um uns gleich im nächsten Satz seine Ideen rund um die Mannschaft näherzubringen. System, Taktik, Spieler – das ganze Paket. Und natürlich: Mario Götze. Denn diesen Spieler hatte Hyballa jahrelang im Dortmunder Jugendbereich trainiert – und durfte so den Aufstieg des Wunderkindes, wie er ihn manchmal bezeichnete und mitunter auch belustigend aufzog, miterleben. Er kannte ihn durch und durch und konnte ihn »lesen«. Daher nahm Hyballa auch kein Blatt vor den Mund, wenn er ihn pushen wollte. Denn nichts ärgert einen engagierten Coach mehr als hochtalentierte Jungs mit begnadeten Fähigkeiten, die diese nur selten voll abrufen.

»In solchen Situationen musst du halt den richtigen Knopf drücken«, echauffierte sich Hyballa, »wie damals in der A-Jugend im November 2008.« Zu lasch war ihm das Training von Mario gewesen. So hatte er sich entschieden, Götze beim anstehenden Spiel in Bochum mindestens eine Halbzeit auf der Bank schmoren zu lassen. Er wusste, dass er ihn damit maßlos ärgerte – doch gerade das wollte er auch erreichen. Die Folge: Götze, nach der Pause eingewechselt, wuchs in den verbleibenden 45 Minuten über sich hinaus, wandelte seine Wut in Energie um und drehte das Spiel – die Borussen gewannen mit 4:3.

»Nach dem Spiel war er schön sauer«, erzählte Hyballa. »Das war mir scheißegal!« Schon in der Pause hatte er dem damals noch 16-jährigen einen Spruch gesteckt: »Jetzt zeig mal allen, dass du das Wunderkind bist«. Das hatte gesessen. Und Wirkung gezeigt. Und genau das sollten wir an Jogi weitergeben – so Hyballa. Gesagt, getan! Interessant, wie so ein Netzwerk funktionieren kann, wenn man auf die eine oder andere Botschaft achtet. Jedenfalls gingen folgende Gedanken von Reinhardshausen via SMS Richtung Rio: »Wenn du Götze in einer engen Situation noch von der Bank bringen kannst (er dort schon länger schmoren musste), wird ihn genau das anstacheln, endlich an seine Grenzen bringen. War schon in der Jugend so. Wenn du ihn dann noch anstachelst: ›Zeig der Welt endlich einmal, dass du besser als Messi bist, das du das Wunderkind bist!‹, wird er den Unterschied machen. Er braucht diesen Druck! Und sonst? Mach einfach dein Ding! Ruhig und bestimmt! Die Weggefährten«.

Die richtige Ansage zur rechten Zeit, ein echter One Touch, ein magischer Moment oder einfach nur ein Stück weit Glück auf dem Weg zum 1:0 in der 113. Minute. Wir wissen es nicht. Doch alles hat seinen Grund. Oder anders gesagt: So mancher One Touch der Vergangenheit hat unsere Zukunft beeinflusst. Und wird es wohl weiter tun, wenn wir auf die Menschen zugehen.

Dank

Wir bedanken uns herzlich bei den Trainern, Managern und Spielern über die wir in diesem Buch berichten und von denen wir viel lernen durften. Sie verdienen unseren höchsten Respekt: Jürgen Klinsmann, Joachim Löw, Stefan Kuntz, Hansi Flick, Sebastian Kehl, Christoph Metzelder, Kosta Runjaic, Andreas Herzog, Peter Hyballa, Bruno Labbadia, Rainer Zietsch, Matthias Hamann, Frank Lelle, Marco Kurz, Jörg Behnert, Oliver Schmidtlein, Dirk Helmig, Jörn Wolf, John Gregory, Paul Barron, Prof. Dr. Markus Buchberger, Ron Schulz und viele andere Protagonisten des runden Leders.

Des Weiteren danken wir unserem Lektor Jürgen Hotz, der an uns und unser Projekt geglaubt hat und mit seinem hervorragenden Engagement sowie seiner Professionalität und Kreativität die Veröffentlichung mit seinem Team im Campus Verlag ermöglichte. Judith-Wilke-Primavesi, die Programmleiterin des Campus Verlags, hat – von Anfang an – das Werden des Buches mit Nachdruck unterstützt. Hildegard Hogen hat unsere Texte äußerst sorgfältig und mit viel Fingerspitzengefühl redigiert. Diese Fügung für das Buch hätte nicht besser sein können.

Die Ideen zu diesem Buch entstanden in den letzten 17 Jahren auf den Fußballplätzen weltweit sowie auf unserer ganz persönlichen Insel – dem Wienerwald und seinen Wanderwegen. Besonderer Dank an dieser Stelle an das Team des Hotels Perchtoldsdorf und den ehemaligen Leistungssportler, Ironman und Chef des Hauses Roman Kratochvil, der uns durch sein sportliches Know-how über den Tellerrand gucken ließ und zeigte, was alles möglich ist, wenn man denn will.

Dank gebührt auch den ortsansässigen Heurigen, die wie kein anderer Ort zum stundenlangen Philosophieren und Diskutieren einladen sowie insbesondere dem Weinhauer Heinz Wolf, der uns mit seinem gesunden Menschenverstand und großem Fußballfachwissen stets zu überzeugen wusste.

Unseren Familien danken wir für ihre großartige Ermutigung, Unterstützung und ihren Glauben an uns. Ganz besonderer Dank gilt Bernd Nickel für seine Visionen, die uns Inspiration und Motivation zugleich waren – und zu guter Letzt Deutschlands Fußballhauptstadt Dortmund sowie allen Wegbegleitern der Gaststätte »Zur Sonne«, wo wir die legendäre 113. Minute der WM 2014 erleben durften. One Touch!

Dortmund, den 7. Juni 2016
Claus-Peter Niem und Karin Helle

Literaturverzeichnis

Aristoteles: *Hauptwerke,* Stuttgart 1977.

Bandura, Albert / Walters, Richard: *Social Learning and Personality Development,* New York 1963.

Bausenwein, Christoph: *Joachim Löw – Ästhet, Stratege, Weltmeister,* Göttingen 2014.

Bennis, Warren / Nanus, Burt: *Führungskräfte. Die vier Schlüsselstrategien erfolgreichen Führens,* Frankfurt am Main 1996.

Bennis, Warren: *Menschen führen ist wie Flöhe hüten,* Frankfurt am Main 1998.

Beswick, Bill: *Building Winning Attitude in Young Players,* Bill Besswick 2009.

Braun, Roman: *Die Coaching Fibel,* Wien 2004.

Carnegie, Dale: *Der Erfolg ist in dir!* Bern/München/Wien 14. Auflage 2001.

Coyle, Daniel: *Die Talentlüge. Warum wir (fast) alles erreichen können,* Bergisch Gladbach 2009.

Coyle, Daniel: *Talent to go. 52 Tipps für mehr Erfolg im Leben,* Köln 2014.

Dweck, Carol: *Selbstbild. Wie unser Denken Erfolge oder Niederlagen bewirkt,* Frankfurt am Main 2007.

Effenberg, Stefan: *Ich hab's allen gezeigt,* Berlin 2003.

Frenzel, Karolina / Müller, Michael / Sottong, Hermann: *Storytelling. Das Praxisbuch,* München 2006.

Gallo, Carmine: *Überzeugen wie Steve Jobs. Das Erfolgsgeheimnis seiner Präsentation,* München 2011.

Giuliani, Rudolph W.: *Leadership. Verantwortung in schwieriger Zeit,* München 2002.

Jenewein, Wolfgang: *Das Klinsmann-Projekt,* in: Harvard-Business Manager, Juni 2008.

Jenewein, Wolfgang: *Tiki-Taka für Manager,* in: Harvard-Business Manager, Juli 2014.

Kehl, Anton: *»Ich war ein Besessener, einer, der nach letzter Erkenntnis aus war«. Sepp Herberger in Bildern und Dokumenten,* München 1997.

Kirschbaum, Erik / Klinsmann, Jürgen: *Soccer without boarders,* New York 2016.

Kucklick, Christoph: *Gute Lehrer,* in: Geo 2, 2011.

Kulhavy, Gerd/Petz, Susanne: *Die Geheimnisse der Spitzentrainer. Die besten Strategien für ihren persönlichen Erfolg,* München 2012.

Krueger, Ralph: *Teamlife. Über Niederlagen zum Erfolg,* Zürich 4. Auflage 2002.

Krzyzewski, Mike: *Leading with the Heart. Coach K's Successful Strategies for Basketball, Business, and Life,* New York 2000.

Langmaack, Barbara: *Soziale Kompetenz. Verhalten steuert den Erfolg,* Weinheim und Basel 2004.

Linke, Detlef: *Das Gehirn,* München 2. Auflage 1999.

Liskevych, Taras: *A Prescription for Success – The Baker's Dozen,* San Diego 2001.

Loehr, Jim / Schwartz, Tony: *Die Disziplin des Erfolgs. Von Spitzensportlern lernen – Energie richtig managen,* München 2003.

Mende, Jens: Jürgen Klinsmann. *Wie wir Weltmeister werden,* München 2006.

Mourlane, Denis: *Resilienz. Die unentdeckte Fähigkeit der wirklich Erfolgreichen,* Göttingen 5. Auflage 2014.

Murphy, Joseph: *Die Macht des Unterbewusstseins,* München 2002.

Sanborn, Mark: *Der Fred-Faktor. Ein Motivationsbuch,* Frankfurt am Main, 2005.

Schabel, Frank: *Drahtseilakt. Die Mischung aus Intuition und Systematik. Interview mit Prof. Dr. Hans-Dieter Hermann,* in: HaysWorld, 1/2013.

Schmeißer, Eva (Hrsg.): *Praxishandbuch »leiten, führen, motivieren«,* Bonn 2008.

Schulze-Marmeling, Dietrich (Hrsg.): *Strategen des Spiels. Die legendären Fußballtrainer,* Göttingen 2005.

Wagner, Hardy: *Der Weg zur Persönlichkeit,* Düsseldorf/Berlin 2000.

Wooden, John / Jamison, Steve: *Coach Wooden's Leadership Game Plan for Success,* New York 2009.